NEW WCDP 新文京開發出版股份有限公司

新世紀‧新視野‧新文京 ─ 精選教科書‧考試用書‧專業參考書

New Wun Ching Developmental Publishing Co., Ltd.

New Age · New Choice · The Best Selected Educational Publications — NEW WCDP

資料結構
理論與實作

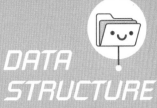

DATA
STRUCTURE
THEORY AND PRACTICE

陳木中・胡志堅　編著

資料結構是資訊技術領域的重要學科，如果您想提升程式設計的技巧，資料結構絕對是必要選項。好的程式設計必須結合適切的資料結構與演算法，而要改善演算法的效率，規劃適當的資料結構，絕對能讓您在撰寫程式時得心應手。

資料結構主要探討程式如何有效取用資料，將其適當的擺放在記憶體中，使得演算法能夠妥善運作。但是，若只探討資料如何配置於記憶體，而缺乏論述演算法的運用機制，將無法觀察資料結構整合演算法所呈現的運作效果。因此，一般資料結構的書籍，除了介紹基礎概念，也經常直接引用程式介紹演算法的運作；如此，對於尚未具備程式設計能力的學習者、或是初學資料結構的讀者而言，恐怕無法有效掌握此學門的重要觀念。此外，資料結構的內容頗多，如何有結構化的編輯內容，兼顧學習上的彈性，亦是極為重要的考量。

基於上述原因，本書的編排具有四大特色：

1. 理論與實作互補：本書將資料結構理論以淺顯易懂方式介紹，對於需要撰寫程式的部分，除了以虛擬碼表示，並獨立列舉 Java 範例於相關章節的程式實作演練單元。

2. 階段式程式實作演練：程式範例之難易程度以題號順序排序，讀者可配合理論進行程式設計演練。Java 範例包含兩部分，單數題範例以實體文本方式呈現，強化基礎程式實作能力；雙數題範例存放於雲端，供進階延伸學習參考。

3. 虛實整合內容豐富：本書內容整合實體文本及雲端文本內容，將核心基礎知識印製於本書的實體文本；針對進階課程以及補充範例等，則採用雲端文本內容呈現，讀者可藉由 QR Code 下載文本或程式範例，強化學習。

4. 命題完整多元：著重理論基礎的讀者可以先研讀資料結構的理論，再進行程式實作。本書收錄國家考試的重要考題與理論內容（如四分樹、B+樹、紅黑樹等），可供讀者選讀，以力求完整。

本書各章節的編排內容，如下說明：

第一章及第二章分別為資料結構概念與演算法概念，除了著重於資料結構的基礎，並針對演算法與複雜度以及程式效能分析等進行介紹，讓讀者一覽資料結構相關領域的全貌。

第三章及第四章則分別針對陣列以及鏈結串列的特性、結構設計以及維護等面向說明，讓讀者理解靜態與動態資料結構的異同。

第五章與第六章針對堆疊以及佇列結構的設計與維護機制，詳加說明。

第七章與第八章對於將從事資通訊領域的讀者尤其重要，樹狀結構、二元搜尋樹及其高度平衡等觀念，都是物聯網以及人工智慧等範疇的重要基礎知識。

第九章針對圖形結構進行說明，包含圖形結構的概念、圖形的表示法、圖形的巡訪方法，以及圖形的應用等。日常生活中，不論是行車導航系統、外送平台的配送規劃，或是捷運班次的排程等都離不開圖形結構，可見圖形結構的重要性了。

第十章與第十一章分別針對資料的排序與搜尋等處理機制進行說明，包括各種排序、搜尋方法，以及其演算法的介紹。

第十二章介紹新興程式語言與資料結構的相關應用，除了回顧上述各種資料結構外，同時說明程式語言與資料結構的發展與運用，並列舉 Java 語言以及 R 語言的特有資料結構設計實例。

最後，對於本書的完成與出版，除了感謝新文京開發出版股份有限公司全體同仁不辭辛勞的積極協助，同時也感謝江孟軒、林依庭兩位同學的多次校稿。針對書籍之編排與校稿上均力求正確完整，然筆者才疏學淺，謬誤之處在所難免，盼讀者、先進、專家及學者不吝指正。

陳木中、胡志堅

謹識

ABOUT THE AUTHORS

📁 陳木中

 現職

國立雲林科技大學產業經營專業博士
學位學程助理教授

經歷

吳鳳科技大學資訊工程系助理教授

明新科技大學兼任講師

南亞技術學院兼任講師

傑勛資訊有限公司資訊長

陽程科技股份有限公司物控課長

新普科技股份有限公司生管主任

中國菱電股份有限公司生管工程師

📁 胡志堅

現職

大同大學資訊經營學系助理教授

經歷

國立雲林科技大學助理教授

工業技術研究院研究員

明新科技大學兼任講師

春合昌股份有限公司經理

仁寶電腦產品經理

美台電訊工程師

目錄

DATA STRUCTURE
THEORY AND PRACTICE

CHAPTER
01

↗資料結構概念

DATA STRUCTURE
THEORY AND PRACTICE

　　資料結構(Data Structure)是一門讓你進入專業程式設計師的重要學科，舉凡你想撰寫資料庫程式設計、網頁程式設計、手機程式設計、電玩程式設計、元宇宙(Metaverse)，或是機器人程式設計，甚至你想要撰寫系統程式，如編譯器、作業系統或韌體程式(Firmware)等，資料結構是你必須了解的科目。你是否準備好了呢？

　　一般對於剛學會程式設計的讀者來說，對於資料結構一定相當陌生，甚至對於資料結構一知半解。因此，本章所要學習的重點，就是要讓讀者對於資料結構有一個基本認識，然後再對資料結構的議題做一全盤之了解，最後再對於資料結構相關聯的演算法做一簡略說明，以讓讀者在學習資料結構時能清楚了解自己的學習目標。讓我們趕快來了解這些基本議題。

1-1　資料結構的定義

　　理論上學習資料結構前應該先有程式設計的基礎，因為資料結構學科是程式設計的進階課程。因此，建議讀者，若對於程式設計完全沒有基礎，應該先行了解一下程式設計的基本概念。

1-1-1　何謂資料結構

　　在說明資料結構的定義之前，我們先來看一個範例，假設請你寫一支程式，讓使用者輸入國文、英文與數學分數，然後將這三個分數加總後平均，你會怎麼撰寫程式呢？以下為兩種程式設計的寫法：(假設使用C語言)

　　第一種寫法：

```
int main(void){
    int x,y,z;
    int sum=0;
    double avg=0.0;
    scanf("%d",&x) ;
    scanf("%d",&y) ;
    scanf("%d",&z) ;
    sum=x+y+z ;
    avg=sum/3.0;
```

```
    printf("%f\n",avg);
    system("pause");
    return 0;
}
```

第二種寫法：

```
int main(void){
    int student[3];
    int sum=0, n=0, i;
    double avg=0.0;
    do{
        scanf("%d",&student[n]) ;
        n++ ;
    }while(n<3);

    for(i=0 ;i<3 ;i++)
        sum=sum+ student[i];
    avg=sum/3.0;
    printf("%f\n",avg);
    system("pause");
    return 0 ;
}
```

從上面的程式來看，它們有什麼不同？第一個程式運用三個變數來儲存國文、英文和數學資料，然後運用三個scanf來讀取資料後再做加總與平均。第二個程式則使用陣列(Array)來儲存所需資料，再運用while迴圈與for迴圈來讀取資料、加總，最後求平均數。從不同程式的寫法可了解，不同資料儲存方式將會有不同之程式設計方式。對於這些資料擺放在變數或陣列內的方式，我們就稱為資料結構；而且，不同的資料結構設計，將會影響程式設計的演算法(Algorithm)，甚至影響程式執行的效率。我們可以這麼說，資料結構的學習是為了理解如何對於各種資料進行有效處置以解決特定問題的技巧；例如，如何將資料擺放在變數或陣列中，好讓我們撰寫程式時能夠更有效率存取。因此，我們可以針對資料結構作以下的定義：

所謂資料結構(Data Structure)，就是對於要解決的問題，為了配合演算法的運算，考慮如何運用變數，好讓所要解決問題的資料，在程式內有結構化的存放，以方便演算法的計算，並提升演算法的效率。

因為宣告變數就是向記憶體要求記憶空間，因此，資料結構的定義也可用另一種方式說明：

所謂資料結構，就是在探討如何將資料有組織的存放在記憶體中，以提升程式的執行效率。

日常生活中有很多類似的範例，例如，當你要查英文字典，查詢字典會有一定的步驟，可稱為演算法，而英文字典內的英文單字排列方式，如以ABC字母順序排列，就是所謂資料結構。因此，我們要查字典時，一定要配合英文單字的排列方式來查詢才會提升我們的查詢效率。在圖書館借書，書籍擺放於書架上的分類方式也可視為一種資料結構；大學系所的專業分科、學校的班級規劃也都是一種資料結構。

1-1-2 靜態與動態資料結構

了解資料結構的定義之後，我們再提出靜態與動態資料結構的不同，提供讀者參考。

1. **靜態資料結構(Static Data Structure)**：所謂靜態資料結構，是指資料所占用的空間大小及資料數目都必須事先宣告，因此在程式編譯的同時，空間的大小及資料數目就無法改變了。

2. **動態資料結構(Dynamic Data Structure)**：所謂動態資料結構，資料所使用之空間大小及資料數目都不必事先宣告，在程式執行時才做記憶體的空間配置。

在後面的資料結構議題中，陣列的使用就是靜態資料結構的代表，而動態資料結構則以鏈結串列結構為代表，靜態與動態資料結構各有各的特性，不同之處整理如下：

靜態資料結構	動態資料結構
使用陣列結構。	使用鏈結串列結構。
需事先宣告空間大小與資料數量。	不必事先宣告。
程式編譯後，空間大小即已固定。	程式執行時才做記憶體空間配置。
不需額外連結欄位，比較節省記憶體空間。	每一個資料必須多一個指標欄位作連接，因此較浪費記憶體空間。

靜態資料結構	動態資料結構
加入或刪除資料，必須做大量搬動。	加入或刪除資料，只須改變指標的指向。
運用索引，可直接做存取。	無法對資料直接做存取。
搜尋資料時，可使用二分搜尋法。	無法使用二分法搜尋。

1-2 資料結構的議題

　　一般在學習資料結構時，常見的議題包括陣列、鏈結串列、堆疊、佇列、樹狀結構、圖形結構、排序與搜尋等八種，以下我們就針對這八種資料結構簡單的作說明。

1-2-1 常用的資料結構

　　資料結構包括陣列、鏈結串列、堆疊、佇列、樹狀結構、圖形結構、排序與搜尋等，分別說明如下：

資料結構	說明
陣列	是一種只需使用一個名稱並宣告空間大小即可以存放大量同質資料的變數。
鏈結串列	是一種比陣列更有彈性，且不必事先宣告大小的變數。
堆疊	是一種類似堆放盤子的資料型態，取出與放入資料都在同一邊執行。
佇列	是一種類似排隊購物的資料型態，出、入口在不同邊執行。
樹狀結構	是一種類似族譜的資料型態，非線性集合，有階層關係。
圖形結構	是一種類似地圖的資料型態，有目標地與路徑，為非線性組合。
排序	是一種對資料排列的技術，有遞增或遞減兩種方式。
搜尋	是一種尋找資料的技術。

1-2-2 資料結構的分類

　　一般資料之間所存在的關係，可分為三種，包括一個在前及一個在後的線性關係；一個在上，而可能多個在下的階層關係；以及多個資料相互連結的相鄰關係，如下圖所示：

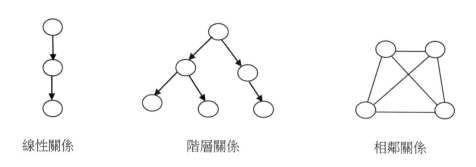

線性關係　　　　　　　階層關係　　　　　　　相鄰關係

線性關係在資料結構裡是最單純、最簡單的結構；陣列、鏈結串列、堆疊與佇列等資料結構就是這種線性關係；而階層關係可以說是相鄰關係的一個特例，其中樹狀結構就是一種階層關係，圖形結構就是一種相鄰關係。因此，這三者的關係我們可以用下圖來表示之。

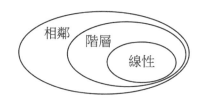

1-2-3　資料結構的議題

讀者學習資料結構的目的，除了要提升程式設計能力之外，如果還想要參加國家考試，以下各資料結構的議題建議你要熟讀，內容包括資料結構的定義（配合圖形）、資料結構表示方式、各種操作（或稱實作）之演算法（包括遞迴及時間複雜度），以及資料結構的應用等等。

資料結構的議題

	定義、表示	種類	如何操作	應用	其他
陣列	定義、特性表示法	1. 一維陣列。 2. 二維陣列。 3. 多維陣列。	讀取、寫入、插入、刪除、搜尋、複製、走訪。	1. 多項式。 2. 矩陣：(1)矩陣運算、(2)稀疏矩陣、(3)上三角矩陣、(4)下三角矩陣。	1. 陣列的定址。 2. 陣列的優缺點。
堆疊	定義、表示法		1.建立、2.新增、3.刪除、4.已滿、5.已空。	1. 程式呼叫。 2. 資料反轉。 3. 運算式的轉換與求值。 4. 遞迴應用－河內塔。	

	定義、表示	種類	如何操作	應用	其他
佇列	定義、表示法	環狀佇列、雙向佇列、優先佇列。	加入、刪除、走訪。		
鏈結串列	定義、如何表示	單向鏈結串列、雙向鏈結串列、環形串列。	讀取、寫入、取代、插入、刪除、搜尋、走訪、計算長度、反轉操作。	1. 多項式、稀疏矩陣。 2. 堆疊、佇列。 3. 階層關係與圖形結構。	
樹狀結構	定義、名詞、表示法	1. 一般樹。 2. 二元樹： 　(1) 完滿、 　(2) 完整、 　(3) 歪斜、 　(4) 嚴格。 3. 樹林。	配置新節點、插入節點、刪除節點、走訪。	1.引線二元樹、2.二元搜尋樹、3.運算式樹、4.二元排序樹、5.決策樹（遊戲樹）、6.霍夫曼樹、7.B樹、8. 2-3樹、9. 2-3-4樹、10.平衡樹、11. M樹、12.堆積樹、13. B+樹。	決定唯一二元樹、一般樹轉二元樹、轉換樹林為二元樹。
圖形結構	定義、名詞、表示法	無向圖、有向圖、加權圖。	1.新增／移除頂點與邊、2.走訪(DFS、BFS)。	最小花費擴張樹、最短路徑、拓樸排序、臨界路徑。	尤拉圖、擴張樹、連通單元。
排序	定義	1. 依存放位置。 2. 排序後鑑值位置是否改變。	1.選擇排序法、2.插入排序法、3.氣泡排序法、4.快速排序法、5.合併排序法、6.基數排序法、7.謝爾排序法。		堆積排序法、二元樹排序法、各種排序比較。
搜尋	定義	1. 內部／外部。 2. 循序／非循序。	1.循序法、2.二元搜尋法、3.插補插入法、4.費伯納西搜尋法、5.雜湊。		

1-3 結構型態

　　結構(Struct)是一種資料型態(Data Type)，但它與一般的資料型態如char、int、double不同之處在於它是可以自行定義與設計，並且它可以將兩種以上不同資料型態如char與int等結合成一種；因此，大大提升了資料型態的運用方式。在資料結構的設計上，也常運用各式結構的優點，讓我們來了解如何使用。

　　執行步驟：

1. 定義資料型態。

2. 變數宣告（結構變數宣告）。

3. 變數存取（結構變數存取）。

步驟	一般式	整合

定義
資料型態
	struct 結構名稱{
	　　資料型態1 欄位1;
	　　資料型態2 欄位2;
	};
	定義後，建議加上下列語法：
	typedef struct結構名稱 新結構名稱;
		typedef struct結構名稱{
		　　資料型態1 欄位1;
		　　資料型態2 欄位2;
		}新結構名稱;

變數宣告	結構名稱 變數名稱;	新結構名稱 變數名稱;
變數存取	變數名稱 欄位名稱;	

📖 1-3-1 定義結構資料型態

　　要宣告結構資料型態之變數前，許多程式語言必須先定義資料結構型態，但並非每一種都必須，有些程式語言宣告的變數可以反覆定義為不同的資料型態。定義結構資料型態的語法，如下：

```
struct 結構名稱{
    資料型態 1 欄位 1;
    資料型態 2 欄位 2;
};
```

　　舉例：
```
struct dog{
    char name[10];
    int age;
};
```

　　在使用結構資料型態時，必須加上保留字struct，也就是假設要宣告變數x為dog資料型態，必須寫成struct dog x;這樣的變數宣告與一般資料型態宣告方式int x;多了一個struct，不但不方便，也不好記憶，因此，我們可以將結構資料型態再轉換成新的結構資料型態，語法如下，則變數的結構資料型態宣告方式將會與一般資料型態之宣告方式相同。

```
typedef struct 結構名稱 新結構名稱;
```

　　舉例：typedef struct dog DOG;

上述方式兩個步驟，我們可以將他合併成一個步驟，語法如下：

```
typedef struct 結構名稱{
    資料型態 1 欄位 1;
    資料型態 2 欄位 2;
}新結構名稱;
```

舉例：

```
typedef struct dog{
    char name[10];
    int age;
} DOG;
```

1-3-2　結構變數宣告

定義完結構型資料型態之後，必須再宣告變數為該結構型資料型態，其宣告結構變數的語法如下：

```
struct 結構名稱　變數名稱;
```

例如：struct dog xdog;

若在宣告結構資料型態時有加上typedef，並提供新的新結構名稱時，則結構變數在宣告時可改成如下語法。

```
新結構名稱　變數名稱;
```

例如：DOG xdog;

1-3-3　結構變數存取

結構變數宣告完畢後，我們就可以對結構變數作初始化及存取動作。結構變數的存取語法如下：

```
變數名稱.欄位名稱;
```

例如：xdog.name;

1-4 指標

若您熟悉的程式語言是C語言，指標的用法將是您撰寫資料結構時需要了解的語法，在本章節提供指標的基本用法，供讀者參考。（註：Java以及許多程式語言已經不使用指標）

📖 1-4-1 指標宣告與存取

指標(Pointer)的宣告與存取，與一般變數處理方式類似，不同之處，只多一個*，提供讀者參考。

（一）指標宣告

資料型態 *指標變數;

例如：int *p;

（二）存取指標資料

*p=10; //存資料給指標

或

x=*p; //取出指標內的資料

（三）將某變數 x 的位址存入指標內

p=&x;

（四）移動指標到下一個位址後放入變數 y

y=p+1;

（五）將指標內的資料加 1 後存入變數 z

z=*p+1;

我們可以如此說，*就是表示指標取值，&就是表示變數取址。

🦷1-4-2　指標、陣列與結構

　　本單元列出指標與陣列和結構之間的關係與用法，內容說明如下，提供讀者參考。

（一）陣列與指標

　　假設宣告一個a陣列，其中a就是指陣列的第一筆資料的位址，所以我們可以將陣列位址指定給指標，如下所述。

指標變數名稱=陣列名稱；

　　例如：p=a;

　　一般常用的a[0]，其實就是取陣列的值，我們可以說，若要存取陣列的值，在陣列名稱上需加上索引[n]。因此，我們也可以將陣列的值，指定給指標，如下所述。

*指標變數名稱=陣列名稱[索引]；

　　例如：*p=a[0];

（二）結構與指標

　　若有一個指標之資料型態為結構，當要存取指標內的值，我們應該如何撰寫指標的存取程式呢？假如結構與指標宣告如下：

```
typedef struct dog{
    char name[10];
    int age;
}DOG;
DOG *xdog;
```

　　因此，要存入xdog的age的值10，首先，我們知道指標要取值之語法為*xdog，存取結構內的欄位值為DOG.age，所以，要指定值給指標內欄位可以如下寫法。

（*指標變數名稱）.欄位名稱=值；

　　例如：*xdog.age =10;

其實指標的資料型態若為結構，其存取指標的資料的方式可使用->來表示，也就是指定值給指標內的欄位可以改成如下寫法。

指標變數名稱->欄位名稱=值;

例如：xdog->age =10;

1-5 ● 遞迴

遞迴(Recursion)在資料結構裡也是一個很重要的概念，例如河內塔(Tower of Hanoi)等問題，多以遞迴程序作處理。遞迴是一種自我參考定義的機制，例如費伯納西數列(Fibonacci Sequence)，也就是所謂費氏數列的用法就是典型的例子，讓我們趕快來看看遞迴的作法。

1-5-1 遞迴程序概念與寫法

遞迴的概念是本節的重點，其目的是讓程式撰寫更為簡潔、清晰明瞭，但卻存在降低程式效能的風險。因為，當使用遞迴來寫程式，將需要使用較多的記憶體空間。雖然如此，然而遞迴的簡潔概念，對於程式撰寫的技巧亦極為重要，因此建議讀者還是需要熟悉本單元。

（一）定義

所謂遞迴程序(Recursive Procedure)，就是指程序會反覆呼叫他自己本身的一種程式結構稱為遞迴程序。與一般使用迴圈的程式有些不同，迴圈是透過關鍵字for或while等來重複執行所需要的工作，一般又可稱為迭代(Iteration) 程序，而遞迴程序是運用呼叫本身來產生重複執行的任務。

（二）遞迴程序的種類

遞迴程序可分為三種，包括直接遞迴、間接遞迴以及尾部遞迴三種，我們分述如下：

1. 直接遞迴程序(Direct Recursion)

是指程序本身內的程式又直接呼叫本身時稱之。

2. 間接遞迴程序(Indirect Recursion)

是指程序本身內的程式透過另外一支程式來呼叫本身時稱之。也就是說，某程序A先呼叫程序B，然後程序B又呼叫程序A時，便可稱為是間接遞迴程序。

3. 尾部遞迴程序(Tail Recursion)

尾部遞迴是指在程序本身內的程式的最後一個動作是呼叫本身時稱之。這個呼叫可視為本身程序的返回情形。在實作上只要在return語句返回的是本身程序時，就可能是尾部遞迴。

（三）撰寫重點

撰寫遞迴程序要特別注意兩個部分，第一為終止條件的撰寫，第二為遞迴呼叫的撰寫，若能掌握這兩段程式，對於遞迴程序之寫法將能迎刃而解。

1. 終止條件的撰寫

一般來說，傳入的參數到達上限或下限時，就是準備終止遞迴呼叫，例如f(n)的n值降低到1、0或小於0時就是結束遞迴程序的時候，此時可以return一個結果或答案。因此，一般程式撰寫時，語法如下：

```
if (n=1)    // n 到達上限或下限，本舉例 n=1 表示到達下限。
   return result;    // result 表示一個值或解答，不是本身程序。
```

例如：撰寫階乘程序N!時，當N=1時，已可以得到一個結果1，因此終止條件就可設為N=1，此時return 1。費氏數列也是一樣，當N=1時，費氏數列結果為1，當N=0時，費氏數列結果為0，因此這兩項都可當做費氏數列之終止條件。

2. 遞迴呼叫的撰寫

首先要找出某兩層遞迴之間的關係，第二要注意的，就是要帶入的參數必須是屬於遞減的參數，也就是第一次帶入之參數必須是最大的，第二次則帶入N-1，第三次則帶入N-2等等方式，運用從N到1這種遞減的概念帶入參數。程式寫法如下：

```
else
   return Procedure(n-1);
```

例如：撰寫階乘程序N！時，我們觀察一下N與N–1這兩層

N！= N *(N–1)！

(N–1)！=(N–1)*(N–2)！，從這兩層可以觀察到，每一層都是本身再乘以上一層。

若f(N)= N！，則：

f(N)=N！

　　= N * (N–1)！

　　= N * f(N–1)

因為f(N)=N！，用N–1帶入N，得f(N–1)=(N–1)！。

因此，遞迴呼叫的撰寫可以寫成return N * f(N–1)。

費氏數列是指前面兩項相加等於第三項，並定義第0項F0=0，第1項F1=1，因此，第二項為0+1=1，第三項為第一項+第二項等於1+1=2。

一般式可以寫成$F_0=0$，$F_1=1$，$F_2=F_0+F_1$，$F_3=F_1+F_2$，…，$F_n=F_{n-2}+F_{n-1}$。

也可寫成f(n)=f(n–1) + f(n–2)。

由上面各項之觀察，遞迴呼叫的撰寫可以寫成return f(n–1) + f(n–2)。

（四）優缺點

使用遞迴程序的最大優點就是可以讓程式變得較簡潔，其最大缺點，就是撰寫方式不當的話，容易造成無窮迴圈(Infinite Loop)。然而，並非所有程式語言皆具備遞迴程序的機制；因此，在撰寫遞迴程序，還要考慮所使用的程式語言是否具有遞迴呼叫的功能。我們將使用遞迴的優缺點整理如下：

1. 優點
(1) 程式容易閱讀。
(2) 程式簡單並簡短。

2. 缺點
(1) 執行效率不好，容易耗費時間。
(2) 使用堆疊，須儲存所需參數，比較耗費記憶體空間。
(3) 不是每一種程式語言都可以撰寫。
(4) 程式撰寫不當時（如：終止條件與遞迴呼叫的撰寫），容易造成無窮迴圈，耗費大量計算成本。

範│例│練│習

請以遞迴程序來撰寫sum=1+2+…+n。

答

(1)終止條件的撰寫：n=1 時，sum=1。

(2)遞迴呼叫的撰寫：要從後面的加項 n，算到最前一項 1，即 n~1，也就是 n+sum(n–1)。

(3)遞迴程序如下：

```
int sum(int n){
    int result ;
    if(n==1)
        result=1 ;
    else
        result=n+ sum(n-1) ;
    return result ;
}
```

 隨│堂│練│習

請以遞迴程序來撰寫sum=1+3+5+…+n。

（五）遞迴程序

後面小節內容將針對常用的遞迴程序，提供遞迴程式碼，包括階乘函數、費伯納西數列、最大公因數、二項式係數、河內塔等等。

1-5-2　階乘函數

階乘函數遞迴程式碼：

```
int fact(int n)
{
    int result ;
    if(n==1)
        result=1 ;
    else
        result=n*fact(n-1) ;
    return result ;
}
```

1-5-3　費伯納西數列

費伯納西數列(Fibonacci Sequence)遞迴程式碼：

```
int fibon(int n)
{
    int result ;
    if(n==0 || n==1)
        result=1 ;
    else
        result=fibon (n-1) + fibon (n-2);
    return result ;
}
```

1-5-4　最大公因數

最大公因數遞迴程式碼：

```
int GCD(int a, int b)
{
    int c=a % b ;
    if(c==0)
```

```
        return b ;
    else
        return GCD (b, c);
}
```

1-5-5 二項式係數

二項式係數(Binomial Coefficients)遞迴程式碼：

```
int binary(int n, int k)
{
    if(k==0 || k==n)
        return 1 ;
    return binary(n-1, k) + binary(n-1, k-1);
}
```

1-5-6 河內塔

河內塔(Towers of Hanoi)遞迴程式碼：

```
int hanoi (int n, char a, char b, char c)
{
    if(n==1)
        printf("disk 1 from %c to %c", a, c);
    else{
        hanoi (n-1, a, c, b) ;
        printf("disk %d from %c to %c",n, a, c);
        hanoi (n-1, b, a, c) ;
    }
}
```

1-6 資料結構圖

　　資料結構圖(Data Structure Diagram)本身即為一種圖形表示技術(Bachman, 1969)，具體來說，這些圖示可以展現實體(Entity)與實體之間的類別關係，以及相互之間的處理機制等。例如，跨國企業通用電子(General Electric)採用資料結構圖以及描述關係的語言語句(Language Statements)等，用於描述與記錄其工程、研究以及各式商業活動，建構出所謂的通用電子整合資料集管理系統(General Electric's Integrated Data Store Data Management System)。由此可知，我們可運用資料結構圖呈現商業流程、跨部門之間的運作關係、以及多種系統之間的訊息傳遞方式等。

　　本章節介紹資料結構圖的各種基本符號、圖形的表達方式以及圖形間關係的呈現方式等，藉以協助讀者理解資訊科技領域常見的圖示化表示法，以及在資料結構的呈現方式。

1-6-1 資料結構圖的概念

　　資料結構圖透過簡單的符號系統來表示實體與實體之間的關係，使用此工具對各種資料結構的資料樣態，以及演算機制等進行描述與說明，將有助於讓讀者更容易了解特定資料結構的脈絡。其實後面的各章節中所呈現的各種圖示，也幾乎都是源自於本章所介紹的資料結構圖的概念而加以修改、擴散或衍生出來的圖形。這些圖示的基礎概念不僅可應用於分析及表達資通訊領域的專業設計與規劃，如資料結構、程式設計、系統架構、系統需求分析以及資料庫規劃等；其亦常見於其他的工程領域以及商業領域，如供應鏈管理以及工廠生產流程管控等。

1-6-2 資料結構圖的定義

　　資料結構圖主要由四種基本元素所構成：實體(Entity)、實體類別(Entity Class)、實體集合(Entity Set)和集合類別(Set Class)等。實體可以用來表示特定物件(Object)或對象，實體類別用來描述該些特定物件的屬性(Attributes)，綜合這些屬性使其得以有足夠的資訊去描繪出這整個實體，因此，通常存在許多不同的實體類別。實體類別和實體集合是相互獨立的，實體集合用來表示將不同類型的實體加以分群；然而，集合類別彙整實體類別，使之可以充分表達集合類別。

📖1-6-3 圖形符號

資料結構圖技術通常使用兩個基本圖形符號：方塊(Block)及箭頭(Arrow)；方塊表示實體類別，箭頭表示一個集合類別並藉由箭頭方向指定由該集合類別建立的所有者或成員角色，即箭頭從擁有集合的實體類別指向構成集合成員的實體類別。下圖表示在一個實體類別，並且已經被分配一個實體類別名稱，表示該實體類別已被宣告且已規範可能操作方式。

┌─────────────────┐
│   實體類別名稱   │
└─────────────────┘

下圖則定義了兩個實體類別，實體類別名稱分別是：「部門」和「員工」。

┌──────────┐
│   部門   │
└──────────┘

┌──────────┐
│   員工   │
└──────────┘

下圖中的圖表不僅表示存在兩個實體類別，而且藉由一個命名為「指派」的集合類別，將兩個實體類別連接起來說明其關聯性。箭頭的方向意味著每一個員工都是屬於某一特定部門的成員；進一步，可以理解成每一個部門都有這樣的一組員工。

1-7 各種資料結構圖的呈現方式

資料結構圖可藉由實體與關係的安排呈現出多種態樣，常見的態樣包括層次結構(Hierarchy)、網路結構(Network)以及樹狀結構(Tree)等，以下我們針對這幾種態樣進行說明。

1-7-1　層次結構

　　層次結構(Hierarchy)可以明確定義任何實體集合－類別之間的關係，只要有兩個、或多個級別的關聯實體類別，就存在資訊層次結構。下圖將部門、員工、以及職務之間的關聯建構成一個三級層次結構的示意圖，表示為一個部門涵蓋著被指派的員工，而這些員工各自擁有其職務。

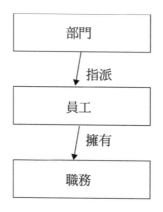

1-7-2　網路結構

　　網路結構(Network)是結合節點(Node)以及邊(Edge)所組合而成的圖，節點可以用來表示實體類別，邊則可以表示任意兩節點之間的關係(Relationships)。網路結構的應用常見於通訊網路的布局以及路徑分析與規劃等。例如，第九章所介紹的圖形結構與路徑規劃中的關鍵路徑法(CPM)，即為透過網路結構進行路徑分析。

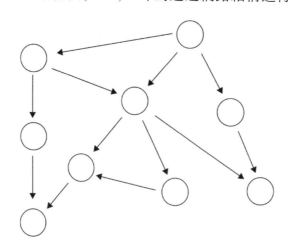

📑1-7-3　樹狀結構

　　樹狀結構(Tree)是一種非封閉性的圖(Graph)，由一個根節點(Root)與多個子節點(Child Node) 所構成，具備層次結構的特性，每一個節點可以有多個子節點，每一個節點只能有一個父節點，而且樹狀結構不可存在環路(Cycle)。我們在第七章將針對樹狀結構說明其各種特性。

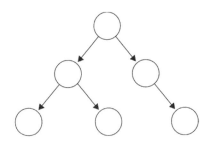

📑1-7-4　複合網路結構

　　前面小節已介紹簡單網路是結合節點(Node)以及邊(Edge)所組合而成的圖，節點表示實體類別、邊表示任意兩節點間的關係。複合網路結構(Compound Network Structure)則是綜合簡單網路中不同實體關聯的結果。例如：書籍、與作者之間所存在的關係，就是所謂的著作關係。你會發現大多數的文學作品（如小說、詩集）只有一位作者，而技術和教育領域的教科書往往有兩位作者，甚至可能有三、四位作者。若考慮這些書籍與作者之間的關係，你會發現有些人所著作之書籍不只一本書。因此，由書籍、個人以及著作關係而建立的網路結構，可由書籍節點（書籍實體）、個人節點（個人實體）以及著作關係等所組成，下圖，即表示此關係的複合網路結構圖。

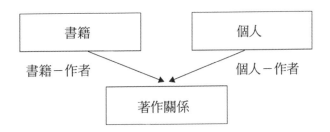

　　進一步，我們若整合層次結構的概念於圖中，則可發展出具有更豐富資訊含量的複合網路結構。下圖說明一所大學可以擁有許多學院，每一個學院可擁有許多不同科系或研究所，每一系所都擁許多的個人成員（如教師、學生、行政人員等）；其

中，某些個人成員（如教師）曾經著作發行了一些書籍。透過這種實體(Entity)－關係(Relationship)的圖形結構，將可以協助相關人員清楚且迅速的理解每一個實體物件之間的相互關係。

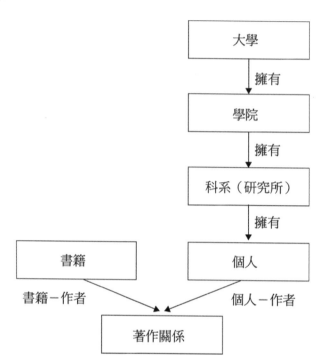

為了明確描述資料與資料之間的關係，當時任職於美國麻省理工學院的陳品山博士於是提出了實體－關係圖(Entity-Relationship Diagram)、以及實體－關係模型(Entity-Relationship Model)的分析方法(Chen, 1976)，也就是目前關聯式資料庫(Relational Database)設計與分析時，全世界最常使用的分析工具。如下圖所示，一個專案可能包括許多參與此專案的工作者；而每一個員工可能只是一個專案的工作者，抑或是一個員工也可能同時是多個專案的工作者。圖中的M表示為M個員工(M=0, 1, 2, 3,...)，N表示為N個專案(N=0, 1, 2, 3,...)，也就是M個員工對於N個專案有可能是一對一的關係、一對多的關係、多對一的關係，或是多對多的關係。

　　基於上述概念，可藉由資料結構圖(Data Structure Diagram)以及實體關係圖(Entity-Relationship Diagram)，描述企業部門與員工之間的關係為一個部門（以1表示）擁有多個員工（以N表示），亦可以描述員工與專案的關係為一個員工（以1表示）可以執行多個專案（以N表示），而且一個專案（以1表示）可以同時讓多個員工（以M表示）參與；換句話說，員工與專案之間的實體關係為多對多的關係(N:M)，也就是N個員工對應於M個專案之各種可能的實體關係。如下圖所示。

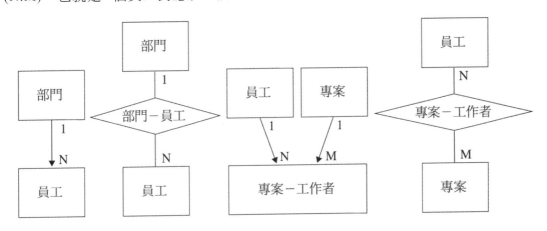

1-8 ● 資料結構圖的應用實例

　　誠如上述資料結構圖之介紹，我們得知各種資料結構圖的基本元素整合在一起可以描述各種事物的流程、物件之間的關係等；進一步，除了可以敘述資料結構的各種演算法，還能應用於商業流程或物聯網系統(IoT System)中的感測器(Sensor)、致動器(Actuator)與控制器(Controller)之間的關係與資料傳遞的方式等。當然，在日常生活作息中的事件描述、消費性產品的操作程序以及開發軟體時的系統分析等，也都常見到各式資料結構圖的蹤跡。以下我們以數位說故事系統(Digital Storytelling System, DST System)為範例，說明如何運用資料結構圖的概念來描述該系統的架構、數位故事的運作模式等。

1-8-1　數位說故事系統的概念

　　故事陳述與內容的理解是一種思考的模式，可將抽象概念建構於學習者的記憶中，故事除了具有娛樂功用，對於學習者的多元學習與發展亦具效益，因此說故事(Storytelling)教學成為提升學童學習興趣與注意力的常見教學方式(Livo, & Rietz,

1986; Peck, 1989; Spierling, Garson, Braun, & Iurgel, 2002; Boulineau, Fore Iii, Hagan-Burke, & Burke, 2004)。學習者藉由「說故事」的方式學習可以熟悉故事中的聲音、文字、語言、故事內容以及故事表達的價值觀念，這些元素可激發學習者的好奇心與想像力(Gordon, & Braun, 1983; Morrow, 1985)。因此，將「說故事」的方式運用於語言學習上，將可培養學習者的識字能力、聽力、識別語言的規律、理解單詞的運用技巧、以及強化對語音的敏感度(Morrow, 1985; Morrow, 1986; Peck, 1989)。除此之外，使用「說故事」學習模式有助於學習者反思學習內容，使其能夠將過去的經驗和所敘述的故事作連結，突顯知識意涵(Alterio, & McDrury, 2003)，可激發學習動機與學習興趣(Yearta, Helf, & Harris, 2018; Lantz, Myers, & Wilson, 2019)。然而，數位說故事著重於應用前製的影片或語音故事採序列的方式或是選單的方式讓學習者選擇預計放映的故事，學習者往往缺乏機會參與創作故事、或需操作複雜的故事編輯軟體，除了增加學習者的使用障礙，也無法讓學習者透過實體互動的過程創作故事或發展故事情節。

📑1-8-2　數位說故事系統的發展方式

由於故事(Story)與敘事(Narrative)密不可分，敘事(Narrative)強調主題(Subject)與時間(Time)，順序(Sequence)和連續性(Continuity)，藉由符號(Symbolic)表示一系列的事件(Events)，而且這些事件與特定主題與時間皆具有關聯性(Scholes, 1981)。同一件事可以用不同的方式敘述，因此事件是獨立於故事；故事是透過敘事者(Narrator)描述其所觀察這些事件的其中一種面向(Rabkin, 1977; Rumelhart, 1980)。Rabkin(1977)認為當沉浸於閱讀故事情節裡時的讀者，與故事裡的角色、情節以及場景一同體驗其歷時性(Diachronic)和共時性(Synchronic)。故事情節的發展不僅可以採取最為簡單的循環性情節呈現(Cyclic Representation)，如下圖(a)；也可以是具有上下起伏(Up and Down)的正弦曲線情節呈現(Sinusoidal Curve Representation)，如下圖(b)。

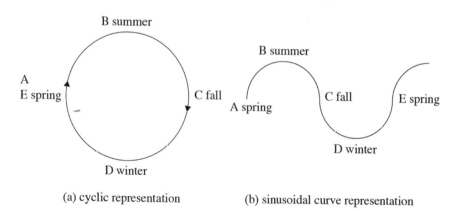

(a) cyclic representation　　(b) sinusoidal curve representation

　　然而，只是墨守成規的故事情節是不會吸引讀者的，故事情節應該保留高度隱喻性，引導讀者的意識沿著曲線持續移動，創造不可預期的故事曲線讓故事可以被更生動的敘述，而非僅是重新故事內容的先後排序。許多研究曾提出一些建構故事或分析故事的結構樣板，Idol(1987)所提出的故事地圖(Story Map)，包含故事場景的設定(The Setting)、故事的主要問題(The Problem)、故事目標(The Goal)、故事中所採取的行動(Action)，以及故事最後的發展結果(The Outcome)等；其中，故事場景的設定包含角色(Characters)、時間(Time)以及地點(Place)三個主要元素。Staal(2000)提出故事臉譜(The Story Face)的概念，故事的樣板一樣著重在故事場景設定、主要角色、解決的問題、所發生的事件(Events)，以及對應的解決方案(Solutions)。進一步，Sidekli(2013)根據相關研究彙整出改良後的故事地圖，認為將一故事主題區別出許多較小的題目(Topic)，每一個小題目分別再採用角色、時間與地點等場景設定，以特定的問題方案(Main Idea)處理發生的問題。整合上述三種方法，則可採用圖形化程式設計機制引導學習者設定故事主題、場景、時間、地點、角色、問題、目標、事件以及解決方案等，如下圖。

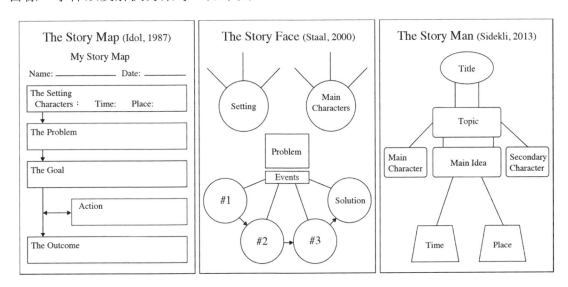

1-8-3　動態故事情節發展與資料結構圖設計

　　假使要創造動態、多樣的故事情節以及互動性的數位說故事系統，則可以從故事情節(Plot)的設計著手，例如將一個很長的故事拆解成許多個較小的故事情節，在經過重組、排序、連接等程序後，即可安排出各種變化的故事情節。再進一步結合決策模式，讓學習者參與故事情節的決策選擇，則可以創作出更多元且具互動性的故事。

　　如此，此數位說故事系統的故事情節即可以動態組織為線性情節或非線性情節。下圖示範動態故事情節各種可能的故事結構（即線性和非線性故事情節）發展態樣，也就是說，故事情節路徑可以透過不同的故事結構來發展。若採用我們在前面所介紹的各種資料結構的特性，將其應用於此，並以資料結構圖表示並加以說明。其中，下圖(a)所展示的故事情節之順序排列為序列方式，適合採用鏈結串列(Linked List)的結構形式來設計；而下圖(b)所展示的無限循環故事敘述方式，此種故事情節的變化適用環形鏈結串列(Circular Linked List)的資料結構來構建；若欲設計具有許多種不同故事結局的情節，應可以採用樹狀結構(Tree)，如下圖(c)的形式來建置；或更進一步採用具有網路結構的圖(Graph)來進行更多樣的複合型態之故事情節的發展，如下圖(d)所示。其中，下圖的故事情節節點(Story Plot Node)表示為各個獨立的故事情節內容（如P1、P2、P3、…），決策節點(Decision Node)表示為學習者可以介入系統選擇劇情變化方向的決策點（如D1、D2、D3、…），而故事流(Story Flow)即為故事情節的發展方向，採用箭頭符號表示。

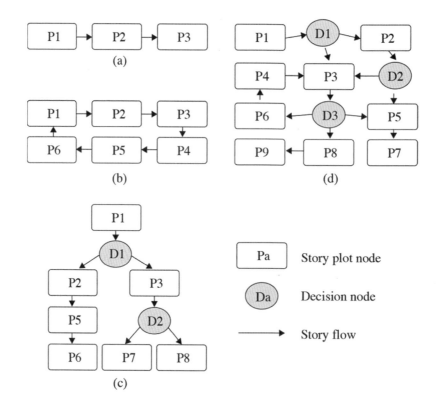

作業

1. 解釋下列名詞：
   (1) 靜態資料結構(Static Data Structure)
   (2) 主記憶體(Main Memory)

2. 試比較靜態資料結構與動態資料結構之差異。

3. 簡要說明八種常見的資料結構。

4. 試說明各種資料結構的特性、差異以及可能之應用。

5. 試說明層次結構(Hierarchy)、網路結構(Network)以及樹狀結構(Tree)等資料結構圖的特性。

MEMO

CHAPTER

02

演算法概念

DATA STRUCTURE

THEORY AND PRACTICE

2-1 演算法與複雜度

本書雖然是談論資料結構,但資料結構對於演算法(Algorithm)來說是密不可分。因此,本單元首先介紹演算法基本概念,進而引導讀者理解演算法與複雜度之間的關係。

2-1-1 演算法與資料結構

演算法與資料結構是密不可分的兩個學科,若以程式概念來看,演算法可以說就是程式碼(Codes)部分,而資料結構與程式碼中變數宣告(Variable Declaration)的部分具有密切相關性。所謂宣告變數,指藉由編譯器(Complier)在計算機的記憶體中配置(Allocation)一個特定的記憶空間,程式執行時則以此指定的變數或資料結構來存取該空間。因此,可將程式設計(Programming)定義為:

程式設計(Programming)=資料結構(Data Structures)+演算法(Algorithms)

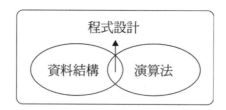

所謂演算法(Algorithms),簡單的說,就是探討問題的解決方法(Problem Solving),這些解決方式,我們會希望最後的處理由計算機來執行,因此,問題的解決方法希望能訴諸於程式(Program),交由計算機來執行。為了表明某一個演算法是為了解決某一特定問題(Specific Problem),可以透過虛擬碼(Pseudo Codes)或程式碼(Program Codes)來表示,也可以採用流程圖(Flow Charts)呈現(Knuth, 1963)。程式碼撰寫(Coding)的品質良窳,與演算法及其對應的資料結構設計的方式有關。例如:要讓烹飪效率提升,準備工作絕對相當重要,不同的問題,就要考慮不同的資料結構設計方式,才能有效提升程式效率(Efficient)。演算法通常具備有輸入(Input)、處理步驟(Process)、輸出(Output)等部分,而這些部分必須是明確的、有限的、有效率的。

　　同樣的問題可以有多種解決方法，例如：下圖(a)與下圖(b)採用流程圖方式說明演算法，得知圖(a)同時輸入A=2與B=3，隨後進行C=A+B的加法運算，然後將運算結果C印出。然而，圖(b)先輸入A=2，然後輸入B=3之後，再進行C=A+B的加法運算處理，最後一樣印出C的結果。由此例得知，雖然解決了相同的加法問題且得到一樣的結果，但是處理方式是有機會採取不同的數值指派方式、輸入順序及不同的處理機制，以創造出同樣的正確輸出結果。

　　因此，評估一個演算法的品質，最基本的方式，即可運用該演算法執行時可能耗費的時間(Time)、必須占用的記憶體空間(Space)之角度來進行分析。然而，當一個演算法在不同效能的計算機(Computer)、行動通訊設備(Mobile Device)、物聯網(Internet of Things)設備、機器人(Robot)或其他類型資通訊技術(Information and Communication Technology)產品上執行時，可能會產生不同的執行結果。例如，記憶體的使用狀況變化、程式執行的時間變化等。所以，必須採用可數量化、標準化、相對科學的方法來描述演算法之發展趨勢，也就是勾勒出其演算法執行過程中，對於時間和空間的複雜變化情境。

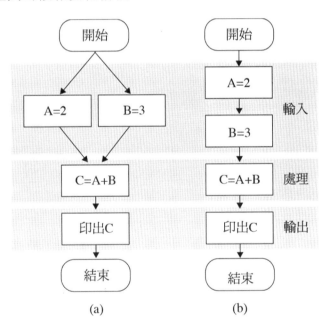

🦷 2-1-2　演算法表示方式

　　一般來說，演算法的表示方式有四種，包括自然語言(Natural Language)、流程圖(Flow Chart)、虛擬碼(Pseudo Code)及程式碼(Program Code)四種，其中虛擬碼相對較為標準、也較常被使用，因為它適用於各種程式語言，所以是最符合演算法的表示方式。舉例：假使我們打算製作一杯珍珠奶茶(Bubble Milk Tea)，考量甜度、冰塊、是否加珍珠等需求後，根據規範決定攪拌與搖晃次數後，開始製作流程並將飲料裝入杯內封上杯口。則分別可採用自然語言、流程圖以及虛擬碼等方式表示如下圖。

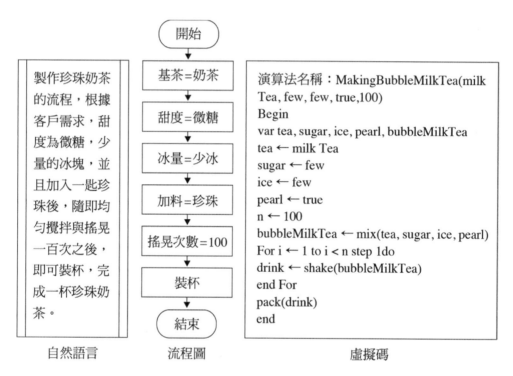

製作珍珠奶茶的流程，根據客戶需求，甜度為微糖，少量的冰塊，並且加入一匙珍珠後，隨即均勻攪拌與搖晃一百次之後，即可裝杯，完成一杯珍珠奶茶。

自然語言

```
開始
基茶＝奶茶
甜度＝微糖
冰量＝少冰
加料＝珍珠
搖晃次數＝100
裝杯
結束
```

流程圖

```
演算法名稱：MakingBubbleMilkTea(milk
Tea, few, few, true,100)
Begin
var tea, sugar, ice, pearl, bubbleMilkTea
tea ← milk Tea
sugar ← few
ice ← few
pearl ← true
n ← 100
bubbleMilkTea ← mix(tea, sugar, ice, pearl)
For i ← 1 to i < n step 1do
drink ← shake(bubbleMilkTea)
end For
pack(drink)
end
```

虛擬碼

2-1-3　如何判定演算法的品質

　　經過資料結構與演算法的配合後，演算法的撰寫是否具有效率一直是程式設計師所關切的問題。演算法被用來解決特定的問題，因此可採用有限的時間與空間來表示該演算法的解題效能。其判定方式有兩種，一種為時間複雜度(Time Complexity)，一種為空間複雜度(Space Complexity)。

　　時間複雜度是指演算法執行完畢後所需花費的執行時間，空間複雜度是指演算法執行完畢後所需的記憶體空間。由於記憶體空間可用虛擬記憶體(Virtual Memory)技術或儲存於輔助記憶體(Secondary Memory)，再加上目前計算機的記憶體便宜、空間大，而且其容量也能隨時擴充。因此，演算法的品質好壞，一般都使用時間複雜度來進行演算法品質的判定，也就是程式效能的分析。

2-2 程式效能分析

應該設計什麼樣的資料結構來配合演算法運作，才能使整個程式在執行時最有效率呢？或許你會考慮有好的設備自然就能提升執行效率，聽起來似乎是沒錯，程式執行效率會受程式語言工具、程式編譯工具、計算機硬體的影響。如果單純考慮資料結構與演算法的設計，需要一套評定標準，來分析所撰寫的演算法之品質好壞。以下就來說明程式效能的分析方式。

2-2-1 程式執行次數

演算法的品質好壞，執行時間的長短是首要考慮因素。由於程式必須在硬體設備（如電腦、手機、電動車等）上執行，硬體設備的計算能力將涉及程式的運行時間之長短。所以，要評估程式或演算法執行時間的長短，必須排除硬體設備差異所造成之影響。因此，通常是依據演算法中的運算執行次數多寡來分析演算法的執行時間。

（一）運算執行次數

如何計算一支程式的運算執行次數呢？通常每執行一行程式，我們就計算其執行程式一次，若迴圈從1~ n每次累進1，則我們就說程式執行了n次，請看下面計算範例（假設n>0，次數須為正整數，因此平均情況若存在小數，直接進位成整數）。

演算法	最佳情況	最差情況	平均情況
int sum(int a[], int n)			
{			
int i;	1	1	1
for(i=0; i<n; i++)	1	n+1	n/2+1
{			
if(a[i]= =9)	1	n	n/2+1
break;	1	1	1
}			
printf("%d\n",i);	1	1	1
}			
合計執行次數	5	2n+4	n+5

（二）種類

如上表顯示，程式執行時，可能因資料的排序或處理方式的不同造成處理的時間會有不同，例如要搜尋一筆資料，結果第一筆就是我們要的資料，我們稱為最佳情況，也有可能所有資料都搜尋完後才搜尋到資料，我們把他稱為最差情況，另一種就是平均情況，因此，在分析程式執行的次數，一般都要考慮這三種情況，即所謂的最差情況(Worst Case)、最佳情況(Best Case)與平均情況(Average Case)。

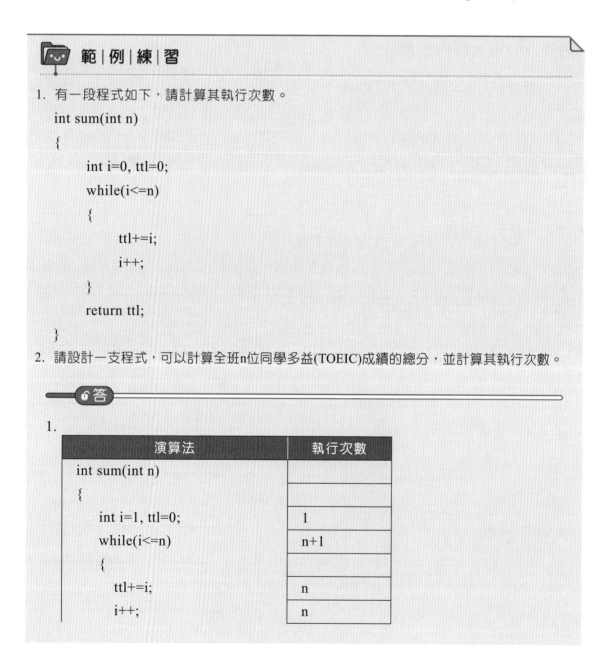

範|例|練|習

1. 有一段程式如下，請計算其執行次數。

```
int sum(int n)
{
    int i=0, ttl=0;
    while(i<=n)
    {
        ttl+=i;
        i++;
    }
    return ttl;
}
```

2. 請設計一支程式，可以計算全班n位同學多益(TOEIC)成績的總分，並計算其執行次數。

答

1.

演算法	執行次數
int sum(int n)	
{	
int i=1, ttl=0;	1
while(i<=n)	n+1
{	
ttl+=i;	n
i++;	n

演算法	執行次數
}	
return ttl;	1
}	
合計執行次數	3n+3

共執行 3n+3 次。

2.

演算法	執行次數
int ttlscore(int score[], int n)	
{	
int i, ttl=0;	1
for(i=0;i<n,i++)	n+1
{	
ttl+= score[i];	n
}	
return ttl;	1
}	
合計執行次數	2n+3

共執行 2n+3 次。

 隨|堂|練|習

請設計一支程式，可以計算奇數相加程式(1~n)，並計算其執行次數。

2-2-2　時間成長幅度函數

從上一小節我們已經了解如何計算演算法的執行次數了，現在我們來試著比較一下不同演算法的優劣。假設有一個問題用兩種不同的演算法來處理，經過執行次數的計算後，第一個演算法的執行次數是1000n+3，第二個演算法的執行次數是n^2+4，請問哪一個演算法比較好呢？從這兩個方程式來看，真的不容易判斷哪一個演算法較好，我們試著用下表來分析：

n	(1)：1000n+3	(2)：n^2+4	(1)減(2)
1	1003	5	998
10	10003	104	9899
100	100003	10004	89999
1000	1000003	1000004	-1
10000	10000003	100000004	-90000001
100000	100000003	10000000004	-9900000001

　　從上表可知，當n在1~100時，似乎第一個演算法效果較差，因為他的執行次數較多，但當n超過1000時，第二個演算法的執行次數開始快速增加，此種增加方式，我們將它稱為執行時間的成長幅度，也就是第二種演算法的執行時間較長，並不是我們所能接受的。可見得，時間複雜度不應只關心他的執行次數，更應考慮執行時間的成長幅度。那我們是否可以將每一個演算法的執行次數轉換成執行時間的成長幅度，請看以下的執行時間的成長幅度表示法。

　　若演算法執行次數為f(n)，如果我們可以找到兩數值c與n_0，且對於所有的n當中，我們可以找到一個n_0，當n≥n_0時，使得f(n)≤cg(n)均成立。此時我們可以說，f(n)的成長是漸趨近於g(n)，但永遠不會超過g(n)，也就是說g(n)是f(n)的上限，記作f(n)=O(g(n))，g(n)稱為成長幅度函數。理論上，成長幅度函數常用來表示時間複雜度。

📁 範│例│練│習

1. 某演算法執行次數為T(n)=1001n+5，其成長幅度函數為多少。

2. 請問下列程式中，若只考慮x++運算式，請問其成長幅度函數為多少 ？

```
i=1
while(i<=n){
    for(j=i; j<=n; j++)
        x++;
    i++;
}
```

3. 某演算法執行次數為 $T(n)=\sum_{i=1}^{n} i$，其成長幅度函數為多少。

4. 請問下列程式中，若只考慮y--運算式，請問其成長幅度函數為多少？

```
y-- ;
```

答

1. O(n)

   T(n)=1001n+5≤1001n+n

   也就是 T(n) ≤1002n，我們可以找到 c=1002

   並且，我們可以找到一個 n_0 的值，使得 T(n) ≤1002n 成立

   依定理 f(n)≤cg(n)知，f(n)=O(g(n))，也就是 T(n)=O(n)

   即 T(n)的成長幅度函數為 O(n)

2. $O(n^2)$

i值	j=1~n	x++ 執行次數
1	1~n	n
2	2~n	n−1
...		n−2
n	n~n	1
	合計次數	(1+n)*n/2

   也就是演算法共執行了(1+n)*n/2= $n/2+n^2/2$

   我們可以寫成 T(n)=$n^2/2+ n/2 ≤ n^2$

   也就是 T(n)≤n^2，我們可以找到 c=1

   並且，我們可以找到一個 n_0 的值=0，當 $n≥n_0$ 時，使得 T(n)≤n^2 成立

   依定理 f(n)≤cg(n)知，f(n)=O(g(n))，也就是 T(n)= $O(n^2)$

   即 T(n)的成長幅度函數為 $O(n^2)$

3. $O(n^2)$

   $$T(n)=\sum_{i=1}^{n} i=1+2+...+n=\frac{(1+n)*n}{2}=\frac{n^2+n}{2}$$

   同上題，T(n)的成長幅度函數為 $O(n^2)$

4. O(1)

   y--表示只執行 y=y+1，執行 1 次，T(n)=1

   T(n)的成長幅度函數為 O(1)

📖 2-2-3 時間複雜度

（一）定義

時間複雜度(Time Complexity)是指從呼叫某一程式開始到執行完成之過程，也就是程式從執行到完畢時所需的時間。該時間可包括程式編譯時間(Compile Time)與執行時間(Execution Time)。一般而言，編譯時間將依不同程式語言的特性與硬體設備不同而有所差異；因此，評估時，通常只考慮執行時間；執行時間可以採用執行次數乘以每次指令執行所需的單位時間來進行推估（即：執行時間=執行次數*每次執行所需的時間）。

而影響程式執行時間的因素，包括演算法效率的良窳以及硬體設備中CPU執行速度等因素，所以評估上比較不客觀。因此，時間複雜度的評估，通常只考慮程式執行的次數，也就是相同功能的條件之下，程式指令執行次數的多寡，其往往是用來決定演算法效率與品質好壞的關鍵。

為了強化時間複雜度的觀念，舉一估算程式執行次數的範例如下：

若有一程式的虛擬碼如下，試問下列x=x+1的執行次數？

```
for i=1 to n do
    j=i
    for k=j+1 to n do
x=x+1
    end
end
```

解題順序說明如下，我們可以先觀察虛擬碼內部的迴圈

```
for k=j+1 to n do
    x=x+1
end
```

得知x=x+1，在此迴圈中，將執行 $\sum_{k=i+1}^{n}1$ 次。因為 $\sum_{k=i+1}^{n}1 = (n-i)$ ，所以此內部迴圈，將執行(n – i)次。然後，評估外部迴圈for i=1 to n do，並將i=1~n帶入；因為j=i，且k=j+1，因此，將i=1~n帶入數學式中；所以，其執行次數可以整理成下列數學式表示：

$$\sum_{i=1}^{n}\sum_{k=i+1}^{n}1 = \sum_{i=1}^{n}(n-i) = \sum_{i=1}^{n}n - \sum_{i=1}^{n}i = n^2 - \frac{n(n+1)}{2} = \frac{n(n-1)}{2}$$

最後可以求解出，此一程式的虛擬碼中的x=x+1之執行次數為$n(n-1)/2$次。

另舉一程式的虛擬碼如下，試問下列程式的執行次數？

```
n=1000000
while n<>8 do
    n = n DIV 10
end
```

由解題過程中，我們可以先觀察虛擬碼內部迴圈中的n=n DIV 10，因為程式初始值n=1000000，所以while迴圈的判斷條件n<>8將永遠符合（即n = n DIV 10的運算過程中，絕對不會出現n=8的情況）；因此，該迴圈為無窮迴圈(Infinite Loop)；所以，該程式執行次數為無限多次，程式的執行時間為無限長。

（二）表示方式

上節曾提到，時間複雜度的表示方式是使用成長幅度函數，而此函數可劃分成三種，包括理論上限O(n)、理論下限Ω(n)與理論上下限Θ(n)。最常用的時間複雜度表示方式大都是使用理論上限(O(n))來表示。

（三）理論上限 O(n)

讀成Big-Oh of n，即f(n)=O(g(n))，若且為若存在著兩數c與n_0，且對於所有的n，當n≥n_0時，使得f(n)≤cg(n)均成立。

f(n)指的是某演算法的運算執行次數，n_0是不等式f(n)≤cg(n)上的某一個n值，c只是f(n)與g(n)的一個比例值。此理論的意思假定若能找到2個正的常數c和n_0，使得f(n)≤cg(n)均成立，則cg(n)的運算次數會永遠大於等於f(n)，我們可視為cg(n)是f(n)的上限，則f(n)的運算執行次數可寫成f(n)=O(g(n))，讀成f(n)的運算執行次數的上限是g(n)。

例如：有一個演算法的運算執行次數f(n)是3n+8，若我們要找上限，就可以將該多項式中最高次方項目的係數再加一，即我們可以讓3n+n，形成4n，則可得f(n)=3n+8≤4n=cg(n)，此時，c=4，g(n)=n，若我們可以在3n+8≤4n式子中找到一個n_0，且n≥n_0時，使得3n+8≤4n式子是合理的，那我們就可以說f(n)=3n+8之上限是g(n)=n。整理3n+8≤4n式子，得8≤n，也就是當n_0=8時，3n+8≤4n成立，從理論得知，我們更可確定f(n)的理論上限是g(n)=n，此範例可記作f(n)=O(n)。

綜合以上說明，可以將c、n、n_0、g(n)、f(n)以及執行次數之間的關係，表示如下圖的概念。從圖中可以觀察出，當n>n_0之後，不論n的值多大，f(n)必然會小於cg(n)，因此cg(n)為該演算法的理論上限，以O(n)表示之。

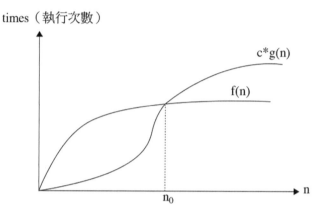

進一步，我們採用前文的程式的虛擬碼中的x=x+1之執行次數為n(n－1)/2次，來說明理論上限O(n)的求證方式。

若已知一演算法的執行次數為n(n－1)/2次，請問其執行次數之函數如何表示？請使用理論上限O(n)表示時間複雜度，並證明O(n)的存在條件。

求解過程，說明如下：

演算法的運算執行次數的函數：f(n)=n(n－1)/2

採用f(n) 函數中的最高次方項來決定g(n)，因為f(n) 函數中的最高次方項為n^2，因此定義：g(n)=n^2

將程式演算法執行次數f(n)與g(n)的關係，規範如下：

f(n) ≤ c*g(n)

因此展開如下式：

$$\frac{n(n-1)}{2} \leq c \times n^2$$

$$\frac{n^2}{2} - c \times n^2 \leq \frac{n}{2}$$

$$\left(c - 1/2\right) \times n^2 \le \frac{-n}{2}$$

根據定義，若且為若，存在著兩數c與n_0，且對於所有的n，當n≧n_0時，使得 f(n)≦cg(n)均成立。因此代入c=1.5，n_0=1於$\left(c - 1/2\right) \times n^2 \ge \frac{-n}{2}$，使得 $n^2 \ge \frac{-n}{2}$ 得以成立。也就是當c=1.5（註：c只要比該項的常數值大1即可，再藉由c去推導n_0），且 n≧1時，$\frac{n\left(n-1\right)}{2} \le c \times n^2$ 就會成立。因此

$$\frac{n\left(n-1\right)}{2} = O\left(n^2\right)$$

所以，程式的虛擬碼中的x=x+1之執行次數之函數為n(n - 1)/2，理論上限O(n) 的為O(n^2)。

範│例│練│習

有一演算法被表示成下列虛擬碼(Pseudo Code)。(a)請問其執行次數之函數如何表示？(b)請使用O (n)表示時間複雜度，並證明其O (n)的存在條件。

```
void sum(int a1[], int a2[], int a3[], int n)
{
int i, j;
for (i=0; i<n; i++)
    for (j=0; j< n; j++)
        a3[i,j]=a1[i,j] + a2[i,j];
}
```

答

(a)

演算法	執行次數
void sum(int a1[], int a2[], int a3[], int n)	
{	
int i, j;	1

演算法	執行次數
for (i=0; i<n; i++)	$n+1$
for (j=0; j< n; j++)	$n*(n+1)$
a3[i,j]=a1[i,j] + a2[i,j];	n^2
}	
合計執行次數	$2n^2+2n+2$

此程式需特別注意程式第四行外層迴圈 for (i=0; i<n; i++)的計數器 i 從 0~n-1，會執行 n 次，且因符合 i<n 條件而執行程式第五行內層迴圈，其當 i=n 時，還會執行一次測試是否符合 i<n 的條件，當不符合時才跳出外層迴圈，因此第四行 for (i=0; i<n; i++)總共執行 n+1 次。同樣概念，程式第五行內層迴圈的條件判斷會執行 n+1 次，搭配符合外層迴圈的 n 次回合，所以程式第五行 for (j=0; j< n; j++)總共執行n*(n+1)次。

整合上表，該程式共執行$2n^2+2n+2$次。

(b)

採用函數 $f(n)=2n^2+2n+2$ 的最高次方項，定義：$g(n)=n^2$

將 f(n)與 g(n)的關係，規範如下：

$$f(n) \leq c* g(n)$$

因此展開如下式：

$$2n^2+2n+2 \leq c \times n^2$$

$$(c-2)n^2 \geq 2(1+n)$$

根據定義，若且為若，存在兩數 c 與 n_0，且對於所有的 n，當 $n \geq n_0$ 時，使得 $f(n) \leq cg(n)$均成立。因此代入 c=3，$n_0=3$，使得 $2n^2+2n+2 \leq 3 \times n^2$ 得以成立。因此，程式之執行次數之函數為 $f(n)=2n^2+2n+2$，理論上限 O(n)的為 $O(n^2)$。

（四）理論下限$\Omega(n)$

讀成Omega of n，$f(n)=\Omega(g(n))$，若且為若存在著兩數c與n_0，且對於所有的n，當$n \geq n_0$時，使得$f(n) \geq cg(n)$均成立。

相同的，此理論是指若你能找到2個正的常數c和n_0，使得不等式$f(n) \geq cg(n)$均成立，則cg(n)的運算次數會永遠小於等於f(n)，我們可視為cg(n)是f(n)的下限，則f(n)的運算執行次數可寫成$f(n)=\Omega(g(n))$，讀成f(n)的運算執行次數的下限是g(n)。

例如：有一個演算法的運算執行次數f(n)是$3n^2+8n$，我們要找下限，也就是要找比$3n^2+8n$更小的，我們可以保留多項式最高次方項，刪掉其他項，使之變成$3n^2$，就可以讓$3n^2+8n \geq 3n^2$，也就是cg(n)= $3n^2$，c=3，g(n)= n^2，同理，我們要再找一個n_0，使得$f(n) \geq cg(n)$成立。整理$3n^2+8n \geq 3n^2$式子，得$8n \geq 0$，也就是當$n_0=1$時（n_0=0~n均可），$3n^2+8n \geq 3n^2$成立，從理論得知，我們更可確定f(n)的理論下限是g(n)=n^2，此範例可記作$f(n)=\Omega(n^2)$。

綜合以上說明，可以將c、n、n_0、g(n)、f(n)以及執行次數之間的關係，表示如下圖的概念。從圖中可以觀察出，當n> n_0 之後，不論n的值多大，f(n)必然會大於cg(n)，因此cg(n)為該演算法的理論下限，以$\Omega(n)$表示之。

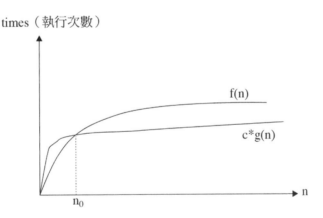

範│例│練│習

　　有一演算法其執行次數之函數$f(n)=2n^2+2n+2$，請使用$\Omega(n)$表示時間複雜度，並證明其$\Omega(n)$的存在條件。

答

採用函數$f(n)=2n^2+2n+2$的最高次方項，定義：$g(n)=n^2$

將$f(n)$與$g(n)$的關係，規範如下：

$$f(n) \geq c * g(n)$$

因此展開如下式：

$$2n^2 + 2n + 2 \geq c \times n^2$$
$$(c-2)n^2 \leq 2(1+n)$$

根據定義，若且為若，存在兩數c與n_0，且對於所有的n，當$n \geq n_0$時，使得$f(n) \geq cg(n)$均成立。因此代入$c=2$，$n_0=1$，使得$2n^2 + 2n + 2 \geq 2 \times n^2$得以成立。因此，程式之執行次數之函數為$f(n)=2n^2+2n+2$，理論下限$\Omega(n)$為$\Omega(n^2)$。

（五）理論上下限$\Theta(n)$

　　讀成Theta of n，$f(n)=\Theta(g(n))$，若且為若存在著c_1、c_2與n_0，且對於所有的n，當$n \geq n_0$時，使得$c_1 g(n) \leq f(n) \leq c_2 g(n)$均成立。

　　相同的，此理論是指若我們能找到3個正的常數c_1、c_2與n_0，使得不等式$c_1 g(n) \leq f(n) \leq c_2 g(n)$均成立，則$f(n)$的運算次數會永遠介於或等於$c_1 g(n)$與$c_2 g(n)$之間，我們可視為$c_1 g(n)$與$c_2 g(n)$是$f(n)$的上下限，則$f(n)$的運算執行次數可寫成$f(n)=\Theta(g(n))$，讀成$f(n)$的運算執行次數會介於$c_1 g(n)$與$c_2 g(n)$之間。

　　例如：有一個演算法的運算執行次數$f(n)$是$2n^2+3n+2$，我們要找上限與下限，也就是要找比$2n^2+3n+2$更小與更大的，我們可以利用前面的作法，類似找理論上限與理論下限，上限可找更大的 $3n^2$，下限可找較小的 $2n^2$，就可以得到 $2n^2 \leq 2n^2+3n+2 \leq 3n^2$，也就是 $c_1 g(n)=2n^2$，$c_2 g(n)=3n^2$，可得 $c_1=2$，$c_2=3$，$g(n)=n^2$，同理，我們要再找一個 n_0，使得 $c_1 g(n) \leq f(n) \leq c_2 g(n)$ 成立。整理 $2n^2 \leq 2n^2+3n+2 \leq 3n^2$ 式子，也就是先分開計算，$2n^2 \leq 2n^2+3n+2$，得 $-2/3 \leq n$，另一個不等式 $2n^2+3n+2 \leq 3n^2$，可得 $2 \leq n^2-3n=n*(n-3)$，也就是 n 要大於 4 才符合 $2 \leq n*(n-3)$，另一式 $-2/3 \leq n$，由二式可得 $n_0=4$，$2n^2 \leq 2n^2+3n+2 \leq 3n^2$ 式子成立，從理論得知，我們更可確定 f(n) 的理論上下限是 $g(n)=n^2$，此範例可記作 $f(n)=\Theta(n^2)$。

綜合以上說明，可以將 c_1、c_2、n、n_0、g(n)、f(n) 以及執行次數之間的關係，表示如下圖的概念。從圖中可以觀察出，當 $n>n_0$ 之後，不論 n 的值多大，f(n) 必然會大於 $c_1 g(n)$，而且，f(n) 必然會小於 $c_2 g(n)$；因此，介於 $c_1 g(n)$ 與 $c_2 g(n)$ 之間為該演算法的理論上下限，以 $\Theta(n)$ 表示之。

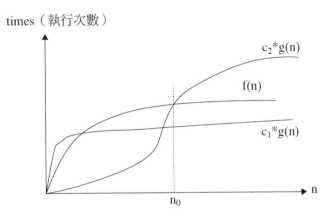

範｜例｜練｜習

有一演算法其執行次數之函數 $f(n)=2n^2+2n+2$ ，請使用 $\Theta(n)$ 表示時間複雜度，並證明其 $\Theta(n)$ 的存在條件。

答

採用函數 $f(n)=2n^2+2n+2$ 的最高次方項，定義：$g(n)=n^2$

將 f(n) 與 g(n) 的關係，規範如下：

$f(n) \leq c_2 * g(n)$

因此展開如下式：

$$2n^2 + 2n + 2 \leq c_2 \times n^2$$

$$(c_2 - 2)n^2 \geq 2(1+n)$$

根據定義，若且為若，存在兩數 c 與 n_0，且對於所有的 n，當 $n \geq n_0$ 時，使得 $f(n) \leq c_2 g(n)$ 均成立。因此代入 $c_2 = 3$，當 $n \geq 3$，使得 $2n^2 + 2n + 2 \leq 3 \times n^2$ 得以成立。

另將 f(n) 與 g(n) 的關係，規範如下：

$$f(n) \geq c_1 * g(n)$$

因此展開如下式：

$$2n^2 + 2n + 2 \geq c_1 \times n^2$$

$$(c_1 - 2)n^2 \leq 2(1+n)$$

根據定義，若且為若，存在兩數 c_1 與 n_0，且對於所有的 n，當 $n \geq n_0$ 時，使得 $f(n) \geq c_1 g(n)$ 均成立。因此代入 $c_1 = 2$，當 $n \geq 1$，使得 $2n^2 + 2n + 2 \geq 2 \times n^2$ 得以成立。

因此，當 $c_1 = 2$、$c_2 = 3$、$n_0 = 3$ 時，從理論得知，可確定 $f(n) = 2n^2 + 2n + 2$ 的理論上下限是 $g(n) = n^2$，可記作 $f(n) = \Theta(n^2)$。

（六）常見的時間複雜度

數	對數	線性	對數線性	平方	立方	指數	階層
$O(1)$	$O(\log_2 n)$	$O(n)$	$O(n\log_2 n)$	$O(n^2)$	$O(n^3)$	$O(2^n)$	$O(n!)$
無迴圈	單一迴圈		二階與三階巢狀迴圈			特殊	

1. $O(1)$：$O(1)$表示複雜度為常數(Constant)，若演算法裡只有運算式而不包括迴圈(Loop)或是只有選擇(Selection)結構，這樣的演算法其時間複雜度多為常數。

   例如：(1) 告知演算法只有資料量n。

(2) 只有運算式，演算法內沒有for或while迴圈，如x++。

(3) 演算法只有使用選擇結構，如if(x>5) y-- 等。

2. $O(\log_2 n)$：$O(\log_2 n)$表示複雜度為對數(Logarithmic)，若演算法裡只有一個迴圈如while或for，執行次數到n，且累計方式(Step)呈指數，如x*=2，這樣的演算法其時間複雜度多為對數。

　　例如：使用for，且程式內之累計方式呈指數，如x*=2

```
for (i=1;i<=n; i*=2){
    x++}
```

3. $O(n)$：$O(n)$表示複雜度為線性(Linear)，若演算法裡只有一個迴圈如while或for，執行次數到n，且累計方式為線性，如x++，這樣的演算法其時間複雜度多為線性。

　　例如： (1) while，且程式內之累計方式為線性

```
while(x<=n){
    x++}
```

　　　　　 (2) for，且程式內之累計方式為線性

```
for (i=1;i<=n;i++){
    x++}
```

4. $O(n\log_2 n)$：$O(n\log_2 n)$表示複雜度為對數－線性(Log-linear)，若演算法裡只有二階巢狀迴圈(Nested Loop)如while或for，執行次數都到n，但累計方式一個呈指數，如x*=2，一個呈線性，如x++，這樣的演算法其時間複雜度多為對數線性。

　　例如：使用for，且程式內之累計方式一個呈指數，如x*=2，一個呈線性，如x++

```
for (i=1;i<=n; i*=2)
    for (j=1;j<=n; j++){
        x++}
```

5. $O(n^2)$：$O(n^2)$表示複雜度為平方(Quadratic)，若演算法裡只有二階巢狀迴圈如while或for，執行次數都到n，但累計方式均呈線性，如x++，這樣的演算法其時間複雜度多為平方。

　　例如：使用for，且程式內之累計方式均呈線性，如x++。

```
for (i=1;i<=n; i++)
    for (j=1;j<=n; j++){
        x++}
```

6. $O(n^3)$：$O(n^3)$表示複雜度為立方(Cubic)，若演算法裡只有三階巢狀迴圈如while或for，執行次數都到n，但累計方式均呈線性，如x++，這樣的演算法其時間複雜度多為立方。

例如：使用for，且程式內之累計方式(step)均呈線性，如x++。

```
for (i=1;i<=n; i++)
    for (j=1;j<=n; j++)
        for (k=1;k<=n; k++){
            x++}
```

7. $O(2^n)$：$O(2^n)$表示複雜度為指數(Exponential)，若演算法裡只有一個迴圈如while或for，但他的執行次數需要到指數型，如i=1 TO 2^n，這樣的演算法其時間複雜度多為指數。

例如：使用for，執行次數需要到指數型

```
for (i=1;i<=2ⁿ; i++){
    x++}
```

8. $O(n!)$：$O(n!)$表示複雜度為階層(Factorial)，若演算法裡只有一個迴圈（如while或for），但它的執行次數需要到階層，如i=1 TO n!，這樣的演算法其時間複雜度多為階層。

例如：使用for，執行次數需要到階層

```
for (i=1;i<=n!; i++){
    x++}
```

（七）大小關係

$O(1) < O(\log_2 n) < O(n) < O(n\log_2 n) < O(n^2) < O(n^3) < O(2^n) < O(n!)$。

比較分析如下：加大n值後，可看出各種形式的時間複雜度很明顯的差異。

常數	對數	線性	對數線性	平方	立方	指數	階層
a	$\log_2 n$	n	$n\log_2 n$	n^2	n^3	2^n	n!
1	0	1	0	1	1	2	1
1	1	2	2	4	8	4	2
1	2	4	8	16	64	16	24
1	3	8	24	64	512	256	40320
1	3.3	10	33	100	1000	1024	3628800
1	4	16	64	256	4096	65536	20922789888000

綜合上述概念，我們可以將實務上常見的幾種時間複雜度，採理論上限O(n)表示，並以圖示化的方式呈現如下圖，以利於觀察程式或演算法執行次數的趨勢變化。

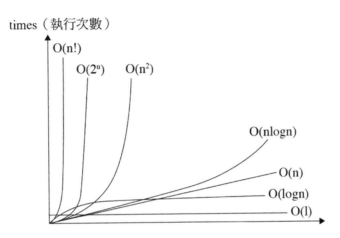

範|例|練|習

1. 請計算下列演算法之時間複雜度。

    (1) x^3+x^2+1;

    (2) if(x<100)

       　　x+=2;

    　　else

       　　x--;

    (3) long recursion_fact(int n){

       　　if(n==1)

          　　return 1;

       　　else

          　　return n* recursion_fact(n-1);

       }

2. 請計算下列演算法之時間複雜度。

    (1) for(i=0; i<=n; i++)

       　　a++;

    (2) for(j=0; j<=n; j+=3)

       　　b++;

    (3) for(k=0; k<=n; k*=5)

       　　c++;

3. 請計算下列演算法之時間複雜度。

  (1) for(i=0; i<=n; i++)

      for(j=0; j<=n; j+=3)

         a++;

  (2) for(i=0; i<=n; i++)

      for(j=i;j<=n;j+=3)

         for(k=0;k<=n;k+=5)

            b++;

  (3) for(i=0; i<=n; i++)

      for(k=0;k<=n;k/=2)

         c++;

4. 請計算下列演算法之時間複雜度。

  (1) for(i=0 ; i<=100 ; i++)

      for(j=0; j<=100 ; j+=3)

         a++ ;

  (2) for(i=0 ; i<=n ; i++)

      for(j=0; j<=n ; j+=3)

         a++ ;

    for(i=0 ; i<=n ; i++)

      for(j=i ;j<=n ;j+=3)

         for(k=0 ;k<=n ;k+=5)

            b++;

5. 若執行次數為以下結果，則成長幅度函數為多少。

  (1) $3n + 4$

  (2) $9n + 2\log n$

  (3) $3n^2 + 8n + 1$

  (4) $5n^2 + 3n\log n + 7n$

  (5) $5*2^n + n^3 + 1$

  (6) $n^4 + 2^n$

答

1. (1) 正常的運算式且無迴圈，基本上其時間複雜度為 O(1)。

  (2) 正常的運算式且無迴圈（只有選擇結構），基本上其時間複雜度為 O(1)。

(3) 這題目雖然無迴圈（只有選擇結構），但演算法內之程式是呼叫本身之
函數，且函數之參數是 n，故視同迴圈，時間複雜度為 O(n)。

2. (1) 只有一個迴圈，執行次數到 n，累計為 i++呈線性，所以時間複雜度為
O(n)。

(2) 只有一個迴圈，執行次數到 n，累計為 j+=3 呈線性，所以時間複雜度
為 O(n)。

(3) 只有一個迴圈，執行次數到 n，但累計為 k*=5 呈指數，所以時間複雜
度為 O(logn)。

3. (1) 有二階巢狀迴圈，執行次數到 n，累計為 i++與 j+=3 均呈線性，所以時
間複雜度為 $O(n^2)$。

(2) 有三階巢狀迴圈，執行次數到 n，累計為 i++與 j+=3 與 k+=5 均呈線
性，所以時間複雜度為 $O(n^3)$。

(3) 有二階巢狀迴圈，執行次數到 n，累計為 i++與 k/=2 各呈現線性與指
數，所以時間複雜度為 O(nlogn)。

4. (1) 雖然為二階巢狀迴圈，但執行次數只到 100，所以時間複雜度為 O(1)。

(2) 雖然有 5 個迴圈，但其實是一個二階巢狀迴圈，一個三階巢狀迴圈，執
行次數可視為 n^2+n^3，時間複雜度取大值，所以時間複雜度為 $O(n^3)$。

5. 我們可以依據 $O(1)<O(\log_2 n)<O(n)<O(n\log_2 n)<O(n^2)<O(n^3)<O(2^n)<O(n!)$ 之大
小關係來判斷本題目（相加者，直接取較大者）。

(1) 3n 之時間複雜度為 O(n)，4 之時間複雜度為 O(1)，所以結果為 O(n)。

(2) 9n 之時間複雜度為 O(n)，2logn 之時間複雜度為 $O(\log_2 n)$，所以結果為
O(n)。

(3) $3n^2$ 之時間複雜度為 $O(n^2)$，8n+1 之時間複雜度為 O(n)，所以結果為
$O(n^2)$。

(4) $5n^2$ 之時間複雜度為 $O(n^2)$，3nlogn 之時間複雜度為 $O(n\log_2 n)$，所以結
果為 $O(n^2)$。

(5) $5*2^n$ 之時間複雜度為 $O(2^n)$，n^3+1 之時間複雜度為 $O(n^3)$，所以結果為
$O(2^n)$。

(6) n^4 之時間複雜度為 $O(n^4)$，2^n 之時間複雜度為 $O(2^n)$，所以結果為
$O(2^n)$。

🦷 2-2-4　空間複雜度

　　空間複雜度(Space Complexity)是指執行程式完畢後所需要的記憶體空間。包括固定記憶體空間與變動記憶體空間。

1. 固定記憶體空間(Fixed Space)：這是指程式本身的指令空間、變數或結構所需的空間，即程式在編譯時期(Compile Time)的空間需求。例如，程式本身的指令空間、常數(Constant)、靜態變數(Static Variables)及結構(Struct)等。

2. 變動記憶體空間(Variable Space)：這是指程式執行時所需的額外空間，也就是程式執行時對於動態記憶體配置(Dynamic Memory Allocation)的空間需求。例如，執行遞迴程序(Recursive)時，需要用來儲存活動紀錄(Activation Record)的堆疊空間(Run Time Stack)，所引發的動態記憶體空間配置等。

　　分析空間複雜度，通常會使用S(P)來表示一個程式P所需的記憶體空間需求。可以將空間複雜度表示如下列函式：

函式：$S(P) = CS + PS(I)$

其中：　CS代表這個程式的固定空間需求

　　　　PS(I)則表示程式P針對特定的輸入資料集合I (Instance)之變動空間需求

📁 範|例|練|習

　　試計算出下列程式的空間複雜度為何？

```
int addition(int a, int b, int c, int d)
{
    int average;
    average=(a + b + c + d)/4;
    return(average);
}
```

⏺答

在上面的範例練習中，addition 函數有 4 個參數及 1 個回傳值(Return Value)。因此，固定的空間 CS 需求為(4+1) * 2 bytes（假設每一個變數之整數宣告 int 需占用 2 bytes 記憶體空間）=10 個位元組(bytes)。

而 addition 函數並沒有使用到動態配置記憶體，所以變動空間 PS(I)需求為 0 byte。

因此，空間複雜度的需求為 S(P) = CS + PS(I)=10 + 0 = 10 個位元組(bytes)。

作業

1. 利用Big-O的表示方法，下列演算法的成長率為多少？
   total=0;
   for(i=1;i<=n;i++)
   total= total+1;

2. 下表為某演算法資料量n與執行時間T(n)，有關時間複雜度的推測，下列何者最適當？

n	2	4	8	16	32
T(n)	15	20	20	22	20

   (A)O(1)　(B)O(logn)　(C)O(nlogn)　(D)O(n^2)

3. 下列何者有誤：
   (A) $n!=O(n^n)$
   (B) $3^n=O(2^n)$

4. 以下列技術設計階乘次常式(Subroutine)，以n 為輸入參數，回傳n!之值：
   (1) 遞迴(Recursive)技術。
   (2) 反覆(Iterative)技術。
   備註：n! = n*(n-1)*(n-2)*...*2*1

5. 請先定義出費氏數列(Fibonacci Sequence)的遞迴函數，再使用你熟悉的語言（如C語言等）寫出一個副程式int Fibonacci(int n)。

6. 請以遞迴方式，使用你熟悉的語言（如C語言等）寫出，欲尋找兩數（m與n）之間的最大公約數(GCD)的副程式：int gcd(int m, int n)。

7. 遞迴演算法(Recursive Algorithm)
   (1) 令A為N 個數的整數陣列(Integer Array)。請用虛擬碼(Pseudo Code)描述求陣列A中最大值的遞迴演算法。
   (2) 令A為N 個數的整數陣列(Integer Array)。假設A中的數字已經由小到大排列好。請用盡量接近程式語言的虛擬碼(Pseudo Code)描述搜尋整數X是否存在陣列A中的二元搜尋(Binary Search)的遞迴演算法(Recursive Algorithm)。請說明此一搜尋法的時間複雜度。
   (3) 請用盡量接近程式語言的虛擬碼(Pseudo Code)描述計算費氏數列(Fibonacci Sequence)第N項的遞迴演算法。請問該遞迴演算法的時間複雜度(Time Complexity)是否為多項式時間(Polynomial Time)複雜度？

8. 若 $T_1(n)=O(C_1(n))$，$T_2(n)=O(C_2(n))$，請問 $T_1(n)+T_2(n)=$？

    (A) $C_1(n)+C_2(n)$

    (B) $O(C_1(n)+C_2(n))$

    (C) $Max(O(C_1(n)),O(C_2(n)))$

    (D) $Min(O(C_1(n)),O(C_2(n)))$

MEMO

陣列

DATA STRUCTURE

THEORY AND PRACTICE

在資料結構中，陣列是最基本且最容易使用的資料結構工具，尤其在線性串列的使用，陣列的運用算是最直接也是最普遍的工具，當然，要善用此種容易使用的資料結構，首先，我們必須要熟悉它的基本概念與操作，現在就讓我們快來看看它的內容。

3-1 陣列的定義與操作

資料結構所談論的陣列，著重將陣列運用在線性架構中，然後對於線性架構做一些基本操作，例如插入資料到線性架構內，以及刪除、搜尋等等議題，除此之外，還會談論陣列在記憶體內所存放的位址，請看以下介紹。

3-1-1 陣列的基本概念

學習陣列時，除了必須了解陣列的定義外，我們還要了解陣列的種類、特性及其優缺點，內容如下：

（一）陣列的定義

所謂陣列(Array) 是指一組相同資料形態(Data Type)的元素所組成的有序集合(Ordered Set)。

從定義中可知，陣列與變數類似，都是可以存放資料，而且陣列是可存放多筆相同資料型態的資料容器，這些陣列空間只需共用一個陣列名稱即可。

宣告陣列時，通常須定義下列屬性，包括陣列的名稱(Name)、陣列的資料型態(Data Type)、陣列的維度(Dimension)、陣列長度(Size)等。以C語言為例，假如我們將陣列宣告成int A[5]，表示此為一個維度的陣列，其中包含了五個元素個數，亦即陣列大小為5，可以存放5個相同資料型態的資料。這5個整數(int)資料的名稱都是A，也就是此一維陣列(One-dimension Array)，包含5個整數資料型態的元素(Element)。我們可以使用索引(Index)方式，索引編碼0~4來區別這5個元素的資料。

以Java程式語言為例，「資料型態」可以是一般基本資料型態（如：int、float、double...等），也可以是「物件」型態（如：String...等）。若用Java宣告一陣列（如：int A[5]={27,15,29,191,50}），Java程式開發環境會自動偵測陣列大小，產生A.length 表示該陣列元素的長度，也就是陣列元素的個數。此為一維陣列結構，陣列 A包含了5個相同資料型態(int)的變數（稱之有5個元素），分別依索引值來儲存資料（如: A[i]，i = 0, ..., 4），如下圖所示。

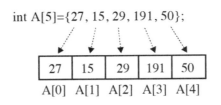

int A[5]={27, 15, 29, 191, 50};

27	15	29	191	50
A[0]	A[1]	A[2]	A[3]	A[4]

（二）陣列的名詞與特性

　　C語言與Java語言的宣告方式，極為相似，當你宣告int A[5]={27,15,29,191,50}時，它是指要求電腦記憶體提供資料型態為int的5個空間，其中，每一個空間的名稱為A[0]、A[1]、A[2]、A[3]及A[4]，在這邊讓我們介紹一些相關名詞：

1. 陣列長度：int A[5]的5就是表示陣列A的長度。

2. 索引：每一個陣列空間名稱A[0]~A[4]中，0~4即為陣列索引。

3. 資料型態：宣告為int，是表示放入陣列A的資料，只能是數字，且其以C語言來看，必須在-2147483648~+2147483647。

4. 資料：27,15,29,191,50就是存放在陣列A的資料。

5. 元素：A[0]、A[1]、A[2]、A[3]及A[4]就是陣列的元素。

　　陣列其實也有一些特性，可從定義中略知一二，特性包括：

1. 有限個相同資料型態的元素所組成的有序集合：陣列是一種有限的有序集合，且集合中的所有資料之資料型態都相同。

2. 一大塊連續記憶體：所需的記憶體空間是連續的。

3. 共同一個陣列名稱：陣列內的元素名稱都是相同的，只是使用索引名稱來區分。

4. 一組索引與資料是互相對應的，該索引的順序基本上是從0開始。

（三）陣列的種類

　　陣列可以分為三種，一維陣列、二維陣列以及多維陣列。

1. 一維陣列(One-dimensional Array)：就是一種線性概念，就像排隊一樣，資料會照順序一個一個的排列，是一種最簡單的陣列形式。

A[0]	A[1]	A[2]	A[3]	A[4]

2. 二維陣列(Two-dimensional Array)：其實就是類似一個平面，也就是將資料放在平面大小的空間，因此，它屬於二度空間的陣列。

B[0,0]	B[0,1]	B[0,2]	B[0,3]	B[0,4]
B[1,0]	B[1,1]	B[1,2]	B[1,3]	B[1,4]
B[2,0]	B[2,1]	B[2,2]	B[2,3]	B[2,4]

3. 多維陣列(Multidimensional Array)：在多維陣列裡，較常用的就是三維陣列(Three-dimensional Array)，也可以說是一種三度空間，可將資料放在三度空間內，相對的，可放入的資料就比一維陣列、二維陣列相對的來得多。下圖即為一個三維陣列的示意圖。

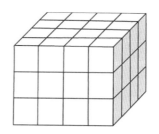

對於三度以上空間，包括四度、五度等等，我們一般都稱為多維陣列，但在日常生活的應用，都是比較少談論的。以Java為例，若宣告一個「二維陣列」並命名為array1，採用 array1 [][]表示，如果是「三維陣列」，則表示為 array1 [][][]，若是四度空間型態，即是「四維陣列」，表示為array1 [][][][]，以此類推，其中每一維度都需要一個變數作為相對位置之索引。

（四）陣列的優缺點

1. 優點
(1) 可以一次處理大批的資料。
(2) 容易實作。
(3) 索引值與儲存資料有一對一關係，容易存取。

2. 缺點
(1) 占用連續空間。
(2) 空間大小必須事先宣告。

(3) 容易浪費不必要的記憶體空間。

(4) 刪除或插入資料時會造成資料移動頻繁。

3-1-2　陣列的操作

　　陣列的議題，除了需要知道它的定義與特性之外，若想要善用它，熟悉陣列的實作是相當重要的。

　　陣列的實作包括宣告、讀取、寫入、插入、刪除、搜尋、走訪，以及複製等等，以下將分別說明之。

（一）陣列的宣告

　　陣列宣告，就是在向電腦索取連續位置的記憶體空間，其宣告方式如下：

1. 一維陣列的宣告方式為：

資料型態　陣列名稱[元素個數];

　　若以圖示表示，它就像是一列小火車的車廂，一個接著一個排列。

int A[5] ;

A[0]	A[1]	A[2]	A[3]	A[4]

2. 二維陣列的宣告方式為：

資料型態　陣列名稱[元素個數 1] [元素個數 2];

　　若以圖示表示，它就像是一個九宮格，形成一個平面。

int B[3][5] ;就是B[列][行]，表示3列5行。

行

	0	1	2	3	4
0	B[0,0]	B[0,1]	B[0,2]	B[0,3]	B[0,4]
列　1	B[1,0]	B[1,1]	B[1,2]	B[1,3]	B[1,4]
2	B[2,0]	B[2,1]	B[2,2]	B[2,3]	B[2,4]

3. 三維陣列（或多維陣列）其實就形成一個三度空間（或多度空間）之陣列，其宣告方式為：

資料型態 陣列名稱[元素個數 1] [元素個數 2] [元素個數 3];

如下圖可宣告成int C[3][4][5]，就是表示它有3個二維陣列，每一個二維陣列有4列5行。將該三維陣列及相對位置的陣列索引(Index)，分別標示如下圖。

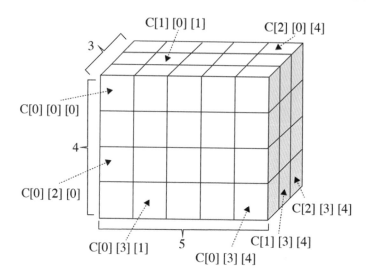

（二）陣列的讀取(Retrieve)

資料型態 承接變數=陣列[索引];

如：int x=A[2], y=B[1][3], z=C[1][2][0];

（三）陣列的寫入(Store)

陣列[索引]=欲寫入的資料;

如：A[1]=5; B[0][4]=6; C[0][1][4]=7;

（四）陣列的插入(Insert)

在陣列內索引為i的位置插入一個元素，我們必須先將原來索引為i及之後的元素使用迴圈（for或while等）均往後挪一個位置，再將所需資料指定給i索引的陣列。

舉例： 如下圖，假設我們有一個序列{2,4,6,8,10}，然後我們想在此序列的值8位置，插入一個數7，我們的做法會如下所示：

依題意，將7插入8之前，我們會將8之後的資料（含8），一個一個往後移動一格，然後再將資料放入原本8的位置。

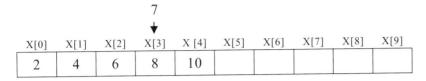

X[0]	X[1]	X[2]	X[3]	X[4]	X[5]	X[6]	X[7]	X[8]	X[9]
2	4	6	8	10					

結果

X[0]	X[1]	X[2]	X[3]	X[4]	X[5]	X[6]	X[7]	X[8]	X[9]
2	4	6	7	8	10				

陣列插入的演算法如下：

```
演算法名稱：array_insert(list[], n, p, key)
輸入：list[], n, p, key
輸出：
Begin
    var i
    If p<0 or p>=n then
        return -1
    end If
    For i←n-1 to i>p step -1 do
        list[i]←list[i-1]
    end For
    list[p]←key
end
```

隨|堂|練|習

假設我們有一個序列 {2,4,6,8,10}，是使用陣列實作出來的，然後我們想在此序列的值6後面，插入一個數7，請使用你熟悉的程式語言實作出來。

（五）陣列的刪除(Delete)

刪除陣列內索引為i的元素，作法為運用for迴圈將索引i之後的元素均往前挪一個位置。

舉例： 如下圖，假設我們有一個序列{2,4,6,8,10}，然後我們想將數列上的值6刪除，我們會運用迴圈（for或while等）將6之後的資料一個一個往前搬移，在最後一個位置（原本10的位置）的空間，基本上，我們會將它清空或給予一個特殊的資料如-1以視為空值，如此就完成陣列的刪除工作。

刪除

X[0]	X[1]	X[2]	X[3]	X[4]	X[5]	X[6]	X[7]	X[8]	X[9]
2	4	6	8	10					

結果

X[0]	X[1]	X[2]	X[3]	X[4]	X[5]	X[6]	X[7]	X[8]	X[9]
2	4	8	10						

陣列刪除的演算法如下：

```
演算法名稱：array_delete(list[], n, p)
輸入：list[], n, p
輸出：
Begin
    var i
    If p<0 OR p>=n then
        return -1
    end If
    For i←p to i<n-1 step 1 do
        list[i]←list[i+1]
    end For
    list[n-1]← -1
end
```

隨|堂|練|習

假設我們有一個序列{2,4,6,8,10}，是使用陣列實作出來的，然後我們想將此序列的值4刪除，請使用你熟悉的程式語言實作出來（如：C語言、Java、Python或R語言等）。（註：Python及R語言通常採用List結構替代陣列結構）

（六）陣列的搜尋(Search)

在陣列內搜尋指定的元素是否存在。運用迴圈（for或while等）從陣列第一個索引開始尋找所指定的元素，若搜尋到，則結束迴圈，若搜尋完陣列所有空間後還未找到，則回傳-1或告知該資料不存在。

陣列搜尋的演算法如下：

```
演算法名稱：array_search(list[], n, key)
輸入：list[], n, key
輸出：i
Begin
    var i
    For i←0 to i< n step 1 do
        If list[i]= key then
            return i
        end If
    end For
    return -1
end
```

隨|堂|練|習

假設我們有一個序列{2,4,6,8,10}，是使用陣列實作出來的，然後我們想搜尋8這個值，請使用你熟悉的程式語言實作出來。

（七）陣列的複製(Copy)

複製一份相同的陣列資料到另一個陣列內。將來源陣列的所有元素，使用迴圈（for或while等）依序複製到目的陣列。

陣列複製的演算法如下：

```
演算法名稱：array_copy(list1[], list2[], n)
輸入：list1[], list2[], n
輸出：
Begin
    var i
    For i←0 to i< n step 1 do
        list1[i]←list2[i]
    end For
end
```

隨｜堂｜練｜習

假設我們有一個序列{2,4,6,8,10}，是使用陣列實作出來的，然後我們想將此序列再複製到另一個陣列中，請使用你熟悉的程式語言實作出來。

（八）陣列的走訪(Traverse)

所謂陣列走訪，就是尋走或拜訪陣列的每一個元素。使用迴圈（for或while等），從陣列起始索引開始依序拜訪陣列的每一個元素，直到索引結束為止。

陣列走訪的演算法如下：

```
演算法名稱：array_travel(list[], n)
輸入：list[], n
輸出：list[]
Begin
    var i
```

```
For i←0 to i< n step 1 do
    PRINT(list[i])      // PRINT 螢幕顯示
end For
end
```

 隨|堂|練|習

假設我們有一個序列{2,4,6,8,10}，請寫一支程式，採用陣列實作並將序列內容顯示出來。

3-2 ●陣列定址

陣列定址是在談論關於陣列在記憶體的空間位址。從陣列的定義可知道，陣列宣告後，電腦會挪出一些記憶體空間提供陣列使用，並且這些空間是屬於連續性空間，也就是說，宣告一個陣列A[10]，若A[0]在記憶體空間位址是10，則A[1]就一定是11（假設每一個位址需要1byte長度），A[2]一定是12。陣列定址與記憶體之間具有緊密的關係，讀者可以特別留意二維或三維陣列的計算。

3-2-1 一維陣列定址

假設我們宣告一個陣列X[10]，其中陣列元素X[0]的記憶體空間位址為10，如下圖：

陣列	X[0]	X[1]	X[2]	X[3]	X[4]	X[5]	X[6]	X[7]	X[8]	X[9]
值	2	4	6	8	10					
記憶體位置	10	11	12	13	14	15	16	17	18	19

那麼，我們如何知道陣列中其他元素在記憶體的位址呢？例如陣列元素X[8]的記憶體位址為何？他的計算方式就是使用距離差，先找一個位址當基準，例如使用已知X[0]當基準，X[0]在記憶體的位址為10，假設所求為X[8]，則必需計算X[0]到X[8]的距離為多少，則記憶體位址也可以用相同的比例來計算。

因為X[0]到X[8]的距離為8-0=8，則在記憶體的位址也是用相同比例來計算，也就是10到X[8]的記憶體位址應該也是8，也就是應該為10+8=18。

其計算方式就是X[8]的記憶體空間位址為：

基準值位址＋距離差=10+(8-0)=18。

因此，假設基準點X[0]的記憶體位址為α，則X[i]的記憶體空間，我們可以寫成：

L(X[i])= α+(i-0)....以 X[0]為基準點

若基準點為X[m]，則陣列X[i]在記憶體的位址的公式可改為：

L(X[i])= α+(i-m)....以 X[m]為基準點

上面範例及公式均將陣列的每一個元素的長度都假設為1byte，如果陣列裡每一個元素的長度都需2 bytes（假設要存放中文字或浮點數等資料型態），則結果會是如何？

陣列	X[0]	X[1]	X[2]	X[3]	X[4]	X[5]	X[6]	X[7]	X[8]	X[9]
值										
記憶體位址	10 11	12 13	14 15	16 17	18 19	20 21	22 23	24 25	26 27	28 29

當陣列中每一個元素都需要2個bytes時，假設X[0]在記憶體的位址為10,11，則元素X[6]在記憶體的第一個位址（初始位址）應該為多少？其解法與前面範例類似，不同之處為每一個陣列元素都需兩倍空間，則記憶體位址在計算時，便需要再乘以兩倍，也就是：10+(6-0)*2=22。

因此，假設陣列的每個元素都需要d的空間大小，則一維陣列X[i]定址公式可改為：

L(X[i])= α+(i-m)*d

其中，X[i]為索引i的陣列，α為基準點X[m]的記憶體位址，也就是說：

索引 i 的陣列在記憶體空間的位址=
    基準點 X[m]的記憶體位址+ i 與 m 間的距離 ＊ 陣列每一元素所需大小

d的空間大小單位為byte，可以運用函數sizeof（C語言）來得到各資料型態的空間大小，例如在C語言裡，可以使用printf("%d\n", sizeof(int));的語法。另外，我們也可以查看每一個資料型態的範圍，然後去計算其空間大小。例如在C語言的資料型態int之資料範圍是-2147483648~2147483647，剛好是2^{32}，表示他使用32個bit。因為每8個bit組成一個byte，所以int所需位元為4個byte。下表為C語言常用資料型態的空間大小，提供讀者參考。

常用基本資料型態	表示法	長度
整數	int	至少2 bytes，通常4 bytes
長整數	long	至少4 bytes，在64位元為8 bytes
單精度浮點數	float	4 bytes
雙精度浮點數	double	8 bytes
字元	char	1 bytes

 範│例│練│習

1. 已知陣列int a[0]在記憶體內的起始位址為100，求元素a[3]的起始位址為多少。（int占用4個bytes）

2. 於A[6:30]中，已知Loc(A[6])=1300，d=2，求Loc(A[23])=?

3. 若f[15]之起始位址為112，f[25]之起始位址為132，求每一個元素占多少位元組？

4. 在C語言宣告一個陣列 int x[50]，請問陣列x共需要多少個位元組？假設陣列元素x[10]的記憶體起始位址為40，求陣列元素x[45]的記憶體起始位址為多少？（int占用4個bytes）

🔓答

1. $L(X[i]) = \alpha+(i-m)*d$

   $L(a[3]) = \alpha+(i-m)*d$，i=3，α=100，m=0，d=4

   $L(a[3]) = 100+(3-0)*4 = 100+12 = 112$

2. $L(A[23]) = \alpha+(i-m)*d$，i=23，$\alpha$=1300，m=6，d=2

   $L(A[23]) = 1300+(23-6)*2 = 1334$

3. 設每個元素占 d 個 bytes，則

   $L(X[i]) = \alpha+(i-m)*d$，

   將 f[15]設為原點，則原點在記憶體的位址為 112，也就是 m=15，α=112

   且 X[i]即為 f[25] 之記憶體位址為 132，也就是 i=25，L(X[i])=132

   所以

L(f[25])= 112+(25−15)*d

132=112+10d，d=2 bytes

4. 陣列 x 共需位元組 4*50=200

將 x[10]設為起始點，則起始點在記憶體的位址為 40，也就是 m=10，α=40

L(X[i])= α+(i−m)*d

所求 L(x[45]) = 40+(45−10)*4=40+140=180

隨｜堂｜練｜習

1. 已知陣列float a[20]在記憶體內的起始位址為60，求元素a[18]的起始位址為多少。（float占用4個bytes）

2. 於A[0:30]，已知Loc(A[4])=550，d=4，求Loc(A[24])=?

3. 若f[8]之起始位址為215，f[28]之起始位址為295，求每一個元素占多少位元組？

4. 在C語言宣告一個陣列 float x[100]，請問陣列x共需要多少個位元組？假設陣列元素x[0]的記憶體起始位址為50，求陣列元素x[88]的記憶體起始位址為多少？（float占用4個bytes）

3-2-2　二維陣列定址

（一）二維陣列定址

在二維陣列中，假設我們宣告一個陣列Y[3][5]，其中陣列元素Y[0][0]的記憶體空間位址為10，如下圖的二維陣列記憶體空間位址圖：

	行				
	0	1	2	3	4
列 0	10	11	12	13	14
列 1	15	16	17	18	19
列 2	20	21	22	23	24

那麼，我們如何知道在二維陣列中的其他元素在記憶體的位址呢？例如我們想知道陣列元素Y[2][3]的記憶體位址為何？他的計算方式亦是使用距離差，先找一個

位址當基準，例如使用已知Y[0][0]當基準，假設Y[0][0]在記憶體的位址為10，我們可求如Y[2][3]的記憶體位址，我們必須計算從Y[0][0]到Y[2][3]的距離為多少，則記憶體位址也以相同的比例來計算。

因為Y[0][0]到Y[2][3]的距離有兩排（每排5行，所有共有2×5=10個空間）加上3個空間（與Y[2][3]同一列之前有3個空間），也就是相距約10+3=13個空間距離，則在記憶體的位址也是用相同比例來計算，也就是10到Y[2][3]的記憶體位址也應該為13，也就是應該為 10+13=23。其計算方式就是Y[2][3]的記憶體空間位址為：

基準值位址＋距離差＝ 10+(2×5+3)=23。

若也考慮每一個元素所需的空間大小為1，則其計算方式可寫成為：

10+(2×5+3)×1=23。

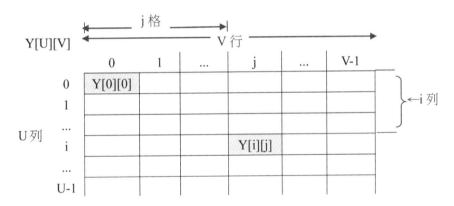

假設陣列宣告為Y[U][V]，基準點Y[0][0]的記憶體位址為α，則在所求Y[i][j]的前面將會有i列，且會有V行，與Y[i][j]相同列前面會有j個空間，因此我們可以將陣列元素Y[i][j]的記憶體位址寫成：

$$L(Y[i][j]) = \alpha + (i*V+j)*d \ldots 以\ Y[0][0]為基準點$$

為了處理二維陣列定址的一般問題，我們勢必要把一些參數化成共通變數，首先，陣列宣告為Y[U][V]，我們必須把他改成陣列的範圍，也就是改成Y[u1-u2][v1-v2]，若陣列宣告為Y[3][5]，我們應該看成Y[0-2][0-4]。另外，基準點為Y[u1][v1]，所以所求Y[i][j] 的前面將會有(i-u1)列，以及(v2-v1+1)行，與Y[i][j]相同列前面會有 (j-v1)個空間。

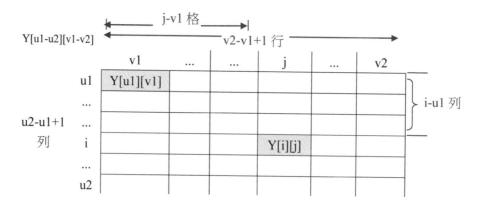

則陣列元素Y[i][j]在記憶體的位址的公式可改為：

$$L(Y[i][j])= \alpha+[(i-u1)* (v2-v1+1)+ (j-v1)]*d$$

所以Y[2][3]之記憶體空間位址可計算成10+[(2-0)*(4-0+1)+(3-0)]*1=23。

將二維的陣列元素轉換成一維排列的方式，可區分為：以列為主(Row Major)和以行為主(Column Major)兩種。以列為主的程式語言，如C與Java等語言，先存放該列的每一個元素，才存放下一列的各元素。以行為主的程式語言，如FORTRAN，先存放該行的每一個元素，才存放下一行的各元素。在前面我們有提到二維陣列記憶體空間位址圖，它是以列為主的順序排列記憶體空間位址，那我們可採用以行為主的順序來排列記憶體空間位址嗎？如圖。

以列為主：

	第j行	第j+1行	第j+2行	第j+3行	第j+4行
第i列	1	2	3	4	5
第i+1列	6	7	8	9	10
第i+2列	11	12	13	14	15

以行為主：

	第j行	第j+1行	第j+2行	第j+3行	第j+4行
第i列	1	2	3	4	5
第i+1列	6	7	8	9	10
第i+2列	11	12	13	14	15

答案是可以的。因此在二維陣列以上包括三維或多維陣列的定址，有分為以列為主或以行為主的定址方式。前述公式便是以列為主的定址公式，而以行為主的定址公式如下所述：

$$L(Y[i][j]) = \alpha + [(i{-}u1) + (j{-}v1) * (u2{-}u1{+}1)]*d$$

在本書，我們提供一個快速記憶公式的方式來提供讀者學習二維陣列以上的定址。假設宣告為Y[u1-u2][v1-v2]，所求為Y[i][j]，則：

步驟一： 所求記憶體位址＝基準點的記憶體位址α＋（所求的列i－基準點的列u1）＋（所求的行j－基準點的行v1）。（也就是將α與所求之i和j相加，但i與j分別要與基準點的u與v相減）

這裡可以區分為兩小段，第一為將所求之i與j和α相加，即：

所求＝α + i + j

第二為將i與j與基準點之位址相減，即：

所求＝α + (i－u1) + (j－v1)

步驟二： 若題意為以列為主，則列i的部分必須再乘以原宣告的行的所有寬度v2-v1+1，也就是所求 ＝ α + (i－u1) * (v2－v1 + 1) + (j－v1)。

若題意為以行為主，則行j的部分必須再乘以原宣告的列的所有寬度u2-u1+1，也就是所求 ＝ α + (i－u1) + (j－v1) * (u2－u1 + 1)。

步驟三： 最後再乘以寬度d，也就是：

所求（以列為主）＝ α + [(i－u1) * (v2－v1 + 1) + (j－v1)] * d。

或

所求（以行為主）＝ α + [(i－u1) + (j－v1) * (u2－u1 + 1)] * d。

（二）二維陣列定址題型

資料結構的陣列考題當中，二維陣列的定址的考題是最多的，也最富於變化，我們將二維陣列定址的考試題型分為三種提供讀者參考：

1. 已知(1)陣列宣告範圍、(2)以列或以行為主、(3)陣列在記憶體的起始位址、(4)陣列的資料型態或寬度d等項資訊，求其他二維陣列位址。

2. 已知2個二維陣列的位址及其寬度或資料型態，自行判斷以列或以行為主，求其他二維陣列位址。

3. 已知3個二維陣列的位址，求其他二維陣列的位址。

範|例|練|習

1. 假設以C語言宣告一個整數陣列int A[10][20]，若元素A[0][0]以列為主在記憶體空間的位址為200，則元素A[9][13]以列為主在記憶體中的位址如何？

2. 假設以C語言宣告一個浮點陣列float A[15][10]，若元素A[5][6]在記憶體空間的位址為206，則元素A[4][2]以列為主在記憶體中的位址如何？

3. 於A[2:10,3:15]，已知陣列A的起始位址為123，使用Row Major，求Loc(A[8,11])？

4. 於B[-3:6,-2:10]，已知陣列B的起始位址為=90，使用Row Major，d=4，求Loc(A[5,8])？

5. 給予二維陣列包括A[4,3]的位址=1110與A[5,1]的位址=1115，d=1，求A[8,5]在記憶體中的位址。

6. 給予二維陣列A[2,1]的位址=125，A[5,2]的位址=163，d=1，求A[9,6]在記憶體中的位址。

7. 給予三個二維陣列，包括A[2,2]的位址=9，A[4,3]的位址=24，A[5,1]的位址=29，求A[7,3]在記憶體中的位址。

答

1. $L(Y[i][j])= \alpha+[(i-u1)* (v2-v1+1)+ (j-v1)]*d$。
   $\alpha=200$，$u1=0$，$v1=0$，以列為主，$i=9$，$j=13$。
   $L(A[9][13])= 200+((9-0)*20+(13-0))*4=200+(180+13)*4=200+772=972$。

2. $L(Y[i][j])= \alpha+[(i-u1)* (v2-v1+1)+ (j-v1)]*d$。
   $\alpha=206$，$u1=5$，$v1=6$，以列為主，$i=4$，$j=2$。
   $L(A[4][2])=206+((4-5)*10+(2-6))*4=206+((-10)+(-4))*4=206-56=150$。

3. $L(A[8,11])=123+(8-2)*(15-3+1)+(11-3)=123+78+8=209$。

4. $L(A[5,8])=90+((5-(-3))*(10-(-2)+1)+(8-(-2)))*4=90+(104+10)*4=90+456=546$。

5. 本題未告知以列為主或以行為主，必須依據已知陣列作判斷。

   因為 A[4,3]的位址=1110 與 A[5,1]的位址=1115，若以列為主，剛好 A[4,3] 在陣列上方，A[5,1]在陣列下方，符合 1110<1115 條件。故本題以列為主。

			[4,3]		......
	[5,1]				

   假設陣列 A 有 N 行，則依據 A[4,3] 與 A[5,1]可求 N 值。
   $L(A[5,1])=1115=1110+(5-4)*N+(1-3)=1110+N-2$，所以 N=7。
   所求 $L(A[8,5])=1110+(8-4)*7+(5-3)=1110+28+2=1140$。

6. 本題未告知以列為主或以行為主，並且依據已知陣列也無法做判斷。

   因為不管是以列為主或以行為主，A[2,1]的位址一定比 A[5,2]小。

	[2,1]					……
		[5,2]				

   此時，必須使用假設方式求解，先假設以列為主，並假設陣列 A 有 N 行。

   $L(A[5,2])=163=125+(5-2)*N+(2-1)=125+3N+1$，所以 N=37/3 除不盡，不合。

   若以行為主，並假設陣列 A 有 M 列。

   則 $L(A[5,2])=163=125+(5-2)+(2-1)*M=125+3+M$，所以 M=35 整除，合。

   所以是以行為主，所求 $L(A[9,6])=125+(9-2)+(6-1)*35=125+7+175=307$。

7. 本題只給三個陣列之位址，首先必須先判斷是以行為主或以列為主，判斷完成後，再使用聯立方程式求陣列之行數或列數及 d 值，之後就可以對所求找記憶體位址。

   從陣列 A[4,3]的位址=24 與 A[5,1]的位址=28 可知道，陣列是以列為主。

   假設陣列 A 有 N 行，寬度為 d，則：

   $L(A[5,1])=29=9+((5-2)N+(1-2))*d$

   $L(A[4,3])=24=9+((4-2)N+(3-2))*d$

   整理

   $29=9+3Nd-d....(1)$

   $24=9+2Nd+d...(2)$

   $3*(2)-2*(1)=>14=9+5d$ => d=1 =>帶入(2)式，N=7

   $L(A[7,3])= 9+((7+2)*7+(3+2))*1=9+35+1=45$

隨|堂|練|習

1. 假設以C語言宣告一個整數陣列int A[15][25]，若元素A[2][1]以列為主在記憶體空間的位址為140，則元素A[10][10]以列為主在記憶體中的位址如何？

2. 於 B[-1:10,1:15]，已知陣列 B 的起始位址為 83，使用 Row Major，d=2，求 Loc(A[6,11])？

3. 給予二維陣列包括A[3,5]的位址=1070與A[6,2]的位址=1125，d=1，求A[7,2]在記憶體中的位址。

4. 給予二維陣列A[0,1]的位址=104，A[3,2]的位址=152，d=1，求A[6,1]在記憶體中的位址。

5. 給予三個二維陣列，包括A[1,2]的位址=20，A[3,5]的位址=54，A[5,3]的位址=78，求A[8,1]在記憶體中的位址。

📖 3-2-3　三維及多維陣列定址

三維以上陣列的概念與二維類似，假設宣告三維陣列為Z[u1-u2][v1-v2][w1-w2]，所求為Z[i][j][k]，初始位址Z[u1][v1][w1]之記憶體位址為α，則以列為主之定址公式：

$$L(Z[i][j][k])= \alpha+[(i-u1)*(v2-v1+1)*(w2-w1+1)+(j-v1)*(w2-w1+1)+(k-w1)]*d$$

則以行為主之定址公式：

$$L(Z[i][j][k])= \alpha+[(i-u1)+(j-v1)*(u2-u1+1)+(k-w1)*(v2-v1+1)*(u2-u1+1)]*d$$

其記憶方式亦與二維陣列方式相同，假設所求為Z[i][j][k]，則：

步驟一：　將i、j、k分別與α相加（當然i、j、k要與u1、v1、w1相減），也就是
　　　　　$\alpha+(i-u1)+(j-v1)+(k-w1)$

步驟二：　假設以列為主，則列(i-u1)要乘以另外兩個v和w，中間項的(j-v1)要乘以最後一個w，也就是：
　　　　　$\alpha+(i-u1)*(v2-v1+1)*(w2-w1+1)+(j-v1)*(w2-w1+1)+(k-w1)$
　　　　　若是以行為主，則行(k-w1) 要乘以另外兩個u和v，中間項的(j-v1)要乘以最後一個u，也就是：
　　　　　$\alpha+[(i-u1)+(j-v1)*(u2-u1+1)+(k-w1)*(v2-v1+1)*(u2-u1+1)]$

步驟三：　最後再乘以寬度d，也就是所求（以列為主）=
　　　　　$\alpha + [(i-u1)*(v2-v1+1)*(w2-w1+1)+(j-v1)*(w2-w1+1)+(k-w1)]*d$
　　　　　或　所求（以行為主）=
　　　　　$\alpha + [(i-u1)+(j-v1)*(u2-u1+1)+(k-w1)*(v2-v1+1)*(u2-u1+1)]*d$

範|例|練|習

1. 假設以C語言宣告一個浮點數陣列float A[5][7][9];，若元素A[1][2][3] 在記憶體空間的位址為500，以列為主，則元素A[3][2][4] 的位址為何？

2. 假設以C語言宣告一個浮點數陣列float A[10][9][8];，若元素A[1][1][1] 在記憶體空間的位址為200，以行為主，則元素A[5][1][3] 的位址為何？

 答

1. $L(Z[i][j][k])= \alpha+[(i-u1)*(v2-v1+1)*(w2-w1+1)+(j-v1)*(w2-w1+1)+(k-w1)]*d$

   $L(A[3][2][4])=500+((3-1)*7*9+(2-2)*9+(4-3))*4=500+(126+1)*4=1008$

2. $L(Z[i][j][k])= \alpha+[(i-u1)+(j-v1)*(u2-u1+1)+(k-w1)*(v2-v1+1)*(u2-u1+1)]*d$

   $L(A[5][1][3])=200+((5-1)+(1-1)*10+(3-1)*10*9)*4=200+(4+180)*4=936$

 隨|堂|練|習

1. 假設以C語言宣告一個浮點數陣列float A[5][7][9];，若元素A[1][2][3] 在記憶體空間的位址為500，若以行為主，則元素A[3][2][4] 的位址為何？

2. 假設以C語言宣告一個浮點數陣列float A[10][9][8];，若元素A[1][1][1] 在記憶體空間的位址為200，以列為主，則元素A[5][1][3] 的位址為何？

3-3 陣列的應用

此單元關心的是如何使用陣列運用在實務上，例如兩個多項式的相加減，或是矩陣運算等等，我們應該如何運用陣列來存放多項式的關鍵資訊，以利演算法設計及處理。以下就來看看陣列的應用。

📂 3-3-1　多項式計算

假設有兩個多項式(Polynomial)要相加減，必須使用程式來撰寫多項式的計算，你會如何設計這個程式呢？一般來說，設計程式前必須先考慮到求解問題的資料要用哪種方式來儲存（資料結構設計），當確定後，就開始配合存放資料的變數來撰寫程式（演算法）。

（一）資料結構規劃

存放多項式資料的方式有兩種，一種是以多項式的次方數來規劃陣列空間，另一種是看有多少項次來規劃陣列空間。在使用陣列存放時，多項式必須先依照次項由大到小排列之。

1. 以多項式的次方數為主：多項式最高次為n次方,用n+2長的陣列。

   多項式為 $c_n x^n + c_{n-1} x^{n-1} + ... + c_1 x^1 + c_0 x^0$，共有n項。

A[0]	A[1]	A[2]		A[N]	A[N+1]
n	c_n	c_{n-1}	......	c_1	c_0

   使用n+2長的陣列，第一個陣列元素存放最高次項次方數，其後依次存放各次方之係數。多項式若有缺項，必須補足項次並將係數填0。此方式的使用時機就是缺項較少時使用之。

   舉例：$4x^3 + x^2 + 5$

   解：

   此多項式最高次項次方數為3，所以必須準備3+2個陣列元素。因為多項式有缺一次項，所以應該先將多項式整理成 $4x^3 + 1x^2 + 0x + 5$。再將最高次係數、各項係數依次放入陣列。

陣列	a[0]	a[1]	a[2]	a[3]	a[4]
值	3	4	1	0	5

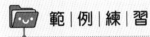

請將多項式$8x^5-2x^4-9x^3-x^2+6x-7$放入陣列中，以準備作多項式運算。

答

陣列	a[0]	a[1]	a[2]	a[3]	a[4]	a[5]	a[6]
值	5	8	-2	-9	-1	6	-7

請將多項式$7x^4-9x^3-6x^2+5x-8$放入陣列中，以準備作多項式運算。

2. 以多項式的項次數為主：多項式共有N項非零項，使用2N+1長的陣列。

多項式為$c_{N-1}x^{e_{N-1}}+c_{N-2}x^{e_{N-2}}+...+c_1x^{e_1}+c_0x^{e_0}$，共有N項非零項。

A[0]	A[1]	A[2]	A[3]	A[4]	...	A[2N-3]	A[2N-2]	A[2N-1]	A[2N]
N	c_{N-1}	e_{N-1}	c_{N-2}	e_{N-2}	...	c_1	e_1	c_0	e_0

使用2N+1長的陣列，第一個陣列元素存放項數，其後依次存放各次方之係數與次方數。此方式使用時機就是缺項較多時使用之。

舉例：$2x^6+3x^{10}+12$

解：

此多項式因為有缺9、8、7、5、4、3、2、1次項，所以不適用第一種方式規劃資料結構，改用2N+1長的陣列方式規劃。此多項式共有3項，所以必須準備3*2+1=7個陣列元素。另外，多項式必須先依照次項由大到小排列之，所以應該先將多項式整理成$3x^{10}+2x^6+12$。再將項數、各項係數、各項次方依次放入陣列。

陣列	a[0]	a[1]	a[2]	a[3]	a[4]	a[5]	a[6]
值	3	3	10	2	6	12	0

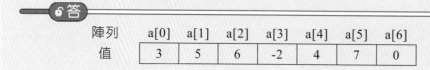

📁 範│例│練│習

請將多項式$5x^6-2x^4+7$放入陣列中,以準備作多項式運算。

🔒答

陣列	a[0]	a[1]	a[2]	a[3]	a[4]	a[5]	a[6]
值	3	5	6	-2	4	7	0

📁 隨│堂│練│習

請將多項式$3x^{11}+9x^7-8x^2+1$放入陣列中,以準備作多項式運算。

(二)演算法規劃

有了資料結構,下一步驟就是考慮演算法部分,假設有兩個多項式相加 $Z(x)=X(x)+Y(x)$,我們如何使用程式撰寫多項式相加,以下為使用自然語言方式說明演算法的步驟:

1. 將$X(x), Y(x)$依照冪次由高至低進行排列。

2. 比較$X(x), Y(x)$目前非零項的冪次

    (1) 若非零項的冪次不同,則將冪次較大的非零項複製到$Z(x)$

    (2) 若冪次相等,則將係數相加後複製到$Z(x)$。若相加後結果為0,則不需複製到 $Z(x)$。

3. 凡已經被複製到$Z(x)$的非零項,其多項式就往後移動一項。

4. 重複1~3步驟,直到兩個多項式的非零項都處理完畢為止。

    多項式相加的演算法如下:

```
演算法名稱:Poly_add(int listA[], int listB[], int listC[])
輸入:listA[], listB[], listC[]
輸出:i
Begin
```

```
Var reslt, p=2, q=2, r=2
While p<=2* listA[1] and q<=2* listB[1]
    reslt =COMPARE(listA[p], listB[q])    // COMPARE 比較兩陣列指定內容
    Case reslt
     : '=' :
        listC[r+1]←listA[p+1]+listB[q+1]
        If listC[r+1]<>0 then
        listC[r]←listA[p]
        r←r+2
        end If
        p←p+2
        q←q+2
        break
     : '>' :
        listC[r+1]←listA[p+1]
        listC[r]←listA[p]
        p←p+2
        r←r+2
        break
     : '<' :
      listC[r+1]←listB[q+1]
        listC[r]←listB[q]
        q←q+2
        r←r+2
        break
    end Case
end While
While p<=2* listA[1]
    listC[r+1]←listA[p+1]
    listC[r]←listA[p]
    p←p+2
    r←r+2
end While
While q<=2* listB[1]
```

```
      listC[r+1]←listB[q+1]
      listC[r]←listB[q]
      q←q+2
      r←r+2
   end While
   listC[1]←r/2-1
end
```

隨|堂|練|習

請使用你熟悉的程式語言撰寫一程式，計算多項式$4x^3+x^2+5$與$6x^4-3x^2-1$相加之結果。

3-3-2 矩陣運算

在本單元裡，首先針對矩陣作一個定義，再對矩陣的走訪、相加、相乘與矩陣轉置的運算方式做討論，以提供讀者參考。

（一）矩陣(Matrix)

所謂矩陣，其實就是所謂的矩形陣列，把一些數字排成矩形，就是所謂的矩陣。一個m×n的矩陣是由m列與n行所構成的矩形陣列。通常以大寫英文字母A、B以及C等符號來表示矩陣。

$$M=\begin{bmatrix} 3 & 6 & 3 \\ 2 & 1 & 1 \\ 9 & 1 & 2 \\ 4 & 5 & 7 \\ 2 & 1 & 0 \end{bmatrix}_{5*3}$$

要擺放矩陣內的資料，基本上，我們可以宣告一個二維陣列來存放矩陣內的資料，上列的矩陣可以宣告一個二維陣列[5,3]來存放矩陣資料，結果如下：

[5,3] 行

	0	1	2
0	3	6	3
1	2	1	1
2	9	1	2
3	4	5	7
4	2	1	0

列

（二）矩陣走訪(Matrix Traverse)

拜訪矩陣的每一個元素稱為矩陣走訪。

矩陣走訪的演算法如下：

```
演算法名稱：Matrix_Traverse (m, n, A[m][n])
輸入：m, n, A[m][n]
輸出：A[][]
Begin
    var i, j
    For i←0 to i< m step 1 do
        For j←0 to j< n step 1 do
            PRINT(A[i][j])    // PRINT 螢幕顯示
        end For
    end For
end
```

 隨|堂|練|習

請使用你熟悉的程式語言撰寫一程式，執行矩陣走訪。

（三）矩陣相加(Matrix Addition)

兩Matrices若同寬且同高則可相加減。對應位置的元素相加減，產生一個與原Matrices相同大小的新Matrix。

$$C[m][n]=A[m][n]+B[m][n]$$

$$A[m][n]=\begin{bmatrix} a_{00} & a_{01} & a_{02} & \cdots & a_{0(n-1)} \\ a_{10} & a_{11} & a_{12} & \cdots & a_{1(n-1)} \\ a_{20} & a_{21} & a_{22} & \cdots & a_{2(n-1)} \\ \cdots & \cdots & \cdots & \cdots & \cdots \\ a_{(m-1)0} & a_{(m-1)1} & a_{(m-1)2} & \cdots & a_{(m-1)(n-1)} \end{bmatrix}_{m*n}$$

$$B[m][n]=\begin{bmatrix} b_{00} & b_{01} & b_{02} & \cdots & b_{0(n-1)} \\ b_{10} & b_{11} & b_{12} & \cdots & b_{1(n-1)} \\ b_{20} & b_{21} & b_{22} & \cdots & b_{2(n-1)} \\ \cdots & \cdots & \cdots & \cdots & \cdots \\ b_{(m-1)0} & b_{(m-1)1} & b_{(m-1)2} & \cdots & b_{(m-1)(n-1)} \end{bmatrix}_{m*n}$$

$$C[m][n]=\begin{bmatrix} a_{00}+b_{00} & a_{01}+b_{01} & a_{02}+b_{02} & \cdots & a_{0(n-1)}+b_{0(n-1)} \\ a_{10}+b_{10} & a_{11}+b_{11} & a_{12}+b_{12} & \cdots & a_{1(n-1)}+b_{1(n-1)} \\ a_{20}+b_{20} & a_{21}+b_{21} & a_{22}+b_{22} & \cdots & a_{2(n-1)}+b_{2(n-1)} \\ \cdots & \cdots & \cdots & \cdots & \cdots \\ a_{(m-1)0}+b_{(m-1)0} & a_{(m-1)1}+b_{(m-1)1} & a_{(m-1)2}+b_{(m-1)2} & \cdots & a_{(m-1)(n-1)}+b_{(m-1)(n-1)} \end{bmatrix}_{m*n}$$

矩陣相加的演算法如下：

```
演算法名稱：Matrix_add(m, n, A[m][n], B[m][n], C[m][n])
輸入：m, n, A[m][n], B[m][n], C[m][n]
輸出：
Begin
    var i, j
    For i←0 to i< m step 1 do
        For j←0 to j< n step 1 do
            C[i][j]←A[i][j]+ B[i][j]
        end For
    end For
end
```

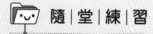 隨|堂|練|習

請使用你熟悉的程式語言撰寫一程式，對兩個矩陣作相加。

（四）矩陣相乘(Matrix Multiplication)

1. Matrix 與單純的一個數字（稱為scalar純量）可以相乘，效果是每個元素一起放大（或一起縮小），產生一個與原Matrix相同大小的新Matrix。

2. 若列向量 A=[x1,x2,...,xn]的寬度與行向量 B=[y1;y2;...;yn]的高度一樣，則兩 Matrices 可相乘。

3. 一般的Matrix乘法：A矩陣的寬必須同B矩陣的高才可求矩陣相乘C=A*B，其結果會讓矩陣C與矩陣A同高，與矩陣B同寬。

$$C[m][n]=A[m][p] \times B[p][n]$$

$$A[m][p]=\begin{bmatrix} a_{00} & a_{01} & a_{02} & ... & a_{0(p-1)} \\ a_{10} & a_{11} & a_{12} & ... & a_{1(p-1)} \\ a_{20} & a_{21} & a_{22} & ... & a_{2(p-1)} \\ ... & ... & ... & ... & ... \\ a_{(m-1)0} & a_{(m-1)1} & a_{(m-1)2} & ... & a_{(m-1)(p-1)} \end{bmatrix}_{m*p}$$

$$B[p][n]=\begin{bmatrix} b_{00} & b_{01} & b_{02} & ... & b_{0(n-1)} \\ b_{10} & b_{11} & b_{12} & ... & b_{1(n-1)} \\ b_{20} & b_{21} & b_{22} & ... & b_{2(n-1)} \\ ... & ... & ... & ... & ... \\ b_{(p-1)0} & b_{(p-1)1} & b_{(p-1)2} & ... & b_{(p-1)(n-1)} \end{bmatrix}_{p*n}$$

$$C[m][n]=\begin{bmatrix} a_{0p} \times b_{p0} & a_{0p} \times b_{p1} & a_{0p} \times b_{p2} & ... & a_{0p} \times b_{p(n-1)} \\ a_{1p} \times b_{p0} & a_{1p} \times b_{p1} & a_{1p} \times b_{p2} & ... & a_{1p} \times b_{p(n-1)} \\ a_{2p} \times b_{p0} & a_{2p} \times b_{p1} & a_{2p} \times b_{p2} & ... & a_{2p} \times b_{p(n-1)} \\ ... & ... & ... & ... & ... \\ a_{(m-1)p} \times b_{p0} & a_{(m-1)p} \times b_{p1} & a_{(m-1)p} \times b_{p2} & ... & a_{(m-1)p} \times b_{p(n-1)} \end{bmatrix}_{m*n}$$

其中，$a_{1p} \times b_{p0}=\begin{bmatrix} a_{10} & a_{11} & a_{12} & ... & a_{1(p-1)} \end{bmatrix}_{1*p} \times \begin{bmatrix} b_{00} \\ b_{10} \\ b_{20} \\ ... \\ b_{(p-1)0} \end{bmatrix}_{p*1}$

$a_{1p} \times b_{p0}=a_{10} \times b_{00}+a_{11} \times b_{10}+a_{12} \times b_{20}+...+a_{1(p-1)} \times b_{(p-1)0}$

矩陣相乘的演算法如下：

演算法名稱：Matrix_Multi(m, p, n, A[m][p], B[p][n], C[m][n])

輸入：m, p, n, A[m][p], B[p][n], C[m][n]

輸出：

Begin

    var i, j, k

    For i←0 to i< m step 1 do

        For j←0 to j< n step 1 do

            C[i][j]←0

            For k←0 to k< p step 1 do

                C[i][j]←C[i][j]+A[i][k]*B[k][j]

            end For

        end For

    end For

end

隨|堂|練|習

請使用你熟悉的程式語言撰寫一程式，執行兩個矩陣相乘。

（五）矩陣轉置(Matrix Transposition)

將大小為m*n的矩陣A沿著左上到右下的45度線翻轉過來，所成的n*m矩陣稱為 transpose of A（A的轉置矩陣），記為A^T。

$$A[m][n]=\begin{bmatrix} a_{00} & a_{01} & a_{02} & \cdots & a_{0(n-1)} \\ a_{10} & a_{11} & a_{12} & \cdots & a_{1(n-1)} \\ a_{20} & a_{21} & a_{22} & \cdots & a_{2(n-1)} \\ \cdots & \cdots & \cdots & \cdots & \cdots \\ a_{(m-1)0} & a_{(m-1)1} & a_{(m-1)2} & \cdots & a_{(m-1)(n-1)} \end{bmatrix}_{m*n}$$

$$B[n][m]=A^T=\begin{bmatrix} a_{00} & a_{10} & a_{20} & \cdots & a_{(m-1)0} \\ a_{01} & a_{11} & a_{21} & \cdots & a_{(m-1)1} \\ a_{02} & a_{12} & a_{22} & \cdots & a_{(m-1)2} \\ \cdots & \cdots & \cdots & \cdots & \cdots \\ a_{0(n-1)} & a_{1(n-1)} & a_{2(n-1)} & \cdots & a_{(m-1)(n-1)} \end{bmatrix}_{n*m}$$

矩陣轉置的演算法如下：

演算法名稱：Matrix_Transp(m, n, A[m][n], B[m][n])
輸入：m, n, A[m][n], B[m][n]
輸出：
Begin
    var i, j
    For i←0 to i< m step 1 do
        For j←0 to j< n step 1 do
            B[j][i]←A[i][j]
        end For
    end For
end

 隨|堂|練|習

請使用你熟悉的程式語言撰寫一程式，執行矩陣的轉置。

3-3-3 稀疏矩陣

（一）定義

當一個M*N之矩陣，非0的元素非常少時稱之為稀疏矩陣(Sparse Matrix)。只是這個非零元素是少到多少，卻沒有一定的規定。

	N 1	2	3	4
M 1	0	0	0	0
2	0	3	0	0
3	0	0	0	0
4	7	0	0	0
5	0	0	0	8

（二）稀疏矩陣的存放方式

　　稀疏矩陣的存放方式，亦可以使用二維陣列來存放，但是，因為稀疏矩陣內的元素大部分都是0，若是使用二維陣列來存放，勢必會浪費許多空間，因此，可以使用行列指標法(Row-column Indexing)以及鏈結串列(Linked List)兩種方式來存放。

　　其中，關於使用鏈結串列來存放稀疏矩陣，我們將於鏈結串列章節再作介紹，接下來，我們就來介紹如何運用行列指標法來存放稀疏矩陣。

（三）行列指標法

　　行列指標法(Row-column Indexing)是使用三行式(3-tuple)的資料結構，我們只要將稀疏矩陣的非0元素以(row, column, value)的方式來存放，如下表所示。他可以直接宣告一個二維陣列來處理，例如宣告一個單純的二維陣列A[N+1,3]來存放，也可以宣告一個A[N+1]的一維結構陣列來存放，其中N為稀疏矩陣的非0個數，本書將使用一維結構陣列來存放稀疏矩陣。依據上表稀疏矩陣，3個非0元素可以宣告一個A[4]的一維結構陣列，其中以A[0].row來存放稀疏矩陣的列數5，A[0].column來存放稀疏矩陣的行數4，A[0].value來存放稀疏矩陣的非0元素數量3，另外3個非零元素為3、7、8分別在第2列第2行、第4列第1行及第5列第4行，我們可以將資料放在陣列A[1]、A[2]及A[3]當中。

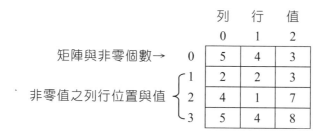

　　稀疏矩陣使用行列指標法來存放非0元素，我們可以建立一個結構陣列的資料結構如下所述。

　　稀疏矩陣的資料結構如下：

```
#define N 10    //紀錄稀疏矩陣非零項數量
typedef struct sparse{
    int row;//列的值
    int column;//欄的值
```

```
    int data; //元素的值
}Sparse;

Sparse SM[N]；    //宣告一個陣列 SM 來存放稀疏矩陣
```

（四）稀疏矩陣的運算

　　稀疏矩陣的運算亦包括稀疏矩陣的加法運算、稀疏矩陣的乘法運算與稀疏矩陣的轉置，其中，使用行列指標法存放稀疏矩陣後，要實作稀疏矩陣的轉置是比較容易的，但是要實作稀疏矩陣的相加與相乘，則會比較複雜，在本書，我們只針對加法與轉置來做說明。

1. 稀疏矩陣的加法運算

　　稀疏矩陣的加法運算比較複雜的原因，有下列幾點：

(1) 兩稀疏矩陣所對應的元素，是否都不為0而需要執行相加計算。

(2) 若對應兩元素都不為0可以相加，相加後是否可能會變成0，若相加之和為0，就不再存入陣列中。

(3) 兩稀疏矩陣作加法運算後，相加結果不一定是稀疏矩陣。因此，一般來說，我們不一定要設計稀疏矩陣的加法運算。

　　因此，稀疏矩陣加法運算的演算法必須考慮：1.欄或列有對應到的相加大於0時，就放入結果內；2.沒對應到的就分別複製到結果內。

　　下列演算法是求稀疏矩陣A+稀疏矩陣B=結果矩陣C，其作法是先將稀疏矩陣A拷貝到結果矩陣C，然後再判斷稀疏矩陣B的行或列是否有屬於結果矩陣C，若無，再將稀疏矩陣B拷貝到結果矩陣C，否則，就把稀疏矩陣B與結果矩陣C相加的值大於0者寫回結果矩陣C。

　　稀疏矩陣加法運算的演算法：

```
演算法名稱：SparseMatrix_Add(A[], B[], C[])
輸入：A[], B[], C[]
輸出：
Begin
    var k=1, i
    C[0].row←A[0]. row
    C[0].column←A[0].column
```

```
    For i←1 to A[0].value step 1 do
        COPY Array A to Array C    // COPY：矩陣 A 到矩陣 C
    end For


    For i←1 to B[0].value step 1 do
        If B[] ∉ C[] then    //矩陣 B 的行或列是否有屬於矩陣 C
            COPY Array B to Array C    // COPY：矩陣 B 到矩陣 C
        else
            If (B[].value + C[].value)>0 then
                C[].value←B[].value + C[].value
            end If
        end If
    end For
end
```

2. 稀疏矩陣的轉置

稀疏矩陣的轉置方式，是將每一行都作轉置，若有資料（非零項），就將資料加入到新的稀疏矩陣。演算法的作法是將稀疏矩陣的欄複製到結果稀疏矩陣的列。而列就複製到結果稀疏矩陣的欄。

稀疏矩陣轉置的演算法：

```
演算法名稱：SparseMatrix_Transp(A[], B[])
輸入：A[], B[]
輸出：
Begin
    Var k=1, i, j
    B[0].row←A[0].column
    B[0].column←A[0].row
    B[0].value←A[0].value
    For i←1 to i<= A[0].column step 1 do
        For j←0 to j<= A[0].value step 1 do
            If A[j].column=i then
                B[k].row←A[j].column
                B[k].column←A[j].row
```

```
                        B[k].value←A[j].value
                        k←k+1
                    end If
                end For
            end For
        end
```

🦷3-3-4　下三角矩陣

（一）定義

　　對角線以上元素皆為零（不包含對角線）的矩陣稱為下三角矩陣(Lower Triangular Matrix)。若對下三角矩陣再細分，又可分為右下三角矩陣(Right Lower Triangular Matrix)與左下三角矩陣(Left Lower Triangular Matrix)，如下圖所示。於 N*N之下三角矩陣A中，不論是右下三角矩陣或左下三角矩陣，其非零元素最多有 n*(n+1)/2個元素。

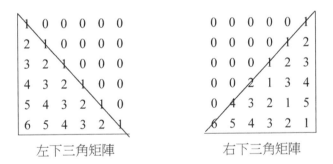

左下三角矩陣　　　　　　　右下三角矩陣

（二）表示方式

　　三角矩陣之儲存方式與一般矩陣一樣，也是可以使用二維陣列來存放矩陣內的資料，但因三角矩陣有多數元素的資料是0，因此我們也可以改用一維陣列來表示。對應的方式亦有分以列為主(Row Major)或以行為主(Column Major)兩種，一般多以列為主。其對應方式如下：（假設一維陣列的索引值從1開始）

左下三角矩陣 a[i,j]存放至一維陣列 B[k]。

以列為主 以行為主

$$
\begin{matrix}
a_{11} & 0 & 0 & 0 & 0 & & 0 \\
a_{21} & a_{22} & 0 & 0 & 0 & & 0 \\
a_{31} & a_{32} & a_{33} & \ldots & & \ldots & 0 \\
\ldots & \ldots & \ldots & \ldots & 0 & & \ldots \\
a_{(n-1)1} & a_{(n-1)2} & \ldots & \ldots & & a_{(n-1)(n-1)} & 0 \\
a_{n1} & a_{n2} & \ldots & a_{n(n-2)} & a_{n(n-1)} & & a_{nn}
\end{matrix}
$$

以列為主：B[1] a_{11}; B[2] a_{21}, a_{22}, a_{31}, $\ldots$; B[k1] a_{ij}, $\ldots$, $a_{n(n-2)}$, $a_{n(n-1)}$; B[] a_{nn}

以行為主：B[1] a_{11}; B[2] a_{21}, a_{31}, $\ldots$, a_{ij}; B[k2] $\ldots$, $a_{n(n-2)}$, $a_{(n-1)(n-1)}$, $a_{n(n-1)}$; B[] a_{nn}

左下三角矩陣

$$k1 = \frac{i*(i-1)}{2} + j \qquad k2 = n*(j-1) - \frac{j*(j-1)}{2} + i$$

右下三角矩陣 a[i,j]存放至一維陣列 B[k]。

以列為主 以行為主

$$
\begin{matrix}
0 & 0 & 0 & 0 & 0 & a_{1n} \\
0 & 0 & 0 & 0 & a_{2(n-1)} & a_{2n} \\
0 & 0 & 0 & \ldots & a_{3(n-1)} & \ldots \\
0 & 0 & a_{43} & \ldots & \ldots & a_{(n-2)n} \\
0 & a_{(n-1)2} & \ldots & \ldots & a_{(n-1)(n-1)} & a_{(n-1)n} \\
a_{n1} & a_{n2} & \ldots & a_{n(n-2)} & a_{n(n-1)} & a_{nn}
\end{matrix}
$$

以列為主：B[1] a_{1n}; B[2] $a_{2(n-1)}$, a_{2n}, $\ldots$, a_{ij}; B[k1] $\ldots$, $a_{n(n-2)}$, $a_{(n-1)1}$, $a_{n(n-1)}$; B[] a_{nn}

以行為主：B[1] a_{n1}; B[2] $a_{(n-1)2}$, a_{n2}, $\ldots$, a_{ij}; B[k2] $\ldots$, $a_{(n-3)n}$, $a_{(n-2)n}$, $a_{(n-1)n}$; B[] a_{nn}

右下三角矩陣

$$k1 = \frac{i*(i+1)}{2} + j - n \qquad k2 = \frac{j*(j+1)}{2} + i - n$$

3-3-5　上三角矩陣

（一）定義

對角線以下元素皆為零（不包含對角線）的矩陣稱為上三角矩陣(Upper Triangular Matrix)。若對上三角矩陣再細分，又可分為右上三角矩陣(Right Upper Triangular Matrix)與左上三角矩陣(Left Upper Triangular Matrix)，如下圖所示。

於N*N之下三角矩陣A中，不論是右上三角矩陣或左上三角矩陣，其非零元素最多有n*(n+1)/2個元素。

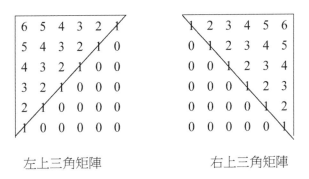

左上三角矩陣　　　　　右上三角矩陣

（二）表示方式

三角矩陣之儲存方式與一般矩陣一樣，也是可以使用二維陣列來存放矩陣內的資料，但因三角矩陣有多數元素的資料是0，因此我們也可以改用一維陣列來表示。對應的方式亦有分以列為主或以行為主兩種，一般多以列為主。其對應方式如下：（假設一維陣列的索引值從1開始）

左上三角矩陣 a[i,j]存放至一維陣列 B[k]。

a_{11}	a_{12}	a_{13}	$a_{1(n-2)}$	$a_{1(n-1)}$	a_{1n}
a_{21}	a_{22}	a_{23}	...	$a_{2(n-1)}$	0
a_{31}	a_{32}	a_{33}	...	0	0
...	...	$a_{(n-2)3}$	...	0	0
$a_{(n-1)1}$	$a_{(n-1)2}$	...	...	0	0
a_{n1}	0	0	0	0	0

左上三角矩陣

以列為主

B[1]	a_{11}
B[2]	a_{12}
	a_{13}
	...
	a_{21}
B[k1]	a_{ij}
	...
	$a_{(n-1)1}$
	$a_{(n-1)2}$
B[]	a_{n1}

以行為主

B[1]	a_{11}
B[2]	a_{21}
	a_{31}
	...
	a_{12}
B[k2]	a_{ij}
	...
	$a_{1(n-1)}$
	$a_{2(n-1)}$
B[]	a_{1n}

$$k1=n*(i-1)-\frac{(i-1)*(i-2)}{2}+j \qquad k2=n*(j-1)-\frac{(j-1)*(j-2)}{2}+i$$

右上三角矩陣 a[i, j]存放至一維陣列 B[k]。

a_{11}	a_{12}	a_{13}	...	$a_{1(n-1)}$	a_{1n}
0	a_{22}	a_{23}	...	$a_{2(n-1)}$	a_{2n}
0	0	a_{33}	...	$a_{3(n-1)}$	...
0	0	0	...	...	$a_{(n-2)n}$
0	0	0	0	$a_{(n-1)(n-1)}$	$a_{(n-1)n}$
0	0	0	0	0	a_{nn}

右上三角矩陣

以列為主

B[1]	a_{11}
B[2]	a_{12}
	a_{13}
	...
	a_{22}
B[k1]	a_{ij}
	...
	$a_{(n-1)(n-1)}$
	$a_{(n-1)n}$
B[]	a_{nn}

以行為主

B[1]	a_{11}
B[2]	a_{12}
	a_{22}
	a_{13}
	...
B[k2]	a_{ij}
	...
	$a_{(n-2)n}$
	$a_{(n-1)n}$
B[]	a_{nn}

$$k1 = n*(i-1) - \frac{i*(i-1)}{2} + j \qquad k2 = \frac{j*(j-1)}{2} + i$$

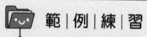

範│例│練│習

有一個6*6的左上三角矩陣，其上三角矩陣採用以列為主，請問 a_{32} 對應到B陣列索引值K為多少？（假設索引從1開始）

答

左上三角矩陣 a[i,j]存放至一維陣列 B[k]

a_{11}	a_{12}	a_{13}	a_{14}	a_{15}	a_{16}
a_{21}	a_{22}	a_{23}	a_{24}	a_{25}	0
a_{31}	a_{32}	a_{33}	a_{34}	0	0
a_{41}	a_{42}	a_{43}	0	0	0
a_{51}	a_{52}	0	0	0	0
a_{61}	0	0	0	0	0

左上三角矩陣

以列為主

B[1]	a_{11}	B[7]	a_{21}	B[12]	a_{31}
B[2]	a_{12}	B[8]	a_{22}	B[13]	a_{32}
B[3]	a_{13}	B[9]	a_{23}	B[14]	a_{33}
B[4]	a_{14}	B[10]	a_{24}	B[15]	a_{34}
B[5]	a_{15}	B[11]	a_{25}	B[16]	a_{41}
B[6]	a_{16}			B[17]	a_{42}
				B[18]	a_{43}
				B[19]	a_{51}
				B[20]	a_{52}
				B[21]	a_{61}

$$k1 = n*(i-1) - \frac{(i-1)*(i-2)}{2} + j$$

a_{32} 的位置，N =6，i=3,j=2，k=6*(3−1)−(2*1)/2+2=12−1+2=13

上或下三角矩陣也可直接用土法煉鋼方式，如上表直接試算，也可得到結果為 B[13]

 隨|堂|練|習

有一個5*5的右下三角矩陣，其下三角矩陣採用以行為主，請問a_{32}對應到B陣列索引值K為多少？（索引從1開始）

程式實作演練　　　　　　　　　　程式實作演練雙數題
　　　　　　　　　　　　　　　　請參照 QR Code

Java 範例包含兩部分，單數題範例以實體文本方式呈現，強化基礎程式實作能力；雙數題範例存放於雲端，供進階延伸學習參考。（全書適用）

範例 1

在 Java中宣告(Declare)一個陣列、走訪(Traverse)、並讀取(Read)陣列內容：先宣告了一個score陣列，並將值寫入陣列中，再寫出for迴圈走訪score的陣列，利用score[i]讓資料讀取輸出。

Array_3_1.java

```java
public class Array3_1 {
    public static void main(String[] args) {
        // 宣告一個陣列，並寫入資料
        int[] score = { 90, 85, 55, 94, 77 };
        for (int i = 0; i < score.length; i++)
            System.out.printf("score[%d]=%d\n", i, score[i]);// score[i]讀取陣列內容
    }
}
```

程式的執行結果，如下：

```
score[0]=90
score[1]=85
score[2]=55
score[3]=94
score[4]=77
```

範例 3

一維陣列的Java實作—走訪：宣告一個陣列A並給定初值，再宣告整數變數sum、i，利用for迴圈走訪A陣列輸出各項的值並相加，迴圈結束後輸出總和。

Array_3_3.java

```
public class Array_3_3 {
    public static void main(String[] args) {
        // 宣告及初值設定
        int[] A = new int[] { 60, 70, 80, 85, 90, 100 };
        int i, sum = 0;
        // 處理
        for (i = 0; i <= 5; i++) {
            System.out.println("A[" + i + "]：" + A[i]);
            sum += A[i];
        }
        // 輸出
        System.out.println("總和為：" + sum);
    }
}
```

程式的執行結果，如下：

```
A[0]：60
A[1]：70
A[2]：80
A[3]：85
A[4]：90
A[5]：100
總和為：485
```

Q 範例 5

二維陣列的Java實作—讀取：宣告變數及初始值設定，然後把Score[3][0]到Score[3][4]的值相加起來，除以5算平均，再依序輸出Score[3][0]到Score[3][4]的陣列儲存值、總和計算值以及平均值等各項資料。

Array_3_5.java

```
public class Array_3_5 {
    public static void main(String[] args) {
        // 宣告及初值設定
        int Total, Aver;
        int[][] Score = new int[][] { { 65, 85, 78, 75, 69 }, { 66, 55, 52, 92, 47 }, { 75,
99, 63, 73, 86 },
                    { 77, 88, 99, 91, 100 } };
        Total = Score[3][0] + Score[3][1] + Score[3][2] + Score[3][3] + Score[3][4]; //
算出總合
        Aver = Total / 5; // 算出平均
        // 輸出
        System.out.println("Score[3][0]=" + Score[3][0]);
        System.out.println("Score[3][1]=" + Score[3][1]);
        System.out.println("Score[3][2]=" + Score[3][2]);
        System.out.println("Score[3][3]=" + Score[3][3]);
        System.out.println("Score[3][4]=" + Score[3][4]);
        System.out.println("總和=" + Total);
        System.out.println("平均=" + Aver);
    }
}
```

程式的執行結果，如下：

```
Score[3][0]=77
Score[3][1]=88
Score[3][2]=99
Score[3][3]=91
Score[3][4]=100
總和=455
平均=91
```

　　二維陣列的Java實作—走訪：先宣告變數和初始值設定，包含一個4×5的二維陣列Score[i][j]儲存四位同學的五種學科成績，再利用for迴圈讀取資料並計算各科總分。Java的陣列輸出是先輸出列數(i)再輸出行數(j)，所以在計算每一位科目的總成績時是一維陣列Sum[i]去儲存每一位同學的各科成績的加總結果，然後再依序輸出每一位同學的各科成績及各科平均成績。

Array_3_7.java

```java
public class Array_3_7 {
    public static void main(String[] args) {
        // 宣告及初值設定
        int i, j, k;
        int[] Sum = new int[5];
        String[] Stu_Name = { "張三", "李四", "王五", "雄雄" };
        int[][] Score = new int[][] { { 65, 85, 78, 75, 69 }, { 66, 55, 52, 92, 47 }, { 75, 99, 63, 73, 86 },{ 77, 88, 99, 91, 100 } };
        // 處理
        // ======= 讀取資料並計算各科總分======
        for (i = 0; i <= 3; i++) // 控制列數
        {
            for (j = 0; j <= 4; j++) // 控制行數
                Sum[j] = Sum[j] + Score[i][j]; // 計算出每一「科目」的總成績
        }
        System.out.println("姓名    國文    英文    數學    計概    程設");
        System.out.println("==============================");
        for (i = 0; i <= 3; i++) // 控制列數
        {
            System.out.print(Stu_Name[i] + "        ");
            for (j = 0; j <= 4; j++) // 控制行數
            {
                System.out.print(Score[i][j] + "        "); // 計算出每一位同學的各科
```

```
成績
            }
        System.out.println();
    }
    System.out.println("=================================");
    System.out.println();
    System.out.print("平均      ");
    for (j = 0; j <= 4; j++)
        System.out.print(Sum[j] / 4 + "      "); // 計算出每一科目的平均分數
    }
}
```

程式的執行結果，如下：

姓名	國文	英文	數學	計概	程設
===================================					
張三	65	85	78	75	69
李四	66	55	52	92	47
王五	75	99	63	73	86
雄雄	77	88	99	91	100
===================================					
平均	70	81	73	82	75

🔍 範例 9

二維陣列的Java實作—複製：設定初值，arr2的length要與arr1相同，然後利用arr1.length取得陣列的容量大小(Size)，並透過for迴圈將矩陣arr1的值指派給arr2。最後運用陣列巡訪將arr2內部的儲存值藉由標準輸出呈現出來，因為arr2複製了arr1的內部的儲存值(arr2[i] = arr1[i];)，所以arr2輸出結果就會與arr1相同。

Array_3_9.java

```java
public class Array_3_9 {
    public static void main(String[] args) {
        // 設定初值
        int[] arr1 = { 1, 2, 3, 4, 5 };
        int[] arr2 = new int[5];
            //將 arr1 的值指派給 arr2
        for (int i = 0; i < arr1.length; i++)
            arr2[i] = arr1[i];
        for (int i = 0; i < arr2.length; i++)
            System.out.print(arr2[i] + " ");
        System.out.println();
    }
}
```

程式的執行結果，如下：

1 2 3 4 5

Q 範例 11

一維陣列的Java實作－插入資料於陣列中

宣告陣列並給予初始值，設變數N，透過arr.length取得陣列arr的空間大小，並賦值該陣列空間大小值給變數N。再利用java.util.Arrays中的java.util.Arrays.copyOf()方法，複製指定陣列於新產生的陣列，該陣列具有可儲存N+1個元素的空間大小，將該陣列重新指向陣列arr。然後，將"F"填入arr[N]，並利用Arrays.toString將陣列資料型態轉型後印出。

其中，copyOf(int[] original, int newLength)用法：

· original 原始陣列

· newLength 原始陣列的副本長度(Size)

把插入值和插入位置寫入更新後的陣列，並列印出來。

Array_3_11.java

```java
import java.util.Arrays;
public class Array_3_11 {
    public static void main(String[] args) {
        // Create an array
        String[] arr = new String[5];
        arr[0] = "A";
        arr[1] = "B";
        arr[2] = "C";
        arr[3] = "D";
        arr[4] = "E";
        // print the original array
        System.out.println("Original Array:\n" + Arrays.toString(arr));
        // Steps to add a new element
        // Get the current length of the array
        int N = arr.length;
        // Create a new array of length N+1 and copy all the previous elements to this
        // new array
        arr = Arrays.copyOf(arr, N + 1);
        // Add a new element to the array
        arr[N] = "F";
        // print the updated array
        System.out.println("Modified Array:\n" + Arrays.toString(arr));
    }
}
```

程式的執行結果，如下：

```
Original Array:
[A, B, C, D, E]
Modified Array:
[A, B, C, D, E, F]
```

一維陣列的Java實作－刪除陣列元素

　　宣告及設定初始值於整數陣列n，其中包含六個資料元素{ 1, 2, 3, 4, 5, 6 }。設計一delete(int[] n, int index)方法以刪除傳入陣列之指定位置的元素，該方法會判別指定位址的合理性，如果index小於0或大於等於n的長度，則印出「沒有對應的元素可刪除」的訊息，並回傳至原陣列n至陣列result。若傳入陣列之指定位址存在，則複製傳入陣列值（但不包含該指定位置元素的內容）於一新陣列，並回傳該新陣列給result。藉由呼叫delete()模擬刪除陣列中的指定元素。

Array_3_13.java

```java
import java.util.Arrays;
public class Array_3_13 {
    public static void main(String[] args) {
        int[] n = new int[] { 1, 2, 3, 4, 5, 6 };
        int[] result = delete(n, 2);
        System.out.println(Arrays.toString(result));
    }
    // 刪除指定位置元素
    public static int[] delete(int[] n, int index) {
        int j = 0;
        if (index < 0 || index >= n.length) {
            System.out.println("沒有對應的元素可刪除");
            return n;
        }
        int[] b = new int[n.length - 1];
        for (int i = 0; i < n.length; i++) {
            if (i == index)
                continue;
            b[j++] = n[i];
        }
        return b;
    }
}
```

程式的執行結果，如下：

[1, 2, 4, 5, 6]

範例 15

二維陣列轉一維陣列的Java實作：模擬以列為主

先宣告靜態成員、陣列初值，設計N*M的二維陣列結構(N=3，M=5)，藉由雙層for迴圈採陣列索引（5行*3列）印出二維資料之原始資料；模擬以列為主的形式，將二維陣列元素資料值存入一維陣列中（將二維陣列轉成一維陣列），在採用單層for迴圈讀取並印出該一維陣列元素值。

Array_3_15. java

```java
import java.io.*;
public class Array_3_15 {
    public static int N = 3;//用在 for 迴圈，設定列數
    public static int M = 5;//用在 for 迴圈，設定欄數
    public static int row, column, i;
    public static int[][] Array_Data1 = new int[][] { { 1, 2, 3, 4, 5 }, { 6, 7, 8, 9, 10 },
{ 11, 12, 13, 14, 15 } };
    public static int[] Array_Data2 = new int[N * M];
    public static void main(String args[]) {
        System.out.println("===============程式描述===================");
        System.out.println("=                                        =");
        System.out.println("= 程式目的：二維陣列轉一維陣列(以列為主)    =");
        System.out.println("=========================================");
        System.out.println("=================輸入===================");
        System.out.println("二維資料之原始資料：");
        for (row = 0; row < N; row++) {//3 列
            for (column = 0; column < M; column++)//5 欄
                // 排列格式，使得二位數字對齊
                if (Array_Data1[row][column] >= 10)
                    System.out.print(Array_Data1[row][column] + "   ");
```

```
            else
                System.out.print(Array_Data1[row][column] + "      ");
        System.out.println();
    }
    System.out.println("================輸出====================");
    System.out.println("以列為主：");
    for (row = 0; row < N; row++) {
        for (column = 0; column < M; column++) {
            i = column + row * M;//i 值為 column 跟 row 放在同列值
            Array_Data2[i] = Array_Data1[row][column];
        }
    }
    for (i = 0; i < N * M; i++)//用一維陣列打印 i
        System.out.print(Array_Data2[i] + " ");
    System.out.println();
  }
}
```

程式的執行結果，如下：

```
===============程式描述====================
=                                        =
= 程式目的：二維陣列轉一維陣列(以列為主)        =
=======================================
===============輸入====================
二維資料之原始資料：
1    2    3    4    5
6    7    8    9    10
11   12   13   14   15
===============輸出====================
以列為主：
1 2 3 4 5 6 7 8 9 10 11 12 13 14 15
```

Q 範例 17

轉置矩陣(Transpose Matrix)的Java實作

將大小m*n(4*4)的矩陣沿著左上到右下的45度線翻轉過來,所構成的n*m(4*4)矩陣稱為轉至矩陣。先創立一個整數型態二維陣列A,將轉換前的矩陣值存放於此m*n(m=4、n=4)的陣列A,並透過matrix_pretrans()方法列印出該轉換前的矩陣值。進一步,透過matrix_transpose()方法,將A矩陣(m×n)轉換成B矩陣(n×m),以達成轉置效果;最後透過matrix_posttrans()方法將轉換後的B矩陣(n×m)列印出來。

Array_3_17. java

```java
import java.io.*;

public class Array_3_17 {
    public static void main(String[] args) {
        int[][] A = new int[][] { { 1, 2, 3, 4 }, { 5, 6, 7, 8 }, { 9, 10, 11, 12 }, { 13, 14, 15, 16 } };
        int[][] B = new int[4][4];
        matrix_pretrans(4, 4, A);// 轉換前
        matrix_transpose(4, 4, A, B);// 轉換副程式
        matrix_posttrans(4, 4, B);// 轉換後
    }

    // 轉換前
    static void matrix_pretrans(int m, int n, int A[][]) {
        System.out.println("轉換前:");
        int i, j;
        for (i = 0; i < m; i++) {
            for (j = 0; j < n; j++)
                System.out.print(A[i][j] + " \t");
            System.out.println();
        }
    }
```

```java
// 轉換副程式(A 矩陣的 m×n 轉成 B 矩陣的 n×m
static void matrix_transpose(int m, int n, int A[][], int B[][]) {
    int i, j;
    for (i = 0; i < m; i++)
        for (j = 0; j < n; j++)
            B[j][i] = A[i][j];
}


// 轉換後
static void matrix_posttrans(int m, int n, int B[][]) {
    System.out.println("轉換後：");
    int i, j;
    for (i = 0; i < m; i++) {
        for (j = 0; j < n; j++)
            System.out.print(B[i][j] + "\t");
        System.out.println();
    }
}
}
```

程式的執行結果，如下：

```
轉換前：
1   2    3    4
5   6    7    8
9   10   11   12
13  14   15   16
轉換後：
1   5    9    13
2   6    10   14
3   7    11   15
4   8    12   16
```

🔍 **範例 19**

矩陣相乘的Java實作

用二維陣列設計出3個矩陣A、B、C，將矩陣A、B進行矩陣相乘(A*B)，並將相乘結果，放置於矩陣C。

首先透過matrix_Aprint()方法輸出A矩陣的值，透過matrix_Bprint()輸出B矩陣的值，使用 matrix_Mul() 方法進行進行矩陣相乘，求出 C=A*B，最後再利用 matrix_Cprint()方法，將C矩陣以內容值輸出。

Array_3_19. java

```java
import java.io.*;
public class Array_3_19 {
    public static void main(String[] args) {
        int[][] A = new int[][] { { 1, 2, 3 }, { 4, 5, 6 } };
        int[][] B = new int[][] { { 1, 0, 1 }, { 1, 1, 0 }, { 0, 1, 1 } };
        int[][] C = new int[2][3];
        // 兩個矩陣相乘
        System.out.println("===兩個矩陣相乘===");
        matrix_Aprint(2, 3, A);            // 輸出 A 矩陣
        matrix_Bprint(3, 3, B);            // 輸出 B 矩陣
        matrix_Mul(2, 3, 3, A, B, C);      // C=A*B
        matrix_Cprint(2, 3, C);                // 輸出 C 矩陣
    }
    // 輸出 A 矩陣
    static void matrix_Aprint(int m, int n, int A[][]) {
        System.out.println("輸出 A 矩陣：");
        int i, j;
        for (i = 0; i < m; i++) {
            for (j = 0; j < n; j++)
                System.out.print(A[i][j] + " \t");
            System.out.println();
        }
        System.out.println();
```

```
    }
//輸出 B 矩陣
static void matrix_Bprint(int m, int n, int B[][]) {
    System.out.println("輸出 B 矩陣：");
    int i, j;
    for (i = 0; i < m; i++) {
        for (j = 0; j < n; j++)
            System.out.print(B[i][j] + " \t");
        System.out.println();
    }
    System.out.println();
}
/* 假設 A,B,C 均為 mxn 陣列，這個函數要求出 C=A*B */
static void matrix_Mul(int m, int n, int p, int A[][], int B[][], int C[][]) {
    int i, j, k;
    for (i = 0; i < m; i++)
        for (j = 0; j < n; j++) {
            C[i][j] = 0;
            for (k = 0; k < n; k++)
                C[i][j] = C[i][j] + A[i][k] * B[k][j];
        }
}
// 輸出相乘結果
static void matrix_Cprint(int m, int n, int C[][]) {
    System.out.println("輸出 A*B=C 的結果：");
    int i, j;
    for (i = 0; i < m; i++) {
        for (j = 0; j < n; j++)
            System.out.print(C[i][j] + " \t");
        System.out.println();
    }
}
}
```

程式的執行結果，如下：

===兩個矩陣相乘===

輸出 A 矩陣：

1　2　　3

4　5　　6

輸出 B 矩陣：

1　0　　1

1　1　　0

0　1　　1

輸出 A*B=C 的結果：

3　5　　4

9　11　10

---

1. 假設三維陣列X[3:10, 4:15, 5:20] 的第一個元素在記憶體的位址是200。假設每個元素占4個位元組(Bytes)，那麼當採用以行為主(Column-major)時，X[5, 7, 10]之位址為何？

2. 有一個二維陣列A，已知A(5,3)的位址為1997，A(3,4)的位址為2011，且每一個元素占用2個位址空間，問：

   (1) A陣列儲存方式為以列為主(Row Major)或是以行為主(Column Major)？

   (2) A(4,6)位址為何？

   (3) A陣列有幾列(Row)？有幾行(Column)？

3. 試解釋下列資料結構的相關名詞：稀疏矩陣(Sparse Matrix)。

4. 假設以Java語言宣告一個整數陣列int[][] A = new int[10][20]，若元素A[0][0]以列為主在記憶體空間的位址為500，則元素A[8][12]以列為主在記憶體中的位址如何？

5. 假設以Java語言宣告一個浮點陣列float A[15][10]，若元素A[5][6]在記憶體空間的位址為124，則元素A[3][2]以列為主在記憶體中的位址如何？

6. 於A[2:10,3:14]，已知陣列A的起始位址為110，使用Row Major，求Loc(A[6,10])？

7. 試用Java（或您熟悉的程式）運用二維陣列設計一個右上三角矩陣，並將該右上三角矩陣，轉換為一維矩陣（以列為主），程式執行結果，如下：

   ```
   ================================
   =  右上三角矩陣轉一維矩陣（以列為主）  =
   ================================
   ```

   轉換前：

   右上三角矩陣的原始資料：

   ```
   1    2    3    4    5
   0    6    7    8    9
   0    0    10   11   12
   0    0    0    13   14
   0    0    0    0    15
   ```

   轉換後：

   1 2 3 4 5 6 7 8 9 10 11 12 13 14 15

MEMO

CHAPTER

04

➤ 鏈結串列

DATA STRUCTURE

THEORY AND PRACTICE

　　鏈結串列(Linked List)在資料結構裡是繼陣列之後的一種很重要的概念，舉凡一些較重要且較難的結構如樹狀結構或圖形結構裡，鏈結串列都占有一個很重要的角色。鏈結串列不但可以解決陣列的一些缺點，在運用上，也有相當大的彈性，當然，鏈結串列也有一些缺點，其中，最大的缺點就是實作上的難度較高，讓我們來看看它的用法。

4-1　鏈結串列的概念

　　鏈結串列的資料儲存的方式並不會依照線性(Linear)的順序儲存，而是藉由每一個節點(Node)來標示並索引下一個節點的位置。由於不必按順序儲存，對於初學程式設計的人來說，鏈結串列應該會是相當陌生的，運用上也較抽象。因此，對於鏈結串列的概念，包括鏈結串列的定義、架構、特性及其優缺點都應該確實了解與熟悉，以對後面議題的應用才能迎刃而解，讓我們先來看看它的定義與說明。

4-1-1　鏈結串列的定義與架構

　　所謂鏈結串列，就是利用鏈結欄來鏈結下一筆資料所排列而成的集合。在一般的設計上，鏈結串列包括資料欄與鏈結欄，資料欄主要是用來存放該節點的資料，鏈結欄則是用來串接下一筆資料，依據設計的需要，資料欄或鏈結欄可以有多個設計，例如後面章節會介紹的二元樹，它的每個節點是設計成一個資料欄與兩個鏈結欄。

　　一般我們所探討的最基本之鏈結串列，即是單向鏈結串列(Singly Linked List)，除此之外，還有許多種型態的鏈結串列結構，例如：雙向鏈結串列(Doubly Linked List)以及環狀鏈結串列(Circular Linked List)等，我們將於後面章節進一步介紹。所謂單向鏈結串列，是指它的搜尋方向只能單一方向，而無法回頭尋找，也就是當你找到某筆資料時，只能再依循往下找下一筆資料，但是你無法回頭尋找該筆的上一筆資料。

　　鏈結串列與陣列最大之不同之處，在於當鏈結串列需要加入資料時，可先向電腦索取記憶體空間後，運用串列上某一節點之鏈結欄將此新增資料鏈結在串列上，加入的資料，在記憶體內的位置也可以任意由電腦作分配，不一定需要使用大量且連續的記憶體空間進行配置來配合鏈結串列上的各個節點。因此，可以避免類似陣列需向記憶體索取大量且連續的空間，造成資料處理上的不便。

資料欄：存放該筆資料的內容。

鏈結欄：存放下一筆資料的記憶體位址。

| 資料欄 | 鏈結欄 |

鏈結串列連結情形：

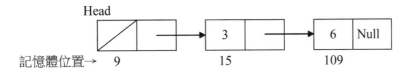

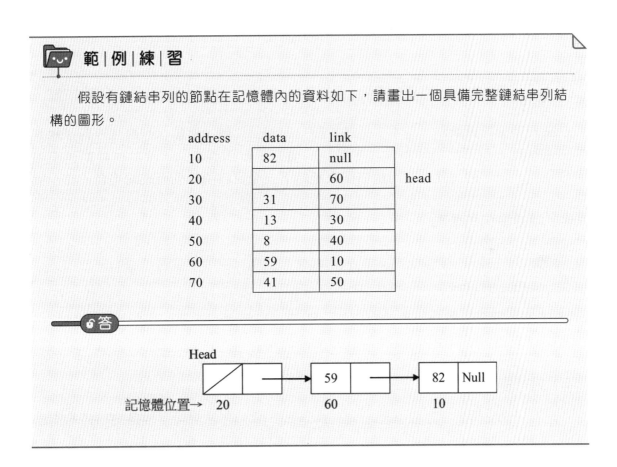

範|例|練|習

　　假設有鏈結串列的節點在記憶體內的資料如下，請畫出一個具備完整鏈結串列結構的圖形。

address	data	link	
10	82	null	
20		60	head
30	31	70	
40	13	30	
50	8	40	
60	59	10	
70	41	50	

答

隨|堂|練|習

假設有鏈結串列的節點在記憶體內的資料如下,請畫出該鏈結串列的圖形。

address	data	link	
10	82	null	
20		50	head
30	31	70	
40	13	30	
50	8	40	
60	59	10	
70	41	60	

4-1-2 鏈結串列的優缺點

鏈結串列的優缺點,基本上是基於陣列的相對比較,鏈結串列雖然改善了陣列的一些缺點,但其結構卻也產生了額外的問題。我們將鏈結串列的優缺點說明如下:

(一)鏈結串列的優點

1. 鏈結串列在插入或刪除節點時的效率較佳,因為只要改變幾個相關的鏈結,不必逐一的搬移節點。

2. 鏈結串列對記憶體的使用較有彈性,因為可以等到有需要時再配置記憶體給節點,而且不需要再使用的節點也可以立刻釋放。

(二)鏈結串列的缺點

1. 串列只支援循序存取(Sequential Access),我們無法直接存取鏈結串列的任意節點。假如有一串列是1-15,若要存取第4個節點,我們必須依序沿著第1、2、3個節點的鏈結,才能找到第4個節點。

2. 每個節點都必須維持一個鏈結欄,因此造成額外的記憶體負擔。

4-2 鏈結串列的操作

了解鏈結串列的操作方法，是運用鏈結串列的基本功，鏈結串列的操作包括鏈結串列的建立與宣告、寫入鏈結資料、加入鏈結資料、插入鏈結資料、刪除鏈結資料、鏈結串列的連接、鏈結串列的走訪、鏈結串列的長度計算、鏈結串列的反轉及鏈結串列的比較等。以下內容將分別說明之。

4-2-1 鏈結串列的建立與宣告

建立鏈結串列，我們必須提供兩個欄位，一個是資料欄位，一個是鏈結欄位，而且這兩個欄位之資料型態是不同的，因此，我們可以使用結構(Struct)來建立鏈結串列，其建立方式如下：

```
/*宣告 linklist_node 是鏈結串列的節點*/
typedef struct node{
    int data; /*節點的資料欄位*/
    struct node *link; /*節點的鏈結欄位*/
}linklist_node;

linklist_node * linklist_pointer; /*宣告 linklist_pointer 是指向節點的指標*/
```

範│例│練│習

假設鏈結串列的節點有兩個資料欄與兩個鏈結欄（如圖），請用結構struct定義該節點之資料結構，並將節點結構名稱改為linklist_node。

leftlink	data1	data2	rightlink
pointer	int	int	pointer

答

```
typedef struct node{
    int data1;
    int data2;
    struct node *leftlink;
```

```
        struct node *rightlink;
    } linklist_node;
```

 隨 | 堂 | 練 | 習

假設鏈結串列的節點有2個資料欄與1個鏈結欄（如圖），請用結構struct定義該節點之資料結構，並將節點結構名稱改為linknode。

value1	value 2	node
char	float	pointer

4-2-2 鏈結串列的首節點建立

鏈結串列在實務運用上一般都會建立一個首節點(Head Node)，因為採用鏈結串列存取資料時，都是從首節點開始執行。通常，為了方便設計，首節點的結構會設計成與一般節點相同，包括有資料欄與鏈結欄。在資料欄的部分，大部分的作法都是不存放資料，當然，有的寫法也有存放資料，例如存放該串列的節點總數。在本書，我們設計首節點的特性如下：

1. 首節點的結構包括資料欄與鏈結欄。

2. 資料欄不存放資料。

3. 鏈結欄存放下一筆資料的位址，若為空串列，則鏈結欄為Null。

4. 首節點不可任意刪除。

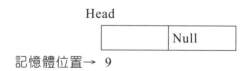
Head

	Null

記憶體位置→ 9

鏈結串列首節點的演算法如下：

演算法名稱：Link_head()
輸入：
輸出：
Begin
    var headnode: pointer
    headnode ->link←null
end

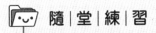

隨 | 堂 | 練 | 習

請使用你熟悉的程式語言，實作鏈結串列建立一個首節點。

4-2-3　鏈結串列的產生新節點

前面曾提到，鏈結串列要加入資料時，則先向電腦索取記憶體空間後，運用串列上某一節點之鏈結欄將此新增資料鏈結在串列上，那如何產生新節點呢？其作法如下：

1. 宣告節點。

2. 向記憶體（動態）索取記憶體空間。

鏈結串列產生新節點的演算法如下：

演算法名稱：Link_newnode()
輸入：
輸出：newnode
Begin
    var newnode: pointer
    newnode←dynamic memory allocation
    If newnode=null then
        PRINT("記憶體空間不足")　　// PRINT 螢幕顯示

```
        return -1
    end If
    return newnode
end
```

 隨 | 堂 | 練 | 習

請使用你熟悉的程式語言，實作鏈結串列建立一個新節點。

4-2-4　鏈結串列的寫入資料

當首節點建立後，就開始可以加入資料，基本上，加入資料是加入到最後的節點，加入資料的步驟如下：

1. 建立一鏈結節點（新建節點），此節點須包括兩個欄位，資料欄與鏈結欄。

2. 將資料寫入新建節點之資料欄（如圖，假設為6）。

3. 將新建節點之鏈結欄寫入Null。

4. 使用While迴圈尋找目前鏈結串列最後一個節點，然後將此最後一個節點之鏈結欄指向新建節點。

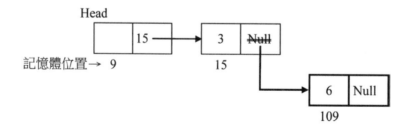

鏈結串列寫入資料的演算法如下：

演算法名稱：Link_add(key)
輸入：key
輸出：
Begin

```
    var newnode, prenode, node: pointer
    newnode ->data←key
    newnode ->link←null
    node←headnode-> link
    While node<>null and node-> link <> null
        node←node->link
    end While
    node ->link←newnode
end
```

📁 隨 | 堂 | 練 | 習

請使用C語言（Java或你熟悉的語言），實作鏈結串列加入一個節點值6。

📝 4-2-5　鏈結串列的插入資料

在鏈結串列當中想要插入一筆資料時，其運作方式相當簡單，只要將要插入位置的節點之鏈結欄指向此插入資料之節點，再將此鏈結欄（要插入位置的節點）之資料（此資料是原本指向下一筆資料之記憶體位置）指定給目前預計插入資料之節點之鏈結欄即可。插入位置基本上是要從首節點開始尋找，一旦找到後，插入資料必須插入到預計插入節點位置之後，如果想插入到預計插入節點位置之前，必須在尋找插入位置時，就必須記錄尚未找到的插入位置的最後節點，一旦找到插入點，則此尚未找到的插入位置的最後節點，即為插入點的前一節點。其操作步驟如下：

1. 建立插入節點：建立一鏈結節點（插入節點），此節點當然須包括兩個欄位，資料欄與鏈結欄。

2. 寫入資料至插入節點之資料欄：將資料寫入插入節點之資料欄（如圖，假設為9）。

3. 使用While迴圈尋找要插入位置的節點。

4. 寫入資料至插入節點之鏈結欄：將插入位置節點之鏈結欄之資料指定給插入節點之鏈結欄。

5. 更新插入位置節點之鏈結欄：將插入位置節點之鏈結欄指向插入節點。

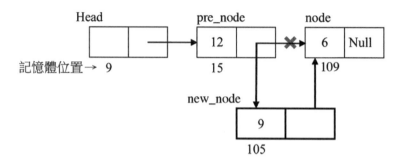

鏈結串列插入資料的演算法如下：（遞減順序之串列）

演算法名稱：Link_insert(key)
輸入：key
輸出：
Begin
  var new_node, pre_node, node: pointer
  new_node ->data←key
  node←headnode-> link
  While node<>null AND node->data>key
    pre_node←node
    node←node->link
  end While
  new_node->link←node
  pre_node->link←new_node
end

 隨|堂|練|習

請使用C語言（Java或你熟悉的語言），實作鏈結串列插入一個節點值9。

4-2-6 鏈結串列的刪除資料

在鏈結串列當中想要刪除某一筆資料時，其運作方式相當簡單，只要將要刪除的節點之前一節點指向要刪除節點的下一節點即可。當要尋找要刪除的節點時，要記得把尚未找到的最後一個節點記錄起來（此即為要刪除節點的前一節點），以便將要刪除的節點之前一節點指向要刪除節點的下一節點。其操作步驟如下：

1. 使用While迴圈尋找要插入位置的節點。在尋找時，要順便記錄尚未找到要刪除節點的最後一個節點。

2. 更新刪除節點之前一節點之鏈結欄：將刪除位置節點之鏈結欄之資料指定給刪除節點之前一節點之鏈結欄。

3. 歸還刪除節點之記憶體空間。

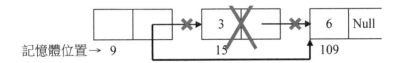

鏈結串列刪除資料的演算法如下：

```
演算法名稱：Link_delete(key)
輸入：key
輸出：
Begin
    var newnode, prenode, node: pointer
    If headnode-> link =null then
        PRINT("此為空串列")    // PRINT 螢幕顯示
    else
        node←headnode-> link
        While node<>null AND node->data<>key
            prenode←node
            node←node->link
        end While
        If node<>null then
            prenode->link←node->link
```

```
            free(node)    //歸還記憶體空間
        else
            PRINT("找不到刪除資料")    // PRINT 螢幕顯示
        end If
    end If
end
```

隨 | 堂 | 練 | 習

請使用C語言（Java或你熟悉的語言），實作鏈結串列刪除一個節點值3。

🦷 4-2-7 鏈結串列的連接

　　鏈結串列的連接是將兩個、或兩個以上的獨立串列，合併成單一一串鏈結串列的運作方式。假設有兩個串列A與B要合併成一個串列時（A在前，B在後），他應該是如何運作。其實作法很簡單，只要運用While迴圈把A串列的最後一個鏈結點的鏈結欄指向B串列的Head節點的下一個節點即可。其步驟如下：

1. 用While迴圈確認鏈結A的最後一個鏈結點。

2. 找到B鏈結的Head鏈結點的鏈結欄資料。

3. 將步驟2得到的值指定給第一步驟的鏈結點的鏈結欄。

4. 歸還B鏈結的Head鏈結點之記憶體空間。

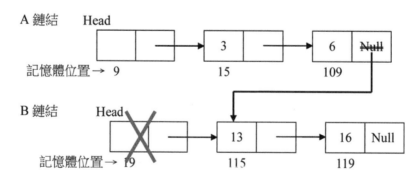

鏈結串列連接的演算法如下：

演算法名稱：Link_connect(A, B：pointer)

輸入：A, B：pointer

輸出：

Begin

    var newnode: pointer

    newnode←A

    While newnode -> link <>null

        newnode←newnode -> link

    end While

    newnode->link←B->link

    free(B)   //歸還記憶體空間

end

 隨｜堂｜練｜習

請使用C語言（Java或你熟悉的語言），實作鏈結串列連結A{3,6}、B{13,16}兩個串列，讓A在前，B在後。

4-2-8 鏈結串列的走訪

所謂鏈結串列的走訪，就是指每一個節點都拜訪一次，因此，只要使用While迴圈針對鏈結串列的每一個節點執行一次便可完成。

鏈結串列走訪的演算法如下：

演算法名稱：Link_traverse()

輸入：

輸出：node->data

Begin

    var newnode, prenode, node: pointer

    If headnode-> link =null then

```
        PRINT("此為空串列")      // PRINT 螢幕顯示
    else
        node←headnode-> link
        While node<>null
            PRINT(node->data)      // PRINT 螢幕顯示
            node←node->link
        end While
    end If
end
```

 隨│堂│練│習

請使用C語言（Java或你熟悉的語言），實作鏈結串列對串列A {3,6}進行走訪。

4-2-9 鏈結串列的長度計算

假設我們要知道鏈結串列的長度為何？只要對該鏈結進行走訪，除了Head之外，每走一個節點就計數1，直到整個串列走完為止。

鏈結串列長度計算的演算法如下：

```
演算法名稱：Link_count()
輸入：
輸出：len
Begin
    var len=0
    var node: pointer
    node←headnode-> link
    While node <>null
        len←len+1
        node←node -> link
    end While
    return len
end
```

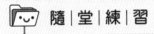

隨|堂|練|習

請使用C語言（Java或你熟悉的語言），實作鏈結串列計算串列A{3,6}的長度。

4-2-10　鏈結串列的反轉

　　所謂鏈結串列的反轉，是指將鏈結方向反轉過來，使之順序變成相反，例如123的順序，變成321的順序。其基本做法，就是運用While迴圈，每到一個鏈結點，就將鏈結欄位指向前一筆的資料（當然，原本第一筆資料之鏈結欄必須指向Null，Head之鏈結欄則必須指向原本最後一筆資料）。因此，我們必須記錄前一筆資料（提供目前資料的鏈結欄的指向），目前資料及下一筆資料（作為While迴圈判斷是否結束的依據）。

1. 首先設定目前節點為Null，下一個節點即為Head的鏈結點所指向的節點。

2. 使用While迴圈作移動：
   (1) 移動到的節點（原為下一節點）將之更新為目前節點。
   (2) 目前節點之鏈結欄指向改成下一節點。
   (3) 原為目前節點改成上一節點。
   (4) 將目前節點之鏈結欄指向上一節點。

3. 最後再將Head節點之鏈結欄指向最後一個節點。

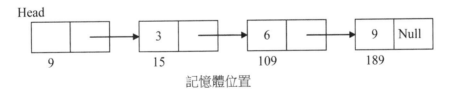

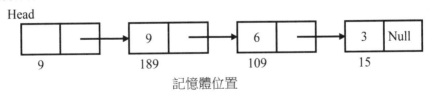

鏈結串列反轉資料的演算法如下：

演算法名稱：Link_invert()
輸入：
輸出：
Begin
  var prenode, node, passnode: pointer
  passnode←headnode->data
  node←null
  While passnode <>null
    prenode←node
    node←passnode
    passnode←passnode->link
    node->link←prenode
  end While
  headnode ->link←node
end

隨|堂|練|習

請使用C語言（Java或你熟悉的語言），實作鏈結串列對串列A{3,6,9}進行反轉。

4-3　各種鏈結串列

前述的鏈結串列都是指單向鏈結串列，所以，我們已經得知單鏈結串列只能沿著鏈結往同一個方向前進，如此的情形，會造成走過的鏈結點就無法再回頭，也就是當你在某個鏈結點時，想拜訪前一個鏈結點時，就無法回頭處理，只能從頭再找起。因此，本章節要介紹的就是改善單向鏈結串列的問題，包括環狀鏈結串列(Circular Linked List)、雙向鏈結串列(Double Linked List) 及環狀雙向鏈結串列(Circular Double Linked List)等內容。

🔖 4-3-1 環狀鏈結串列

所謂環狀鏈結串列(Circular Linked List)，就是在鏈結串列中，鏈結串列的末節點之鏈結欄指向Head，形成一個環狀鏈結的狀態。因此，環狀鏈結串列的末節點之鏈結欄不再是Null的結果。環狀鏈結串列可以解決單向鏈結串列每一次都要從Head節點開始搜尋起，環狀鏈結串列不管從哪一個點開始，都可以拜訪所有節點（環繞一圈即完成拜訪所有節點），省去從頭再來的問題。

與一般鏈結串列之差別在於鏈結點，一般鏈結串列之鏈結點顯示null，環狀鏈結串列之鏈結點則指向自己。

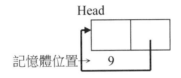

鏈結串列首節點的演算法如下：

演算法名稱：circularLink_head()
輸入：
輸出：
Begin
    var headnode: pointer
    headnode ->link←headnode
end

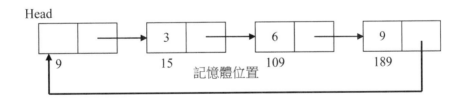

環狀鏈結串列之資料結構、實作都與一般鏈結串列類似，只是差別在於將最後鏈結點之null，改成鏈結指向head節點。以下為環狀鏈結串列之加入、刪除與走訪之演算法。

環狀鏈結串列插入資料的演算法如下：（遞減順序之串列）

```
演算法名稱：Link_insert(key)
輸入：key
輸出：
Begin
    var newnode, prenode, node: pointer
    newnode ->data←key
    node←headnode-> link
    While node<>headnode AND node->data>key
        prenode←node
        node←node->link
    end While
    newnode->link←node
    prenode->link←newnode
end
```

環狀鏈結串列刪除資料的演算法如下：

```
演算法名稱：circularLink _delete(key)
輸入：key
輸出：
Begin
    var newnode, prenode, node: pointer
    If headnode-> link =null then
        PRINT("此為空串列")   // PRINT 螢幕顯示
    else
        node←headnode-> link
        While node<> headnode AND node->data<>key
            prenode←node
            node←node->link
        end While
        If node <> null thcn
            prenode->link←node->link
```

```
                free(node)       //釋放記憶體
            else
                PRINT("找不到刪除資料")       // PRINT 螢幕顯示
            end If
        end If
end
```

環狀鏈結串列走訪的演算法如下：

```
演算法名稱：circularLink _traverse()
輸入：
輸出：
Begin
    var newnode, prenode, node: pointer
    If headnode-> link = headnode then
        PRINT("此為空串列")     // PRINT 螢幕顯示
    else
        node←headnode-> link
        While node<> headnode
            PRINT(node->data)    // PRINT 螢幕顯示
            node←node->link
        end While
    end If
end
```

🗂 隨|堂|練|習

1. 請使用C語言（Java或你熟悉的語言）插入一個節點值9至環狀鏈結串列。

2. 請使用你熟悉的語言，刪除值為9之節點至環狀鏈結串列。

3. 請使用你熟悉的語言，撰寫一支環狀鏈結串列的走訪。

4-3-2 雙向鏈結串列

雙向鏈結串列(Double Linked List)是指每個節點都增加兩個鏈結欄,除了首節點Head與最後一個節點之外,分別指向前一個節點及下一個節點,如此便能沿著鏈結往左邊或右邊移動。因此,雙向鏈結串列不管在哪個節點都可以拜訪前一節點或下一節點,比起環狀鏈結串列,大大提高搜尋的效率。

雙向鏈結串列的資料結構如下:

```
/*宣告 dlinklist_node  是鏈結串列的節點*/
typedef struct node{
   struct node *leftlink; /*節點的左鏈結欄位*/
   int data; /*節點的資料欄位*/
   struct node *rightlink; /*節點的右鏈結欄位*/
}dlinklist_node;

dlinklist_node *dlinklist_pointer; /*宣告 dlinklist_pointer  是指向節點的指標*/
```

雙向鏈結串列有左鏈結、右鏈結及一個資料欄位。

leftlink	data	rightlink

雙向鏈結串列的特徵:

1. 雙向鏈結串列的空串列的特徵是Head左右兩邊的鏈結欄都指向Null。

2. 非空串列的雙向鏈結串列之Head節點的左邊鏈結欄指向Null,而最後一個節點之右邊鏈結欄也指向Null。

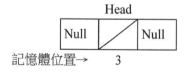

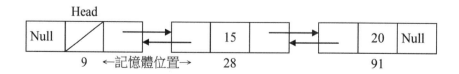

　　對於雙向鏈結串列之實作與一般鏈結串列有什麼不同或差別呢？其實是差不多的，不同之處，只是要提供左鏈結或右鏈結的鏈結內容及要往左邊或右邊尋找資料而已。以下將介紹雙向鏈結串列之插入、刪除之演算法。

　　雙向鏈結串列插入資料的演算法如下：

演算法名稱：doubleLink_insert(key)

輸入：key

輸出：

Begin

　　var newnode, prenode, node: pointer

　　newnode ->data←key

　　node←headnode-> rightlink

　　While node<>null AND node->data>key

　　　　prenode←node

　　　　node←node-> rightlink

　　end While

　　newnode-> rightlink←node

　　newnode-> leftlink←prenode

　　prenode-> rightlink←newnode

　　node-> leftlink←newnode

end

　　雙向鏈結串列刪除資料的演算法如下：

演算法名稱：doubleLink _delete(key)

輸入：key

輸出：

Begin

　　var newnode, prenode, node: pointer

　　If headnode-> rightlink =null then

　　　　PRINT("此為空串列")　　　　// PRINT 螢幕顯示

　　else

　　　　node←headnode-> rightlink

　　　　While node<>null and node->data<>key

```
                prenode←node
                node←node-> rightlink
            end While
            If node<>null then
                prenode-> rightlink←node-> rightlink
                free(node)    //釋放記憶體
            else
                PRINT("找不到刪除資料")        // PRINT 螢幕顯示
            end If
        end If
end
```

📁 隨|堂|練|習

　　請使用C語言（Java或你熟悉的語言），在雙向鏈結串列中執行下列動作：加入1、2、3、4、5，再刪除2。

📖 4-3-3　環狀雙向鏈結串列

　　環狀雙向鏈結串列(Circular Double Linked List)即是結合環狀鏈結串列與雙向鏈結串列的優點於一體，資料結構類似雙向鏈結串列，且它的最左邊節點的左鏈結指向最右邊節點，而它的最右邊節點的右鏈結，指向最左邊節點，其中最左邊節點是一個首結點。

　　環狀雙向鏈結串列的資料結構如下：

```
/*宣告 dlinklist_node  是鏈結串列的節點*/
typedef struct node{
  struct node *leftlink; /*節點的左鏈結欄位*/
  int data; /*節點的資料欄位*/
  struct node *rightlink; /*節點的右鏈結欄位*/
}dlinklist_node;

dlinklist_node *dlinklist_pointer; /*宣告 dlinklist_pointer  是指向節點的指標*/
```

環狀雙向鏈結串列有左鏈結、右鏈結及一個資料欄位。

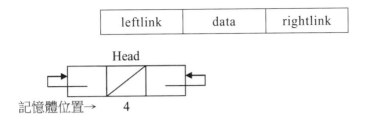

| leftlink | data | rightlink |

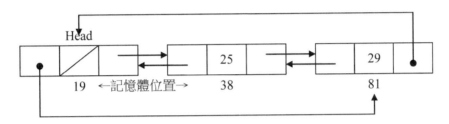

環狀雙向鏈結串列與雙向鏈結串列之差別就只在於最後一個鏈結點之鏈結欄指向首節點,其插入與刪除之演算法如下。

環狀雙向鏈結串列插入資料的演算法如下:

```
演算法名稱:circulardoubleLink_insert(key)
輸入:key
輸出:
Begin
    var newnode, prenode, node: pointer
    newnode ->data←key
    node←headnode-> rightlink
    While node<>headnode and node->data>key
        prenode←node
        node←node-> rightlink
    end While
    newnode-> rightlink←node
    newnode-> leftlink←prenode
    prenode-> rightlink←newnode
    node-> leftlink←newnode
end
```

環狀雙向鏈結串列刪除資料的演算法如下：

```
演算法名稱：doubleLink _delete(key)
輸入：key
輸出：
Begin
    var newnode, prenode, node: pointer
    If headnode-> rightlink = headnode then
        PRINT("此為空串列")        // PRINT 螢幕顯示
    else
        node←headnode-> rightlink
        While node<> headnode and node->data<>key
            prenode←node
            node←node-> rightlink
        end While
        If node<> headnode then
            prenode-> rightlink←node-> rightlink
            free(node)        //釋放記憶體
        else
            PRINT("找不到刪除資料")     // PRINT 螢幕顯示
        end If
    end If
end
```

4-4 鏈結串列的應用

4-4-1 多項式計算

我們在陣列的單元時已提到多項式(Polynomial)計算時，使用陣列存放資料，在本節將運用鏈結串列存放資料後做計算。

多項式的一般式如下：

$f(X)=A_nX^n+ A_{n-1}X^{n-1} +A_{n-2}X^{n-2}+ \cdots + A_2X^2 + A_1X^1 + A_0$，其中，Ai 為非零項係數。

多項式每一項代表鏈結串列的每一個節點，每一個節點使用兩個欄位：係數欄位和冪次欄位，及一個鏈結欄位所組成，其節點的鏈結串列結構如下：

係數	冪次	鏈結
coef	expo	link

以鏈結串列處理多項式的資料結構如下：

```
/*宣告 polynml_node 是多項式每一項*/
typedef struct node{
   int coef; /*多項式每一項係數*/
   int expo; /*多項式每一項冪次*/
   struct node *link; /*鏈結*/
}polynml_node;

polynml_node *polynml_pointer; /*宣告 polynml_pointer 是指向節點的指標*/
```

📁 範|例|練|習

請以鏈結串列的資料結構表示下方之多項式。

$f(x)= 2x^6+3x^{10}+12$

🔓答

建議先將冪次依大到小排序，再處理鏈結串列資料結構。

將 $f(x)= 2x^6+3x^{10}+12$ 調整為 $f(x)= 3x^{10}+2x^6+12$

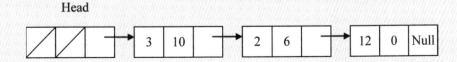

請以鏈結串列的資料結構表示下方之多項式。

$$f(x)= 4x^3+x^2+5$$

　　要以鏈結串列處理兩個多項式相加，其步驟如下：假設多項式為X(x), Y(x)，結果為Z(x)=X(x)+Y(x)。

1. 將X(x)與Y(x)分別依照冪次由高至低進行排列。

2. 比較X(x)，Y(x)目前非零項的冪次
   (1) 若非零項的冪次不同，則將冪次較大的非零項複製到Z(x)。
   (2) 若冪次相等，則將係數相加後，非零項複製到Z(x)。

3. 凡已經被複製到Z(x)的非零項，其多項式就往後移動一項。

4. 重複1~3步驟，直到兩個多項式的非零項都處理完畢為止。

```
    以鏈結串列處理兩個多項式相加演算法如下：
void poly_add(void)
{
    struct poly *current_n1, *current_n2, *prev;
    current_n1 = eq_h1;
    current_n2 = eq_h2;
    prev = null;
    while(current_n1 != null || current_n2 != null){ /*  當兩個多項式皆相加
                                                完畢則結束  */
        ptr = (struct poly *) malloc(sizeof(struct poly));
        ptr->next = null;
        /*  第一個多項式指數大於第二個多項式  */
        if(current_n1 != null && (current_n2 == null || current_n1->exp >
            current_n2->cxp)){
            ptr->coef = current_n1->coef;
```

```
                ptr->exp = current_n1->exp;
                current_n1 = current_n1->next;
        }
        else/*  第一個多項式指數小於第二個多項式  */
            if(current_n1 == null || current_n1->exp < current_n2->exp){
                ptr->coef = current_n2->coef;
                ptr->exp = current_n2->exp;
                current_n2 = current_n2->next;
            }
            else{   /*  兩個多項式指數相等，進行相加  */
                ptr->coef = current_n1->coef + current_n2->coef;
                ptr->exp = current_n1->exp;
                if(current_n1 != null) current_n1 = current_n1->next;
                if(current_n2 != null) current_n2 = current_n2->next;
            }
        if(ptr->coef != 0){   /*  當相加結果不等於 0，則放入答案多項式中  */
            if(ans_h == null) ans_h = ptr;
            else prev->next = ptr;
            prev = ptr;
        }
        else free(ptr);
    }
}
```

範 | 例 | 練 | 習

請撰寫一程式，計算多項式 $4x^3+3x^2+5$ 與 $6x^4-3x^2-1$ 相加之結果。

答

準備工作：建立鏈結串列。

(1) 新增一個鏈結串列當成多項式相加的結果 $f3(x)$。

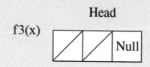

(2) 將題意之兩個多項式放入兩個鏈結串列 $f1(x)$ 及 $f2(x)$。

$f1(x)= 4x^3+3x^2+5$

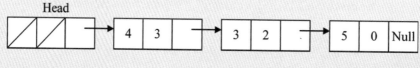

$f2(x)= 6x^4-3x^2-1$

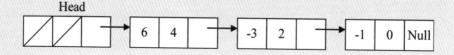

開始相加：

(1) 比較 $f1(x)$ 與 $f2(x)$ 之第一項冪次 3 與 4，$f2(x)$ 較大，將大的係數與冪次放入 $f3(x)$。

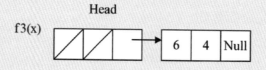

(2) 將 $f2(x)$ 項次往後移動至冪次為 2，再與 $f1(x)$ 留下之冪次 3 比較，$f1(x)$ 較大，將大的係數與冪次放入 $f3(x)$。

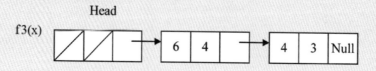

(3) 將f1(x)項次往後移動至冪次為2，再與f2(x)留下之冪次2比較，f1(x)與f2(x)之
冪次相等，將相等冪次之係數相加，得0，不複製。

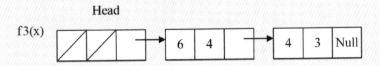

(4) 將f1(x)項次往後移動至冪次為0，將f2(x)項次往後移動至冪次為0，f1(x)與
f2(x)之冪次比較，f1(x)與f2(x)之冪次相等，將相等冪次之係數5與-1相加，得
4，將結果複製到f3(x)。

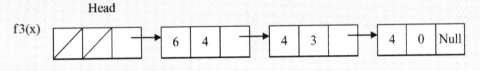

(5) 兩個多項式皆以處理，結束。

📁 隨|堂|練|習

請撰寫一程式，計算多項式$4x^5+3x^4+5x^3$與$6x^4-3x^3-1$相加之結果。

🗂 4-4-2　稀疏矩陣

稀疏矩陣(Sparse Matrix)議題在陣列單元也曾經提到及如何運用，如果使用鏈結
串列來存放稀疏矩陣，它應該會如何存放呢？基本上，稀疏矩陣使用鏈結串列存放
資料與矩陣方式都是一樣的，矩陣是一個二維結構，矩陣內的每個資料均存放在一
個節點內，每個節點皆需使用3個資料欄位及兩個鏈結欄位來處理。每個節點的鏈結
串列結構如下：

將各欄位說明如下:

1. Row:記錄data欄位所在列的位置,也就是目前是在第幾列。

2. Column:記錄data欄位所在行的位置,也就是目前是在第幾行。

3. Data:記錄矩陣內的某行某列的資料內容。

4. Downlink:鏈結與data欄位相同行中往下的下一筆資料。

5. Rightlink:鏈結與data欄位相同列中往右的下一筆資料。

以鏈結串列處理稀疏矩陣的資料結構如下:

```
/*宣告 matrix_node 是稀疏矩陣每一項*/
typedef struct node{
    int data; /*稀疏矩陣每一項係數*/
    int row; /*稀疏矩陣每一項的列的位置*/
    int column; /*稀疏矩陣每一項的行的位置*/
    struct node *downlink; /*稀疏矩陣每一項連接同行往下的下一項*/
    struct node *rightlink; /*稀疏矩陣每一項連接同列往右之下一項*/
}matrix_node;

matrix_node *matrix_pointer; /*宣告 matrix_pointer 是指向節點的指標*/
```

 範|例|練|習

如下列稀疏矩陣,請將稀疏矩陣內的資料使用鏈結串列存放。

$$M = \begin{bmatrix} 0 & 0 & 1 & 0 & 0 \\ 4 & 0 & 0 & 6 & 0 \\ 0 & 2 & 0 & 0 & 7 \\ 0 & 0 & 0 & 5 & 0 \\ 0 & 0 & 0 & 0 & 3 \end{bmatrix}_{5*5}$$

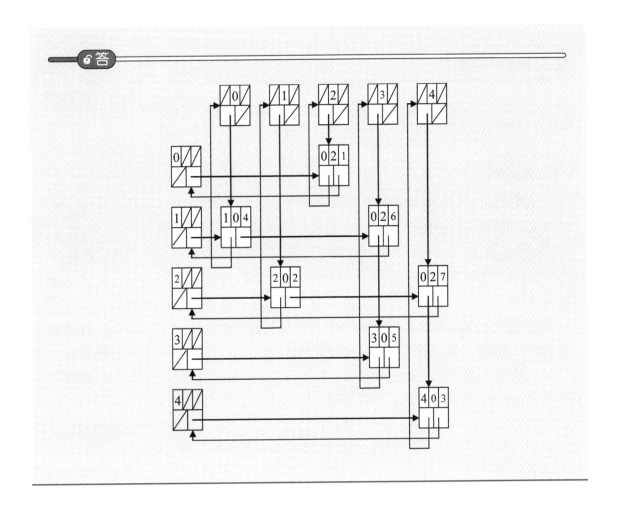

隨|堂|練|習

如下列稀疏矩陣,請將稀疏矩陣內的資料使用鏈結串列存放。

$$M = \begin{bmatrix} 0 & 0 & 0 & 2 & 0 \\ 0 & 1 & 0 & 0 & 3 \\ 4 & 0 & 8 & 0 & 0 \\ 0 & 0 & 5 & 0 & 0 \\ 0 & 0 & 0 & 7 & 0 \end{bmatrix}_{5*5}$$

程式實作演練

程式實作演練雙數題
請參照 QR Code

Java 範例包含兩部分，單數題範例以實體文本方式呈現，強化基礎程式實作能力；雙數題範例存放於雲端，供進階延伸學習參考。（全書適用）

範例 1

程式中運用Java Collections介面中的許多方法，例如：java.util.Collections.sort()方法存在於java.util.Collections類中，可用於遞增排序，即對出現在Collection的指定列表中的元素進行排序。Collections.sort()結合ArrayList之工作原理類似於java.util.Arrays.sort()方法，可以對ArrayList的節點元素進行新增、刪除以及排序等。

範例程式(LinkedList_4_1.java)使用有序且具索引特性的容器ArrayList建構類似鏈結串列的機制，其具備類似陣列的有序儲存資料的功能，但較陣列擁有更多彈性，具有動態新增節點、刪除節點、或排序等功能。此程式使用ArrayList，建立list物件，藉由add()方法連續建立六個節點（依序存放整數50、20、70、40、79、9）。使用for loop搭配size()方法取得節點數量以利巡訪每一節點，並使用get()取節點值，逐一印出節點內容值。程式末段，使用remove(1)刪除節點索引值為1的節點內容值20，隨後使用for loop巡訪每一節點，逐一印出刪除節點值20之後，遞增排序後的節點內容。

LinkedList_4_1.java

```java
import java.util.*;

public class LinkedList_4_1 {
    public static void main(String[] args) {
        List<Integer> list = new ArrayList<>(); // 使用ArrayList，建立list物件
        list.add(50); // 連續建立六個節點，依序存放整數50、20、70、40、79、9
        list.add(20);
        list.add(70);
        list.add(40);
        list.add(79);
        list.add(9);
```

// 印出目前節點數目
System.out.printf("There are total %d nodes in the List.%n", list.size());

// 使用for loop巡訪每一節點，並使用get()取節點值，逐一印出節點內容
for (int i = 0; i < list.size(); i++)
    System.out.printf("Node Value %d at Index %d in the List.%n", list.get(i), i);

Collections.sort(list); // 指定list中的元素進行遞增排序

System.out.printf("Sort the Node Value of the Linked List using Collections.sort(list). The results:%n");

// 使用for loop巡訪每一節點，逐一印出遞增排序後的節點內容
// 依序為9、20、40、50、70、79
for (int n : list)
    System.out.println(n);

System.out.printf(
        "Remove the Node Index 1 of the Linked List using list.remove(1), then sort the List. The results:%n");
list.remove(1); // 使用remove(1)刪除節點索引值為1的節點內容值20

// 將刪除節點內容後的list，進行排序，並印出目前節點數目
Collections.sort(list);
System.out.printf("Sort the Node Value of the Linked List using Collections.sort(list). The results:%n");
System.out.printf("There are total %d nodes in the List.%n", list.size());

// 使用for loop巡訪每一節點，逐一印出遞增排序後的節點內容
// 依序為9、40、50、70、79
for (int n : list)
    System.out.println(n);

```
    }
}
```

程式的執行結果，如下：

There are total 6 nodes in the List.

Node Value 50 at Index 0 in the List.

Node Value 20 at Index 1 in the List.

Node Value 70 at Index 2 in the List.

Node Value 40 at Index 3 in the List.

Node Value 79 at Index 4 in the List.

Node Value 9 at Index 5 in the List.

Sort the Node Value of the Linked List using Collections.sort(list). The results:

9

20

40

50

70

79

Remove the Node Index 1 of the Linked List using list.remove(1), then sort the List. The results:

Sort the Node Value of the Linked List using Collections.sort(list). The results:

There are total 5 nodes in the List.

9

40

50

70

79

Q 範例 3

LinkedList 類位於 java.util package 中，使用前需要引入 import java.util.LinkedList; ，一般創建 LinkedList 的方法為 LinkedList<E> list = new LinkedList<E>();。

在LinkedList_4_3.java裡，先創建了一個儲存String（字串）的LinkedList名為sites，然後連續建立七個節點，依序存放MIT、University、The、Department、of、Information、Management，使用System.out.println來輸出鏈結串列sites的所有值。

LinkedList_4_3.java

```java
import java.util.LinkedList;
public class LinkedList_4_3 {
    public static void main(String[] args) {
        //創建一個LinkedList
        LinkedList<String> sites = new LinkedList<String>();
        //連續建立七個節點，依序存放MIT、University、The、Department、of、
Information、Management
        sites.add("MIT");
        sites.add("University");
        sites.add("The");
        sites.add("Department");
        sites.add("of");
        sites.add("Information");
        sites.add("Management");
        //輸出鏈結串列sites的所有值
        System.out.println(sites);
    }

}
```

程式的執行結果，如下：

[MIT, University, The, Department, of, Information, Management]

範例 5

LinkedList可以在鏈結串列的尾部添加元素，使用 addLast()就可以在鏈結串列的尾部加入元素，在LinkedList_4_5.java裡，先創建了一個儲存String（字串）的LinkedList名為sites，然後連續建立七個節點，依序存放MIT、University、The、Department、of、Information、Management，使用sites.addLast()就可以在sites的尾部加入想加入的字串，最後使用System.out.println來輸出鏈結串列sites的所有值。

LinkedList_4_5.java

```java
import java.util.LinkedList;

public class LinkedList_4_5 {
    public static void main(String[] args) {
        // 創建一個LinkedList
        LinkedList<String> sites = new LinkedList<String>();
        // 連續建立七個節點，依序存放MIT、University、The、Department、of、
Information、Management
        sites.add("MIT");
        sites.add("University");
        sites.add("The");
        sites.add("Department");
        sites.add("of");
        sites.add("Information");
        sites.add("Management");
        // 使用 addLast() 在尾部添加元素
        sites.addLast("Data");
        // 輸出鏈結串列sites的所有值
        System.out.println(sites);
    }
}
```

程式的執行結果，如下：

[MIT, University, The, Department, of, Information, Management, Data]

Q 範例 7

　　LinkedList可以在鏈結串列尾部的地方移除元素，使用 removeLast()就可以在鏈結串列的尾部移除元素，在LinkedList_4_7.java裡，先創建了一個儲存String（字串）的LinkedList名為sites，然後連續建立七個節點，依序存放MIT、University、The、Department、of、Information、Management，使用System.out.println來輸出鏈

結串列sites的所有值，再使用sites. removeLast ()就可以在sites的尾部移除字串，最後使用System.out.println來輸出鏈結串列sites移除尾部後的所有值。

LinkedList_4_7.java

```java
import java.util.LinkedList;

public class LinkedList_4_7 {
    public static void main(String[] args) {
        //創建一個LinkedList
        LinkedList<String> sites = new LinkedList<String>();
        //連續建立七個節點，依序存放MIT、University、The、Department、of、
Information、Management
        sites.add("MIT");
        sites.add("University");
        sites.add("The");
        sites.add("Department");
        sites.add("of");
        sites.add("Information");
        sites.add("Management");
        //輸出鏈結串列sites的所有值
        System.out.println(sites);
        // 使用 removeLast() 移除尾部元素
        sites.removeLast();
        //輸出鏈結串列sites移除尾部元素後的所有值
        System.out.println(sites);
    }
}
```

程式的執行結果，如下：

[MIT, University, The, Department, of, Information, Management]
[MIT, University, The, Department, of, Information]

Q 範例 9

　　LinkedList可以查詢鏈結串列結尾的元素是什麼，使用getLast()就可以在鏈結串列的查詢結尾元素，在LinkedList_4_9.java裡，先創建了一個儲存String（字串）的LinkedList名為sites，然後連續建立七個節點，依序存放MIT、University、The、Department、of、Information、Management，使用System.out.println來輸出鏈結串列sites的所有值，最後使用sites. getLast()就可以知道sites的結尾元素是什麼。

LinkedList_4_9.java

```java
import java.util.LinkedList;

public class LinkedList_4_9 {
    public static void main(String[] args) {
        // 創建一個LinkedList
        LinkedList<String> sites = new LinkedList<String>();
        // 連續建立七個節點，依序存放MIT、University、The、Department、of、
Information、Management
        sites.add("MIT");
        sites.add("University");
        sites.add("The");
        sites.add("Department");
        sites.add("of");
        sites.add("Information");
        sites.add("Management");
        // 輸出鏈結串列sites的所有值
        System.out.println(sites);
        // 使用 getLast() 獲取尾部元素
        System.out.println(sites.getLast());
    }
}
```

　　程式的執行結果，如下：

```
[MIT, University, The, Department, of, Information, Management]
Management
```

　　LinkedList 尋 訪 ， 也 可 使 用 for - each 來 尋 訪 Linked List 中 的 元 素 ， 在 LinkedList_4_11.java中，先創建了一個儲存String（字串）的LinkedList名為sites，然後連續建立七個節點，依序存放MIT、University、The、Department、of、Information、Management，使用System.out.println來輸出鏈結串列sites的所有值，最後利用for –each來尋訪sites中的元素並把元素一個一個輸出出來。

LinkedList_4_11.java

```java
import java.util.LinkedList;

public class LinkedList_4_11 {
    public static void main(String[] args) {
        //創建一個LinkedList
        LinkedList<String> sites = new LinkedList<String>();
        //連續建立七個節點，依序存放MIT、University、The、Department、of、
Information、Management
        sites.add("MIT");
        sites.add("University");
        sites.add("The");
        sites.add("Department");
        sites.add("of");
        sites.add("Information");
        sites.add("Management");
        //輸出鏈結串列sites的所有值
        System.out.println(sites);
        // 使用 for-each 來巡訪Linked list中的元素：
        for (String i : sites) {
            System.out.println(i);
        }
    }
}
```

程式的執行結果，如下：

```
[MIT, University, The, Department, of, Information, Management]
MIT
University
The
Department
of
Information
Management
```

範例 13

約瑟夫環的呈現

程式 LinkedList_4_13.java 包括 2 個類別方法：awayOrder(int len, int k) 以及 josephus(List<Integer> awayOrder)。

awayOrder(int len, int k) 方法：

用 LinkedList<>() 設置整數鏈結串列 numbers，用 for 迴圈將 numbers 中的元素依序 add() 值，直至 numbers 等於 len 值（len、k 值為呼叫 awayOrder(int len, int k) 的前置條件，len 值為總人數，k 值為自殺的次序值）。

用 ArrayList<> 設置整數陣列串列 awayOrder，帶入 len 值，用 for 迴圈，將該迴圈中的 i 的初始值設為 2，表示預留兩個人要存活，將 awayOrder 串列 add()，也就是將 numbers.remove(i) 中從鏈結串列移除的元素加入 awayOrder 裡，即 awayOrder.add(numbers.remove(i));。如果 numbers 內中的元素值已空，則直接停止；否則，則將 i 重新賦值為 [（存活人數+自殺次序值-1）% numbers 的元素值] 後，把結果回傳給 awayOrder。

josephus(List<Integer> awayOrder) 方法：

用 ArrayList<> 設置整數陣列串列變數 josephus，帶入 awayOrder 值，用 for 迴圈將 awayOrder 中的元素並 +1 後，依序 add() 值到 josephus 中，在回傳給 josephus。其中 main() 方法中程式的運作，首先呼叫方法並帶入引數（總人數 len =41，自殺的次序值 k =3）於 awayOrder(int len, int k)。用 for 迴圈，對應 number 值並 printf() 出整數

awayOrder 陣列串列內的值。用 for 迴圈，對應 number 值並 printf() 出整數 josephus(awayOrder) 鏈結串列內的值。用 for 迴圈，對應 i 值並 printf() 出整數 awayOrder.size()陣列串列內的值。

LinkedList_4_13.java

```java
import java.util.*;
import static java.lang.System.out;

public class LinkedList_4_13 {
    // 自盡順序的方法，運用 LinkedList 和 ArrayList 來設計
    public static List<Integer> awayOrder(int len, int k) {
        List<Integer> numbers = new LinkedList<>();
        for (int i = 1; i <= len; i++) {
            numbers.add(i);
        }
        List<Integer> awayOrder = new ArrayList<>(len);
        for (int i = 2;;) {
            awayOrder.add(numbers.remove(i));
            if (numbers.isEmpty()) {
                break;
            }
            i = (i + k - 1) % numbers.size();
        }
        return awayOrder;
    }

    // 約瑟夫環的方法
    public static List<Integer> josephus(List<Integer> awayOrder) {
        List<Integer> josephus = new ArrayList<>(awayOrder.size());
        for (int i = 1; i <= awayOrder.size(); i++) {
            josephus.add(awayOrder.indexOf(i) + 1);
        }

        return josephus;
```

```
    }

    public static void main(String[] args) {
        List<Integer> awayOrder = awayOrder(41, 3);
        out.print("自盡順序：");
        for (Integer number : awayOrder) {
            out.printf("%3d", number);
        }
        out.print("\n 約瑟夫環：");
        for (Integer number : josephus(awayOrder)) {
            out.printf("%3d", number);
        }
        out.print("\n 排列順序：");
        for (int i = 1; i <= awayOrder.size(); i++) {
            out.printf("%3d", i);
        }
    }
}
```

程式的執行結果，如下：

```
自盡順序：   3   6   9 12 15 18 21 24 27 30 33 36 39   1   5 10 14 19 23 28 32 37
41   7 13 20 26 34 40   8 17 29 38 11 25   2 22   4 35 16 31
約瑟夫環：  14 36   1 38 15   2 24 30   3 16 34   4 25 17   5 40 31   6 18 26   7 37
19   8 35 27   9 20 32 10 41 21 11 28 39 12 22 33 13 29 23
排列順序：   1   2   3   4   5   6   7   8   9 10 11 12 13 14 15 16 17 18 19 20 21 22 23 24
25 26 27 28 29 30 31 32 33 34 35 36 37 38 39 40 41
```

< ▶ 作業

1. 於下列圖一的單一鏈結串列(Singly Linked List)中，只知道指標P 指向某一個節點其儲存的資料為48，而不知道串列首的所在位置。今欲加入一個新資料39於指標P之前，產生下列圖二的結果，請說明你的做法或者寫出其演算法。

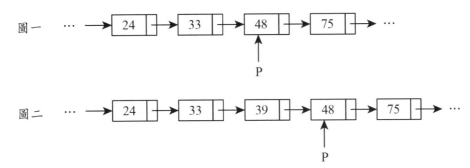

2. 有一串列(bat, fat, sat, vat)，儲存在一個linked list，如圖所示：

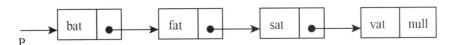

   指到第一個節點(Node)的指針(Pointer)P代表此串列(List)。
   (1) 請用圖說明如何在bat和fat這二個節點中間，插入節點cat？
   (2) 請用圖說明如何刪除sat這個節點？

3. 一個鏈結串列使用C語言宣告如下：

   typedef struct node{
       int data;
       struct node *next;
   }NODE;
   NODE *new, *back, *pointer, *forward;

   假設現在已經產生一個名叫new的鏈結串列共有n 個節點，已知指標back 是指向串列中間的某一個節點，而指標pointer是指向back的下一個節點。在下列的問題中指令（一）～（五）分別為何？

   問題一：刪除 pointer 所指向的節點。
   _____（一）_____= pointer->next;
   free(pointer) ;

問題二：欲將pointer 所指向節點的指標做反轉(Reverse)，指向前一個節點，此迴路(loop)可逐漸完成整個串列的反轉。

```
while (pointer -> next ! = NULL) {
    forward = _____（二）_____ ;
    pointer -> next = _____（三）_____ ;
    ____（四）_____ = pointer;
    pointer = ____（五）_____ ;
}
```

4. 使用C語言，請寫出一個ddelete( )的副程式，可以由含首節點之雙向環狀鏈結串列(Linked List)中刪除任意節點 P，其中dlist為指向首節點的指標。

5. 範例4-13的程式（約瑟夫環的呈現），當執行LinkedList_4_13.java時，若將awayOrder(41, 3) 的引數值改成 awayOrder(5,2)、 awayOrder(5,1)、 或awayOrder(41,1)時，輸出的結果會發生瑕疵。請改寫LinkedList_4_13.java解決這個瑕疵。

CHAPTER

05

⏻ 堆　疊

DATA STRUCTURE

THEORY AND PRACTICE

在各種資料結構的態樣裡，其中一個常見且很重要的結構就是堆疊(Stack)。堆疊結構只有一個出入口，資料的存入或取出都須經過此出入口，每次存取資料都是從當時所有堆疊內部資料的最上層位置開始執行。

我們日常生活中的事物經常運用堆疊的概念，例如小時候的童玩－套環遊戲。玩套環遊戲時，先準備一個圓柱架設在地面上，然後，遊戲者將套環一個一個的對準圓柱，擲入圓柱，最早準確擲入圓柱的套環，會沉入到最下方，最晚擲入圓柱的套環，會在最上方；因此，取出套環時，必須由最上面的套環逐一取出。這種先進後出(First-In-Last-Out, FILO)的存取順序，就是堆疊結構的特色。具備先進後出的堆疊結構，在計算機與程式設計領域的應用經常可見，例如，遞迴程序、主程式呼叫副程式時訊息傳送以及中央處理器(CPU)的中斷(Interrupt)處理等。讓我們開始認識堆疊的相關運作機制吧！

5-1 堆疊的概念

堆疊是屬於線性串列(Linear List)的一種，不過有些特殊的限制。要了解堆疊的用法之前，我們先來了解一下，堆疊的定義、特性及日常生活中常用到的堆疊現象。

5-1-1 堆疊的定義

堆疊是一個線性串列，就如同字面上的意思一樣，它是一種類似堆疊物品時所產生的現象，如餐廳在桌上堆疊盤子、學生在地上堆疊書本；由於最早放入的物品，都會被後來放入的物品壓在下面，因此，其放入物品與取出物品都在堆疊的頂端位置；所以，越早放入的物品，將會越晚被取出，故有後進先出(Last-In-First-Out, LIFO)的特性。

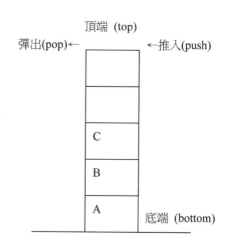

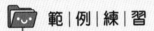

5-1-2　堆疊的特性

堆疊的特性有下列幾項：

1. 堆疊的兩端分別稱為頂端(Top)與底端(Bottom)，無論要新增(Insertion)或刪除(Deletion)資料，都必須從堆疊的頂端開始。

2. 加入稱為Push，刪除稱為Pop。

3. 具有後進先出(Last-In-First-Out, LIFO)與先進後出(First-In-Last-Out, FILO)的特性。

範│例│練│習

1. 請畫出堆疊之執行結果，包括執行 push A; push B; pop; push C; push D; pop; push E;
2. 假設堆疊S內已有資料S{A,B}，其中A為底端，B為頂端，若經過下列動作，堆疊的最終狀態為何？
   pop; push C; push D; push E; pop; pop;

1. push A; push B; pop; push C; push D; pop; push E;

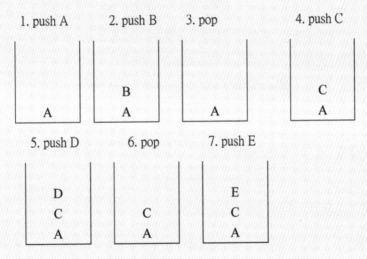

2. pop; push C; push D; push E; pop; pop;

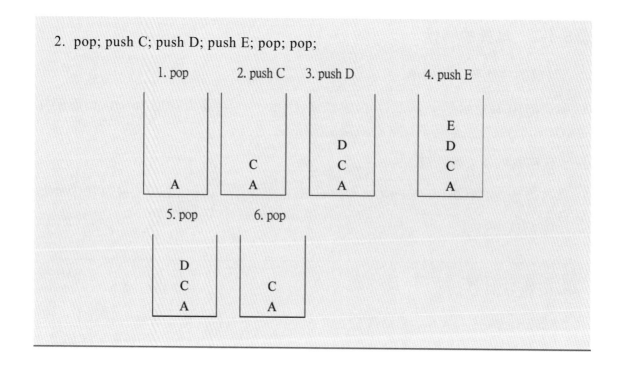

隨|堂|練|習

1. 請畫出堆疊之執行結果，包括執行 push A; pop; push B; push C; pop; push D; pop; push E;

2. 假設堆疊S內已有資料S{A,B,C}，其中A為底端，C為頂端，若經過下列動作，堆疊的最終狀態為何？

   pop; pop; push D; pop; push E; push F; pop;

5-1-3　日常生活上之運用

（一）疊盤子

　　曾在電視看過日本電視節目火力全開大胃王（元祖！大食い王決定戰），每一個大胃王在比賽吃拉麵時，每當吃完一碗麵，就將空碗往吃過的空碗上疊放，等到比賽時間結束後，看誰堆疊的碗最高，誰就獲勝，這就是一種堆疊的概念。另外一種常看到的現象，就是在餐廳洗盤子與拿盤子盛菜，亦是堆疊的概念，負責洗碗的員工把盤子洗乾淨後，一直往洗乾淨的盤子疊上去，洗碗的員工在疊盤子時，只能往堆疊上方疊上去，無法從中疊入，當要用盤子時，只能從堆疊上方取用，無法從中抽出取用盤子，這就是典型的堆疊案例。

（二）疊羅漢

常出現於啦啦隊表演、馬戲團特技表演以及舞蹈表演的疊羅漢活動，也是一種堆疊結構概念。當隊員加入疊羅漢隊伍當中，必須要從疊羅漢隊伍的最上面堆疊；結束疊羅漢隊伍時，也是要先從最上面的隊員先撤離。疊羅漢的隊伍當中，在加入或撤離人員時，都不可能從中插入或從中撤離，亦是標準的堆疊特性。

5-2 ‧堆疊以陣列實作

堆疊有兩個基本操作，一個是推入(Push)，另一個叫彈出(Pop)。以陣列這種資料結構實作堆疊，必須事先宣告陣列長度，因而導致堆疊空間或數量會有所限制。因此，我們必須再判斷兩種狀態，一種是堆疊已空(isEmpty)或堆疊已滿(isFull)的問題。另外，在設計堆疊之資料結構時，我們必須提供一個變數top，來記錄堆疊頂端的位置。一開始可以將top設為 -1，如果推入，我們就將top加1，如果彈出，我們就將top減1，當top= -1時，就表示堆疊已空，若top=N-1時就表示堆疊已滿（N表示陣列長度）。以下即為實作步驟。

5-2-1　堆疊的建立與宣告

在實作堆疊時，最基本的方式是使用一維陣列，假設堆疊最大容量是5，則我們可宣告一個空間為5的陣列。當資料進入堆疊(Push)或彈出(Pop)時，我們必須記錄目前資料所在的位置，因此，必須再宣告一個變數top來當作旗標(Flag)以標示目前堆疊頂端的所在位置。因此，其宣告方式如下：

```
#define N 5//記錄 stack 最大空間
typedef struct stk{
    char data[N];//記錄陣列內容
    int top;//記錄頂端位置
}stack;

stack STKS ;
```

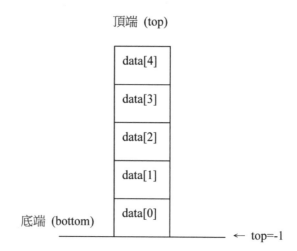

🗂 5-2-2　堆疊的加入－推入

　　所謂推入(Push)，就是從堆疊的頂端加入一個等待處理或服務的資料。在堆疊中要加入一筆資料前，必須先判斷堆疊是否已滿，若尚未放滿，才可加入資料，其做法如下：

1. 判斷堆疊是否已滿，若已滿，則顯示堆疊已滿，否則進入下一步驟。

2. 將top加1，再將新增資料放入堆疊中。

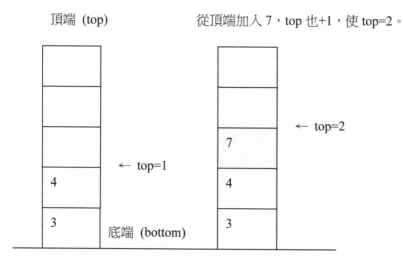

　　堆疊的加入，其演算法如下：

演算法名稱：push (stks：pointer, N, dt)
輸入：stks, dt

輸出：無。
Begin
    var N
    If stks->top = (N-1) then
        PRINT("堆疊已滿")   // PRINT 螢幕顯示
    else
        stks ->top←stks ->top+1
        stks ->data[stks ->top]←dt
    end If
end

隨｜堂｜練｜習

請使用C語言（Java或你熟悉的語言），並運用陣列實作，在堆疊中加入一筆資料3。

5-2-3　堆疊的刪除－彈出

所謂彈出(Pop)，就是從堆疊的頂端刪除一個已經處理或服務的資料。在堆疊中要刪除服務或處理的資料前，必須先判斷堆疊是否已空；若堆疊已空而無任何資料，就無法再行刪除或不需服務；反之才可刪除或服務，其做法如下：

1. 判斷堆疊是否已空，若已空，則顯示堆疊已空，否則進入下一步驟。

2. 將top減1，再將刪除資料清空。

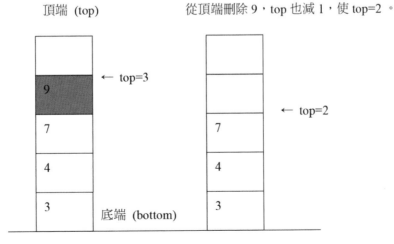

頂端 (top)　　　　　　　　從頂端刪除 9，top 也減 1，使 top=2。

← top=3

← top=2

底端 (bottom)

堆疊的彈出，其演算法如下：

演算法名稱：pop(stks：pointer)
輸入：stks
輸出：無。
Begin
    If stks->top = -1 then
        PRINT("堆疊已空")　// PRINT 螢幕顯示
    else
        stks->top←stks->top-1
    end If
end

 範│例│練│習

假設堆疊S內已有資料S{A，B，C}，其中A為底端，C為頂端，若經過下列動作，請說明其過程、結果與變數top的變化？

pop; pop; push D; pop; push E;

答

順序	動作	堆疊結果（底=頂）	top	取出內容
0		A,B,C	2	
1	pop	A, B	1	C
2	pop	A	0	B
3	push D	A, D	1	
4	pop;	A	0	D
5	push E;	A, E	1	

> ### 隨|堂|練|習
>
> 1. 假設堆疊S內已有資料S{A, B}，其中A為底端，C為頂端，若經過下列動作，請說明其過程、結果與變數top的變化？
>   push C; pop; push D; push E; pop;
> 2. 請使用C語言（Java或你熟悉的語言），並運用陣列實作，在堆疊{5, 8, 7, 3}中刪除一筆資料。

5-2-4 堆疊已滿

若堆疊的空間已滿而無法再加入資料時，則稱堆疊已滿。它的表示方式是當top=N-1時（N表示陣列長度），即表示堆疊已滿。例如當堆疊可存放的陣列為A[5]時，若top=4時（因為陣列的索引是0~4），便表示堆疊空間已滿。

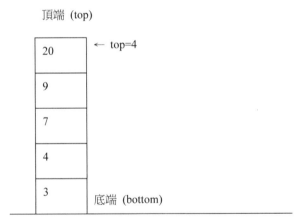

頂端 (top)

堆疊是否已滿，其演算法如下：

演算法名稱：isFull(stks : pointer, N)
輸入：stks
輸出：0 or 1。
Begin
    var N
    If stks->top=(N-1) then

```
        return 1
    else
        return 0
    end If
end
```

隨|堂|練|習

請使用C語言（Java或你熟悉的語言），並運用陣列實作，寫出堆疊已滿的程式，並命名為isFull。

5-2-5　堆疊已空

若堆疊中空間已無資料而無法再刪除資料時，則稱堆疊已空。它的表示方式是當top= -1時，即表示堆疊已空。

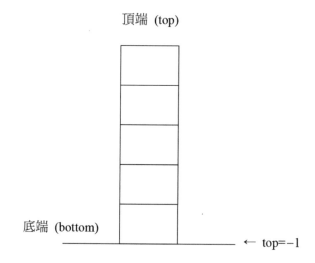

頂端 (top)

底端 (bottom)

← top=-1

堆疊是否已空，其演算法如下：

演算法名稱：isEmpty(stks：pointer)
輸入：stks
輸出：0 or 1。

```
Begin
    If stks->top = -1 then
        return 1
    else
        return 0
    end If
end
```

範|例|練|習

一串數列a,b,c在堆疊案例中經過push與pop後的排列方式不可能有哪種排列？

答

(1)當 a 推入後馬上 pop，然後 b 可以再 push 後馬上 pop，最後 c 執行 push 和 pop。順序為 abc。

(2)當 a 推入後馬上 pop，然後 b 可以再 push 然後 c 執行 push 和 pop。最後 b 再 pop。順序為 acb。

(3)當 a 推入後，然後 b 可以再 push 後馬上 pop，a 再 pop，然後 c 執行 push 和 pop。順序為 bac。

(4)當 a 推入後，然後 b 可以再 push 後馬上 pop，然後 c 執行 push 和 pop。最後 a 再 pop。順序為 bca。

(5)當 a 推入後，然後 b 可以再 push，然後 c 執行 push 和 pop。最後 b 再 pop。然後 a 再 pop。順序為 cba。

(6)從上一步驟可知，當 a 推入後，然後 b 可以再 push，然後 c 執行 push 和 pop。此時 a 被壓在最下面，所以此時不可能讓 a 做 pop，故不會有 cab 的結果。

隨 | 堂 | 練 | 習

1. 對堆疊依序作push(1)，push(2)，push(3)，過程當中也可插入pop指令，請問下列何者是不可能的輸出？(A)1,2,3 (B)1,3,2(C)2,1, 3(D)2,3,1 (E)3,1,2 (F)3,2,1。
2. 請使用C語言（Java或你熟悉的語言），並運用陣列實作，寫出堆疊已空的程式，並命名為isEmpty。

5-3 以鏈結串列實作堆疊

堆疊使用鏈結串列(Linked List)來實作，方法與陣列類似，可以實作推入(Push)與彈出(Pop)，但是，不需像陣列一樣需要判斷堆疊已滿的問題，因為鏈結串列一開始不需要設定空間大小，因此沒有空間大小限制的問題。既然沒有空間限定的問題，當然就沒有堆疊已滿的問題。以下就來說明如何使用鏈結串列實作堆疊。

5-3-1 堆疊的建立與宣告

使用鏈結串列來實作，它的資料結構與一般鏈結串列一樣，每個節點需要一個資料欄與一個鏈結欄，但是要注意它的頂端和底端位置，其資料結構與宣告如下：

```
/*宣告 Stack_node 是堆疊的節點*/
typedef struct node{
    int data; /*節點的資料欄位*/
    struct node *link; /*節點的鏈結欄位*/
}Stack_node;

Stack_node * Stack_pointer; /*宣告 Stack_pointer 是指向節點的指標*/
```

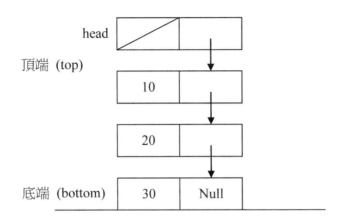

📐5-3-2　堆疊的加入－推入

使用鏈結串列實作堆疊時，其頂端是在首節點(Head)的位置，因此，要將資料加入(Push)堆疊，推入(Push)是要插入到首節點之後。其作法就是新增一個節點，然後將鏈結欄更新一下即可。如圖所示。

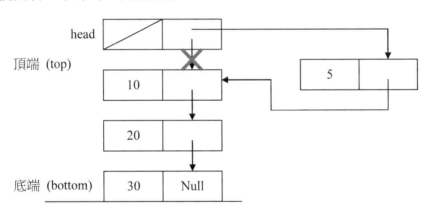

堆疊的加入，其演算法如下：

演算法名稱：push_l (stks：pointer, dt)

輸入：stks, dt

輸出：無。

Begin

　　var pt : pointer

　　pt←dynamic memory allocation

　　If pt=null then

　　　　PRINT("記憶體配置失敗")　// PRINT 螢幕顯示

```
    else
        pt->data←dt    //將資料指定給新節點
        pt->link ← stks ->link    //將首節點的鏈結欄指向位置指定給新節點
        stks ->link←pt    //將新節點之位址指定給首節點
    end If
end
```

隨 | 堂 | 練 | 習

　　請使用C語言（Java或你熟悉的語言），並運用鏈結串列實作，在堆疊中加入一筆資料9。

5-3-3　堆疊的刪除－彈出

　　使用鏈結串列實作堆疊時，其頂端是在首節點(Head)的位置，因此，要將資料從堆疊刪除(Pop)，彈出(Pop)是要刪除首節點之後的節點。其作法就是直接將首節點的鏈結欄指向刪除節點的下一筆即可。如圖所示。

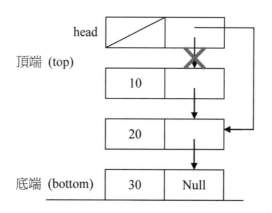

　　堆疊的彈出，其演算法如下：

演算法名稱：pop_l (stks：pointer)
輸入：stks
輸出：無。

```
Begin
    var p,d：pointer
    p= stks->link
    If p=null then
        PRINT("堆疊已空")    //PRINT 螢幕顯示
    else
        d←p->data
        stks->link←p->link
        free(p)
    end If
end
```

隨|堂|練|習

請使用C語言（Java或你熟悉的語言），並運用鏈結串列實作，在堆疊{5,8,7,3}中刪除一筆資料。

5-4 堆疊的應用

堆疊的應用相當廣，實作上若需要具備後進先出服務的概念，皆可以使用堆疊處理；例如，遞迴呼叫，就是一種堆疊概念，越晚呼叫的程式必須先行處理。另外，在後面章節會介紹的二元樹走訪、圖形的深度優先搜尋，還有一些有名的演算法，如迷宮問題等，都是屬於堆疊的應用。在本小節將提出一些在計算機科學裡常用的應用，包括程式的呼叫、資料反轉(Reversing)、運算式轉換、運算式求解，以及著名的河內塔(Tower of Hanoi)問題等。後續，讓我們一起來了解它們的運用。

5-4-1 程式的呼叫

正在學習資料結構的讀者們，一般對於撰寫程式應該已經是駕輕就熟了。有沒有仔細思考過，主程式在呼叫函數（或副程式）時的運作情形？當你從主程式A去呼叫某函數B（或稱副程式）時，程式的運作情形是不是必須先將函數B執行完，且得到結果後，才會繼續執行未執行完成的主程式A呢？這種情況，就是後到的函數B反而先取得服務，然後再服務最先執行的主程式A。想想看，這是不是就是前面所探討的後進先出呢？也就是典型的堆疊概念。

不管我們呼叫幾個程式，例如主程式A呼叫副程式B，副程式B再呼叫副程式C，副程式C再呼叫副程式D，此時，程式之執行順序必須要等待副程式D執行完畢後，才輪得到副程式C的執行，當然，副程式C執行完畢後，才輪得到副程式B的執行，副程式B執行結束後，才會再執行最後的主程式A。這種執行方式，皆是使用堆疊概念來運作，其堆疊運作方式如下圖所示。

情況一： 每呼叫一次，就將原本程式先放入堆疊裡。

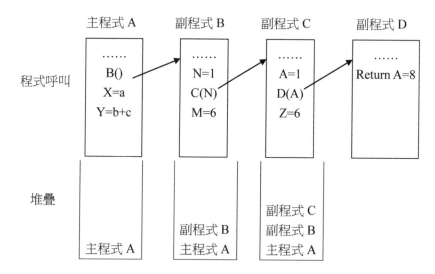

情況二： 副程式D執行完畢後，就將原本堆疊裡的副程式C Pop出來執行。

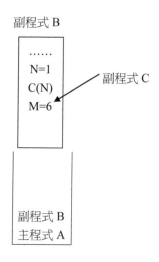

情況三： 副程式C執行完畢後，就將原本堆疊裡的副程式B Pop出來執行。最後執行
B執行完畢後，就Pop原本堆疊裡的程式A。

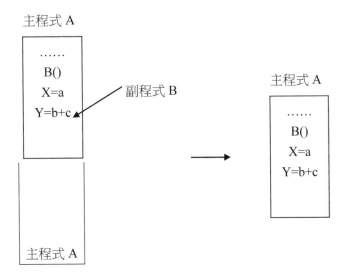

✑ 5-4-2　資料反轉

　　所謂資料反轉(Reversing)，就是依據使用者輸入的資料，改用相反方向倒過來
輸出，這種應用，使用堆疊是最適切不過了，因為堆疊的特性就是後進先出，而資
料反轉剛好就是所謂後進先出的概念。例如輸入ABCD，則D最後輸入，運用堆疊，
剛好會先輸出，然後才會輸出C，再來分別輸出B及A。

　　運用堆疊處理資料反轉，只要將資料一一做Push動作，等待全部資料Push完成
後，再使用Pop動作將所有堆疊的資料一一彈出，就可以得到資料的反轉。

　　資料反轉運用堆疊實作，其演算法如下：

```
演算法名稱：Reversing (stks：pointer, A[])
輸入：stks, A[]
輸出：
Begin
    stks.top ← -1
    For i←0 to A[].length step 1 do
        call push(&stks, a[i])
    end For
```

```
For i←0 to A[].length step 1 do
    call pop(&stks)
end For
end
```

📁 隨｜堂｜練｜習

使用C語言（Java或你熟悉的語言）撰寫一支程式， 輸入3、8、4、9，然後將資料反轉後印出。

📑 5-4-3　運算式的轉換

我們都知道，一個算術運算式(Expression)裡，如$f(Y)=Y^3-5*Y^2+8$，是由運算元(Operand)與運算子(Operator)所組成的，其中 +、−、* 等等，都是屬於運算子，Y、3、5、8等等，都是屬於運算元。在算術運算式的計算過程中，運算子的計算處理必須考量優先順序，也就是所謂的先乘除後加減。因此，在計算過程中，我們不但需要了解每一個運算子的運算特性之外，還要知道每一個運算子的優先順序。

（一）運算式表示法

算術運算式的表示方式，除了上述f(Y)之外，其實它總共有三種方式，包括中序表示法(Infix)、前序表示法(Prefix)和後序表示法(Postfix)。我們一般使用的方式就是所謂的中序表示法。

1. **中序表示法**：運算子位於運算元的中間，且可以使用括號。例如a+b。

2. **前序表示法**：運算子位於運算元的前面，規定不可以使用括號。例如+ab。

3. **後序表示法**：運算子位於運算元的後面，規定不可以使用括號。例如ab+。

（二）將中序表示法轉換為後序表示法

一般將運算符號置於兩個運算元中間的表示法，稱為中序表示法，由於中序表示法不但要處理運算子的優先順序，還要針對括號做處理，為了省去麻煩及提高計算效率，一般在計算機科學裡都會使用後序表示法來計算運算式。因此，在許多系統程式中，都習慣將高階語言的中序表示法轉換成後序表示法再行運算。

將中序表示法轉成後序表示法(Conversion of Infix Expression to Postfix Expression)的方式共有兩種，一為括號法，此方式比較適合人工作業，不適合由計算機做處理。另一種稱為堆疊法，是一般計算機科學所使用的方法。其做法如下所述。

（三）轉換方式

1. 括號法

括號法的作法是運用括號(Parentheses)，將中序表示法的運算式依據運算子的優先順序括號起來，然後從最內部括號往最外部括號做轉換及去括號的動作。所謂的轉換方式，就是若為中序轉後序，就將運算子放到右括號的後方，若為中序轉前序，就將運算子放到左括號的前方。中序轉後序的操作步驟如下：

(1) 依照運算子優先順序將運算式加上括號。

(2) 由內而外的順序去除括號，並將運算子放置右括號之後（中序轉後序）。若處理中序轉前序，則將運算子放置左括號之前。

(3) 持續步驟B，直到括號全部去掉為止，最後寫出結果。

舉例說明：假設有一個運算式a+b*c–d/e，將中序改成前序。

步驟一： 依照運算子優先順序將運算式加上括號，結果如下：

$$((a+(b*c))–(d/e))$$

步驟二： 由內而外的順序去括號，並將運算子放置左括號之前。

1. ((a+<u>* bc</u>)–(d/e))。

2. (<u>+ a* bc</u>–(d/e))。

3. (<u>+ a* bc</u>–<u>/de</u>)。

4. <u>–+a* bc/de</u>。

步驟三： 寫出前序結果 –+a* bc/de。

2. 堆疊法

(1) 由左至右處理中序表示法的運算式，一次讀取一個字元(Token)，會有三種類型符號：運算元、左右括號、運算子。

(2) 若字元為運算元，則直接輸出。

(3) 若字元為運算子或左右括號，則：

　　A. 若字元為左括號，就將該字元推入堆疊。

　　B. 若字元為右括號，則將堆疊頂端之運算子一一彈出，直到彈出的字元是左括號，然後將左右括號成對去掉。

　　C. 若字元是運算子，就比較字元與堆疊頂端的運算子何者的優先順序較高，若字元的優先順序較高，則將此字元推入堆疊（優先順序高者可以壓在低的上方），否則將堆疊頂端的運算子一一彈出，直到遇見優先順序較低的運算子或堆疊已空，才停止彈出，然後再將該字元推入。

(4) 若中序表示法已經全部讀完，但堆疊還有字元，此時就將堆疊內的字元一一彈出。

　　運算式的轉換，演算法如下：

```
演算法名稱：InfixToPost (stks, infix, postfix：pointer)
輸入：infix, postfix
輸出：
Begin
    var token, i=0, j=0
    While (token←infix[i++]) <>'\0' do
        If isoperand(token) then    // 檢查 token 是否為運算元
            postfix[j++]←token
        else If token = ' (' then
            call push(token)
        else If token = ' )' then
            While stks.top > -1 do
                call pop(&data)
                If data = '(' then
                    break
                end If
                postfix[j++]←data
            end While

        else If isoperator (token) then    // 檢查 token 是否為運算子
```

```
            While stks.top> -1 do
                If precedence(token) > precedence(stks.data[stks.top]) then
                                    // precedence 判斷優先順序
                    break
                else
                    call pop(data)
                    postfix[j++]←data
                end If
            end While
            call push(token)
    end While
    While stks.top > -1 do
        call pop(data)
        postfix[j++]←data
    end While
    postfix[j]←'\0'
end
```

範│例│練│習

1. 使用 [括號法] 將a / b–c +d *e由中序表示法轉換成後序表示法。
2. 使用 [堆疊法] 將a / (b–c + d) *e由中序表示法轉換成後序表示法。

答

1. 使用 [括號法]

步驟一： 依照運算子優先順序將運算式加上括號，結果如下：

$(((a / b) – c) +(d *e))$

步驟二： 由內而外的順序去括號，並將運算子放置右括號之後。

1. $((\underline{ab/} – c) +(d *e))$ 。

2. $(\underline{ab/c–} +(d *e))$ 。

3. $(\underline{ab/c–} + \underline{de*})$ 。

4. ab/c–de*+ 。

2. 使用 [堆疊法]處理 a / (b – c+ d) *e：

順序	擷取字元	堆疊（底－頂）	後序表示法	說明
1	a		a	a為運算元，直接輸出。
2	/	/	a	直接堆入。
3	(	/(	a	直接堆入。
4	b	/(	ab	直接輸出。
5	–	/(–	ab	堆入。
6	c	/(–	abc	直接輸出。
7	+	/(+	abc–	–先彈出，+再堆入。
8	d	/(+	abc–d	直接輸出。
9	)	/	abc–d+	左括弧之前都彈出，再去括弧。
10	*	*	abc–d+/	/先彈出，*再堆入。
11	e	*	abc–d+/e	直接輸出。
其他			abc–d+/e*	剩餘均彈出。

隨|堂|練|習

1. 用[堆疊法]解(a–b)*((c+d)/e)，從中序改為後序。
2. 使用[括號法]將(a–b)*(c+d)/e由中序表示法轉換成前序表示法。
3. 使用C語言、Java或你熟悉的語言，撰寫一支程式，運用堆疊來實作運算式從中序轉後序表示法。

5-4-4　運算式求解

　　運算式求解是指將運算式的結果計算出來。例如當A=2、B=3，A*B等於多少，答案則為6，但是，我們如何交由計算機來幫我們計算運算式求值呢？前面章節有提到，在計算機科學裡，處理運算式都是先將高階語言的中序表示法轉成後序表示法來處理，運算式的求值方式當然也不例外，我們也是必須先將中序表示法轉成後序表示法，然後再使用堆疊技巧來求值。但是在運用堆疊技巧對運算式求值，它是針對運算元作堆疊，與將中序轉後序是針對運算子做堆疊是不同的。其使用堆疊的步驟如下：

1. 由左至右處理後序表示法的運算式，一次讀取一個字元(Token)，此時會有二種類型符號：運算元或運算子。

2. 若字元為運算元時，就將字元推入堆疊。

3. 若字元為運算子時，就從堆疊彈出兩個資料，第一個資料是屬於第二個運算元，第二個資料是屬於第一個運算元，然後依據運算子做運算，再將結果推入堆疊。

4. 重複步驟2與3，最後的結果，將會位於堆疊頂端。

運算式求值，演算法如下：

```
演算法名稱：PostfixToValue(stks, postfix：pointer, A[])
輸入：stks, postfix, A[]
輸出：無。
Begin
    var token, i=0, j=0
    While (token←postfix [i++]) <>'\0' do
        If (isoperand(token)) then    // 檢查 token 是否為運算元
            call push(A[token])
        else
            call pop(data2)
            call pop(data1)
            Case token
             : '+' :
                value= data1+ data2

             : '-' :
                value= data1- data2

             : '*' :
                value= data1* data2

             : '/' :
                value= data1/ data2
```

```
            end Case
            call push(value)
        end If
    end While
    call pop (value)
    return value
end
```

 範│例│練│習

試計算後序表示法abc–d+/e*之值。其中，a=46，b=8，c=5，d=20，e=6。

 答

使用 [堆疊法] 計算後序表示法 abc–d+/e*：

順序	擷取字元	堆疊（底－頂）	說明
1	a	a	a為運算元，直接堆入。
2	b	ab	b為運算元，直接堆入。
3	c	abc	c為運算元，直接堆入。
4	–	a3	遇到運算子–，彈出兩個運算元作計算 b–c=8–5=3。
5	d	a3d	d為運算元，直接堆入。
6	+	a23	遇到運算子 +，彈出兩個運算元作計算 3+d=3+20=23。
7	/	2	遇到運算子 /，彈出兩個運算元作計算 a/23=46/23=2。
8	e	2e	e為運算元，直接堆入。
9	*	12	遇到運算子*，彈出兩個運算元作計算 2*e=2*6=12。

1. 試計算後序表示法ab/c–de*+之值。其中，a=48，b=8，c=5，d=20，e=6。

2. 試計算後序表示法abc–d+/e*之值。其中，a=23，b=8，c=5，d=20，e=25。

3. 使用C語言、Java或你熟悉的語言，撰寫一支程式，運用堆疊來實作後序表示法的運算式求值。

5-4-5　河內塔問題

　　河內塔(Tower of Hanoi)是於1883年，由一位法國數學家愛德華‧盧卡斯(Edouard Lucas)教授所提出，他是一個典型的堆疊問題，使用程式撰寫河內塔問題時，基本上都是使用遞迴(Recursive)寫法，其定義如下：

　　有三根柱子A、B及C，A柱上已套上N個(N>1)中空圓盤，圓盤的直徑由下往上逐漸減小。如何將所有圓盤依照下列兩個條件移至C柱上：

1. 每次只能移動一個圓盤。

2. 小圓盤始終保持在大圓盤上。

　　要解決有名的河內塔問題，基本上，可以從兩個圓盤開始處理，再從三個圓盤來找出解決問題的基本原理，最後就可以解出N個圓盤的河內塔問題。只是要解決更多的圓盤，需要相當的時間與體力（若N=64，表示最少需移動2的64次方次，然後減一次；即使每一秒鐘能移動一塊圓盤，仍將需5849.42億年，才有機會完成）。因此，建議必須訴諸計算機來求解才可行。其解法如下：

　　兩個盤子：基本原則，將最下方最大的盤子先移至所需位置C柱上，其作法就是將在最下方盤子的上面的所有盤子移開至非C柱上。

步驟一：將最大盤子上的障礙全部移開至非C柱上。

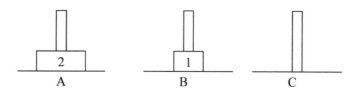

步驟二：將最大盤子移至定位C柱上。

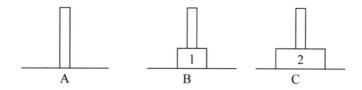

步驟三：其他盤子依照前兩步驟做處理。

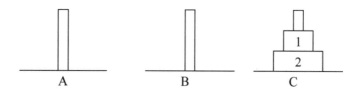

　　三個盤子：基本原則與兩個盤子的作法類似，只是步驟會比較多。將最下方最大的盤子先移至所需位置C柱上，其作法就是將最下方盤子上面的所有盤子移開至非C柱上，然後剩下的盤子再依據前述步驟處理。

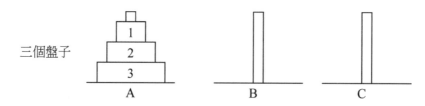

步驟一：將最大盤子上的障礙全部移開至非C柱上。其作法就是將圓盤1與2移到B柱上。要將圓盤1與2移到B柱上，就類似前例所做的，移動2個圓盤的作法，目標將圓盤2移至B柱上，所以可以先將圓盤1移至C柱上，好讓圓盤2移至B柱上。

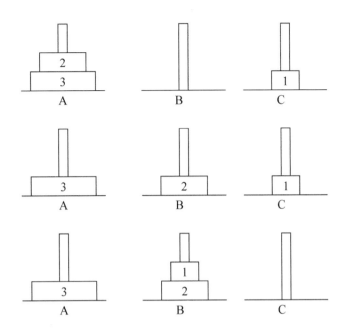

步驟二： 此時可將圓盤三移至C柱上。最後又剩下兩個圓盤在B柱上準備移至C柱，
作法又類似前例一樣，目標將圓盤2移至C柱上。其作法就是將圓盤1移至
非C柱上，好讓圓盤2可移至C柱上。

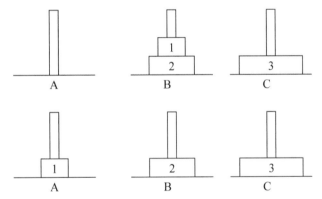

步驟三： 此時可將圓盤2移至C柱上，最後再將圓盤1移至C柱上，結束。

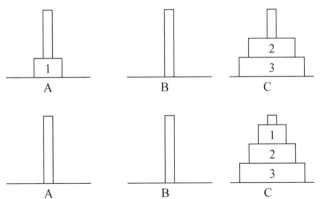

　　N個圓盤：可依據二個圓盤與三個圓盤來推論到N個圓盤之作法。其基本原則亦是將最下方最大的盤子先移至所需位置C柱上，其作法就是在最下方盤子的上面的所有盤子先移開至非C柱上，然後剩下的盤子再依據前述步驟處理。

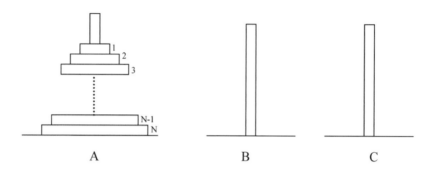

步驟一：　將最大盤子上的障礙全部移開至非C柱上。其作法就是將圓盤1至N-1從A柱經由C柱移到B柱上。

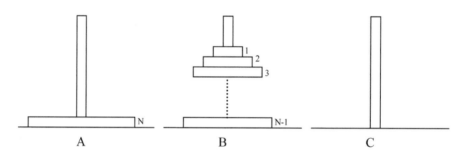

步驟二：將圓盤N移至C柱。

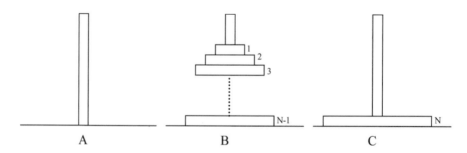

步驟三：將圓盤1至N-1依據步驟1與2移至C柱上。

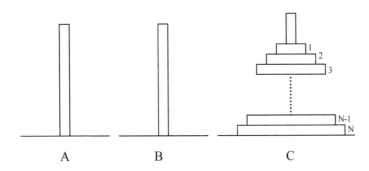

A　　　　B　　　　　　C

河內塔演算法如下：

演算法名稱：Hanoi (N, from, thru, to)

輸入：N, from, thru, to

輸出：

Begin

　　If N>0 then

　　　　call Hanoi(N-1, from, to, thru)

　　　　PRINT(圓盤 N 由 from 到 to)　　// PRINT 螢幕顯示

　　　　call Hanoi(N-1, thru, from, to)

　　end If

end

隨|堂|練|習

　　請使用C語言（Java或你熟悉的語言），撰寫一支程式，實作河內塔搬運過程。

程式實作演練

程式實作演練雙數題
請參照 QR Code

Java 範例包含兩部分，單數題範例以實體文本方式呈現，強化基礎程式實作能力；雙數題範例存放於雲端，供進階延伸學習參考。（全書適用）

Q 範例 1

程式Stack_5_1.java使用陣列設計堆疊，實作push()、Empty()以及pop()等方法。設計類別class StackByArray採陣列設計堆疊的資料結構，以陣列stack為容器存放資料元素，整數變數top為指向堆疊頂端的索引，並將 top 初始值為-1，表示為空的堆疊。

類別class StackByArray內部設計類別方法push()以存放資料元素於堆疊頂端，並判斷堆疊是否已滿。設計類別方法empty()以判斷堆疊是否為空，若top等於-1，則回傳是空堆疊；若top不等於-1，則回傳不是空堆疊。設計類別方法pop()以取出堆疊最頂端的資料，並把索引值top往下移一格，利用empty()方法是否為空，若是則回傳結果為-1；若不是，則把頂端資料取出並把top減1。

Stack_5_1.java

```
//程式目的：用陣列模擬堆疊，實作push()、Empty()、pop()
import java.io.*;

//主類別的宣告
public class Stack_5_1 {
    public static void main(String args[]) throws IOException {
        int value;
        StackByArray stack = new StackByArray(8); // 建立整數型態陣列

        // BufferedReader 位 於 java.io 中 ， 所 以 使 用 這 個 class 須 引 入 import
java.io.BufferedReader
        // 使用BufferedReader物件的readLine()方法，必須處理java.io.IOException異常
(Exception)

        BufferedReader buf = new BufferedReader(new InputStreamReader(System.in));
```

```java
        System.out.println("請依序輸入8筆資料[整數]：");
        for (int i = 0; i < 8; i++) {
            value = Integer.parseInt(buf.readLine());
            stack.push(value);
        }


        System.out.println("=============================");
        while (!stack.empty())// 將堆疊資料陸續從頂端彈出
            System.out.println("堆疊彈出的順序為:" + stack.pop());
    }
}


class StackByArray {// 以陣列模擬堆疊的類別宣告
    private int[] stack;// 在類別中宣告陣列
    private int top;// 指向堆疊頂端的索引

    // StackByArray類別建構子
    public StackByArray(int stack_size) {
        stack = new int[stack_size];// 建立陣列
        top = -1; // 指向堆疊頂端的索引，空的堆疊初始值為-1
    }

    // 類別方法：push (存放頂端資料,並更正新堆疊的內容)
    public boolean push(int data) {
        if (top >= stack.length) {// 判斷堆疊頂端的索引是否大於陣列大小
            System.out.println("堆疊已經滿了,無法再加入資料");
            return false;
        }

        else {
            stack[++top] = data;
```

```
                // 陣列[堆疊]尚未滿，可以將資料存入堆疊
                return true;
            }
        }


    // 類別方法：empty (判斷堆疊是否為空堆疊,是則傳回true,不是則傳回false)
    public boolean empty() {
        if (top == -1)
            return true;
        else
            return false;
    }


    // 類別方法：pop (從堆疊取出資料)
    public int pop() {
        if (empty()) // 判斷堆疊是否為空的,如果是則傳回-1值
            return -1;
        else
            return stack[top--];// 先將資料取出後,再將堆疊指標往下移
        }

}
```

程式的執行結果，如下：

```
請依序輸入8筆資料[整數]：
8
7
6
5
4
3
2
```

```
1
============================
堆疊彈出的順序為:1
堆疊彈出的順序為:2
堆疊彈出的順序為:3
堆疊彈出的順序為:4
堆疊彈出的順序為:5
堆疊彈出的順序為:6
堆疊彈出的順序為:7
堆疊彈出的順序為:8
```

Q 範例 3

　　首先創建三根柱子(A、B、C)，tower[1]表示根柱子A，tower[2]表示根柱子B，tower[3]表示根柱子C。要求使用者輸入盤子的數量，利用方法toHan()將所有盤子以堆疊方式，放置於tower[1]後，並顯示所有盤子在A、B、C柱子的移動情形。其中，move()方法使用遞迴(Recursive)方式移動盤子，例如，move(n-1, a, c, b)，表示把n-1的所有盤子從a挪到b上，move(n-1, b, a, c)，則表示把n-1的所有盤子從b挪到c上。方法display()用print()畫出三根柱子(A、B、C)、分界線，並顯示盤子的移動的所有過程。

Stack_5_3.java

```java
import java.util.*;
public class Stack_5_3 {
    public static int N; //盤子數量
    /* 創建Stack陣列，命名為tower */
    public static Stack<Integer>[] tower = new Stack[4];

    public static void main(String[] args) {
        Scanner scan = new Scanner(System.in);
        /* 創建三根柱子(A、B、C)，tower[1]表示根柱子A，
           tower[2]表示根柱子B，tower[3]表示根柱子C */
        tower[1] = new Stack<Integer>();
```

```java
        tower[2] = new Stack<Integer>();
        tower[3] = new Stack<Integer>();
        /* 輸入盤子數量  */
        System.out.println("Enter number of disks: ");
        int num = scan.nextInt();
        N = num;
        toHan(num);
    }
```

/* 將所有盤子以堆疊方式，放置於tower[1]後，並顯示所有盤子在A、B、C柱子的移動情形*/

```java
    public static void toHan(int n) {
        /* 將所有盤子以堆疊方式，放置於tower[1]，
         * 即根柱子A；大的盤子在下，小的盤子在上  */
        for (int d = n; d > 0; d--)
            tower[1].push(d);
        display();
        move(n, 1, 2, 3);
    }
```

/* 使用遞迴(Recursive)方式移動盤子 */

```java
    public static void move(int n, int a, int b, int c) {
        if (n > 0) {
            move(n-1, a, c, b);
            int d = tower[a].pop();
            tower[c].push(d);
            display();
            move(n - 1, b, a, c);
        }
    }
```

/* 用print()畫出三根柱子(A、B、C)、分界線；並顯示盤子的移動過程 */

```java
public static void display() {
    System.out.println("   A   |   B   |   C");
    System.out.println("---------------");

    for (int i = N - 1; i >= 0; i--) {
        String d1 = " ", d2 = " ", d3 = " ";
        try {
            d1 = String.valueOf(tower[1].get(i));
        }
        catch (Exception e) {
        }

        try {
            d2 = String.valueOf(tower[2].get(i));
        }
        catch (Exception e) {
        }

        try {
            d3 = String.valueOf(tower[3].get(i));
        }
        catch (Exception e) {
        }

        System.out.println("   " + d1 + "   |   " + d2 + "   |   " + d3);
    }
    System.out.println("\n");

}
```

程式的執行結果，如下：

```
Enter number of disks:
3
  A  |  B  |  C
---------------
  1  |     |
  2  |     |
  3  |     |


  A  |  B  |  C
---------------
     |     |
  2  |     |
  3  |     |  1


  A  |  B  |  C
---------------
     |     |
     |     |
  3  |  2  |  1


  A  |  B  |  C
---------------
     |     |
     |  1  |
  3  |  2  |


  A  |  B  |  C
```

```
 ---------------
      |     |
      |  1  |
      |  2  |  3


   A  |  B  |  C
 ---------------
      |     |
      |     |
   1  |  2  |  3


   A  |  B  |  C
 ---------------
      |     |
      |     |  2
   1  |     |  3


   A  |  B  |  C
 ---------------
      |     |  1
      |     |  2
      |     |  3
```

Q 範例 5

在Stack_5_5.java裡，先建立一個存放字串的堆疊stack，使用push（堆入）加入Welcome、To、Data、Structure、以及Class，利用System.out.println輸出堆疊內容，再利用peek()來找出堆疊頂部的元素，peek()的功用是Stack中查詢堆疊頂部資料，但不會刪除該元素。最後用System.out.println列印堆疊內容，以確認使用peek()不會刪除堆疊元素。

Stack_5_5.java

```java
import java.util.Stack;

public class Stack_5_5 {
    public static void main(String args[]) {
        // 建立資料型態為字串的堆疊
        Stack<String> stack = new Stack<String>();
        // 使用push()加入元素
        stack.push("Welcome");
        stack.push("To");
        stack.push("Data");
        stack.push("Structure");
        stack.push("Class");
        // 列印堆疊內容
        System.out.println("Initial Stack: " + stack);
        // 查看(fetching)堆疊頂部的資料
        System.out.println("The element at the top of the stack is: " + stack.peek());
        // 列印堆疊內容，確認使用peek()不會讓元素消失
        System.out.println("Final Stack: " + stack);
    }
}
```

程式的執行結果，如下：

```
Initial Stack: [Welcome, To, Data, Structure, Class]
The element at the top of the stack is: Class
Final Stack: [Welcome, To, Data, Structure, Class]
```

1. 解釋名詞：堆疊(Stack)

2. (1) 將算術式AxB+(C-D/E)改成後置式表示法(Postfix Expression)。
   (2) 當計算後置式時必需使用堆疊(Stack)。令A=5, B=3, C=6, D=8, E=2，代入在(1)中得到之後置式，並將計算過程中每一步驟堆疊的狀態及資料寫出。

3. 請將下列中序表示式(a + b) * c – (d + e * f / ((g / h + i – j) * k)) / l轉換如下的表示式：
   (1) 後序表示(Postfix Notation)。
   (2) 前序表示(Prefix Notation)。

4. 請解釋名詞：Infix expression

5. 請回答下列問題：
   (1) 計算下列前置式(Prefix)之值。(+, －, *, / 為一般算術運算子)
       (a) ＊ － 235
       (b) － / － 823 * 45
   (2) 計算下列後置式(Postfix)之值：
       (a) 37 + 85 － *
       (b) 4735 + 2 * － － 4 －

6. 試解釋下列資料結構的相關名詞：河內塔問題(Tower of Hanoi)

7. 執行下列程式片段：
   A:=l0;   B:=15;   C:=30;   D:=12;
   Insert(A);   Insert(B);   Insert(C);   Insert(D);
   Delete(E);   DeIete(F);

   Insert(X)是將一X值的節點(Node)插入一個linked list的適當位置，Delete(X)是刪除此linked list中適當位置的節點，並將該節點之值儲存在X。
   (1) 假設linked list實現的資料結構為一stack，則F值為何？
   (2) 假設linked list實現的資料結構為一queue，則F值為何？

MEMO

CHAPTER

06

✐ 佇 列

DATA STRUCTURE

THEORY AND PRACTICE

　　佇列(Queue)具備串列(List)的特徵，每一筆元素依序排列，卻與一般鏈結串列不同。佇列不允許從串列中間節點或任一處節點插入或刪除資料，加入資料必須在串列的後端處理，刪除資料必須從串列的前端處理，資料處理的過程採取先進先出(FIFO, First-in-first-out)的運作方式。我們一起來了解佇列的運作方法，以及它與鏈結串列(Linked List)和堆疊(Stack)的差異。

6-1 　佇列的概念

　　佇列(Queue)是屬於線性串列(Linear List)的一種，只是有些特殊的限制。要了解佇列之用法之前，我們先來了解一下佇列的意義、特性及日常生活中常用到的佇列實例。

🦷 6-1-1　佇列的定義

　　所謂佇列，是指一種排隊等待服務、處理或操作等作業的線性串列。當要進入串列排隊時，通常都是從串列的後端(Rear)進入排隊，當要被服務或處理時，都是從前端(Front)執行。由於越早放入佇列者會越早被服務或處理，故又稱先進先出串列(FIFO List, First-in-first-out List)。

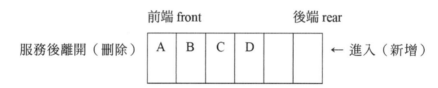

🦷 6-1-2　佇列的特性

1. 佇列是一個線性串列。

2. 佇列的兩端分別稱為前端(Front)與後端(Rear)。

3. 當要進入排隊或新增資料時，必須放入佇列的後端。

4. 當要被服務或要刪除資料時，必須從佇列的前端開始。

5. 新增動作，又稱Enqueue或新增(Add)，刪除動作，又稱Dequeue或刪除(Delete)。

6. 佇列是一種先到先服務概念，所以又稱先進先出串列(FIFO List)。

範│例│練│習

請畫出佇列之執行結果，包括執行add A, add B, delete, add C, add D, delete, add E。

次序		佇列（前－後端）
1	add(A)	A
2	add(B)	AB
3	delete	B
4	add(C)	BC
5	add(D)	BCD
6	delete	CD
7	add(E)	CDE

隨│堂│練│習

請畫出佇列之執行結果，包括執行add A, delete, add B, add C, add D, add E, delete, delete, delete。

📖6-1-3　生活實務的應用

（一）購物排隊

當在速食店等候訂餐、大賣場結帳、電影院購票、簽唱會排隊等，都是佇列的概念；先到者會先服務、後到者則必須從後端進入排隊。

（二）賣場貨架商品展示與補貨

當我們到大型賣場或便利商店買飲料時，可以注意其冷藏貨架排面。提供消費者拿取飲料的冷藏貨架前端，就如同佇列的前端；工作人員則由冷藏貨架的後端進行補貨，冷藏貨架的後端，即如同佇列的後端。這便是一種典型的佇列應用。

（三）庫存管理

為了確原物料能在保質期間進行生產、製作、銷售控制損耗及降低成本，先進先出法是經常被採用於庫存管理的一種機制。例如，先放入倉庫的原物料先提早使用，較早進的貨物會陳列在較晚進的貨物的前方，確保生產日期較早的商品得以先銷售。

（四）使用 CPU 之工作排程(Scheduling)

多工系統(Computer Multitasking)中，許多程序(Process)需要使用CPU，必須運用佇列概念來等待CPU的執行，先到的執行緒(Thread)就優先執行，這種方式亦是典型的佇列應用。

6-2 佇列以陣列實作

佇列的實作只需兩個動作，一個是新增（進入等待服務），就是所謂的enqueue或add，一個是刪除（已服務完畢準備離開），就是所謂的dequeue或delete。

佇列可採用陣列、鏈結串列等資料結構進行實作。若以陣列這種資料結構實作佇列，都需要事先宣告陣列長度，造成佇列數量會有限制，因此，陣列結構實作佇列時，必須再判斷佇列是否已滿(isFull)或已空(isEmpty)兩種狀態。另外，在設計佇列之資料結構時，我們必須再記錄佇列的前端(Front)與後端(Rear)，以提升實作效率。實作的開始，我們都會將front與rear兩變數之初始值設為-1，之後每新增一筆或刪除一筆資料，都將front或rear遞增1。以下即為實作內容。

6-2-1 佇列的建立

在實作佇列時，最簡單的方式是使用一維陣列，假設佇列最大容量是5，則我們可以宣告一個長度為5的陣列。當資料要加入佇列(Enqueue)或服務結束需要刪除(Dequeue)時，我們必須記錄陣列的前端(Front)與後端(Rear)的所在位置，這樣能夠加速我們在佇列中處理加入與刪除資料的速度。使用陣列實作佇列時，一般來說，都必須再加入兩個變數，一個為front，以記錄前端資料所在的位置，另一個為rear，用來記錄後端資料所在的位置。其宣告方式如下：

```
#define N 5//記錄佇列最大空間
typedef struct Que{
    char q[N];//記錄陣列內容
    int front;//記錄前端位置
    int rear;//記錄後端位置
}Queue;

Queue QE;
QE.front = -1;
QE.rear = -1;
```

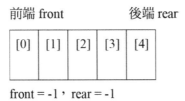

front = -1，rear = -1

6-2-2 佇列的新增(Enqueue)

在佇列中要新增一筆資料，必須先判斷佇列資料是否已滿，若尚未放滿 (isFull)，才可新增資料進去，其做法如下：

1. 判斷佇列資料是否已滿，若已滿，則顯示佇列已滿，否則進入下一步驟。

2. 將rear加1，再將新增資料放入佇列中。

front = -1，rear = 0

↓ Enqueue

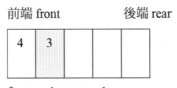

front = -1，rear = 1

佇列的新增，其演算法如下：

```
演算法名稱：enqueue(QE：pointer, N, dt)
輸入：QE, dt
輸出：無。
Begin
    var N
    If QE->rear=N-1 then
        PRINT("佇列已滿")    // PRINT 螢幕顯示
    else
        QE ->rear←QE -> rear +1
        QE ->data[QE -> rear]←dt
    end If
end
```

隨|堂|練|習

請使用C語言（Java或你熟悉的語言），並運用陣列實作，在佇列中新增一筆資料 8。

6-2-3 佇列的刪除(Dequeue)

在佇列中要刪除一筆資料時，必須先判斷佇列資料是否已空，若佇列已空而無任何資料，就無法再行刪除，其做法如下：

1. 判斷佇列資料是否已空，若已空，則顯示佇列已空，否則進入下一步驟。

2. 將front加1，表示前端資料已刪除一筆。

front = -1，rear = 3

↓ **Dequeue**

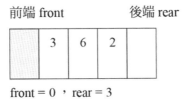

front = 0，rear = 3

佇列的刪除，其演算法如下：

```
演算法名稱：dequeue(QE：pointer)
輸入：QE, dt
輸出：無。
Begin
    If QE->front = QE->rear then
        PRINT ("佇列已空")    // PRINT 螢幕顯示
    else
        QE->front←QE->front +1
    end If
end
```

範|例|練|習

假設有一個空的Queue，若經過下列動作，請繪圖說明其過程、結果與變數front與rear的變化？（預設值front=-1, rear=-1）

enqueue(A), enqueue(B) , dequeue, enqueue(C), enqueue(D) , dequeue

答

<1>enqueue(A)

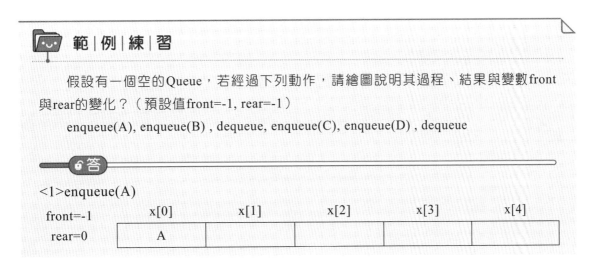

<2>enqueue(B)

front=-1
rear=1

x[0]	x[1]	x[2]	x[3]	x[4]
A	B			

<3> dequeue

front=0
rear=1

x[0]	x[1]	x[2]	x[3]	x[4]
	B			

<4> enqueue(C)

front=0
rear=2

x[0]	x[1]	x[2]	x[3]	x[4]
	B	C		

<5> enqueue(D)

front=0
rear=3

x[0]	x[1]	x[2]	x[3]	x[4]
	B	C	D	

<6> dequeue

front=1
rear=3

x[0]	x[1]	x[2]	x[3]	x[4]
		C	D	

🗂 隨|堂|練|習

1. 假設有一個空的Queue，若經過下列動作，請畫圖說明其過程、結果與變數front與rear的變化？（預設值front=-1, rear=-1）

   enqueue(A) , dequeue, enqueue(B), dequeue, enqueue(C), enqueue(D)

2. 請使用C語言（Java或你熟悉的語言），並運用陣列實作，在佇列{5,8,7,3}中刪除一筆資料。

6-2-4 佇列已滿或已空

若佇列中空間已滿而無法再新增資料時,則稱佇列已滿。它的表示方式是當 rear=陣列最大值時,即表示佇列已滿。例如當佇列可存放的陣列為 A[5]時,若 rear=4時(因為陣列的索引是0~4),便表示佇列空間已滿。

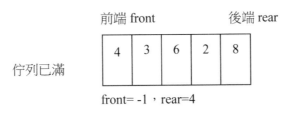

若佇列中,空間已無資料而無法再刪除資料時,則稱佇列已空。其表示方式是當front=rear時,即表示佇列已空。也就是當前端位置與後端位置都相等時,即表示佇列中並無資料。

6-2-5 使用陣列實作佇列的問題

在上節有提到,當rear=陣列最大值時,即表示佇列已滿,並且,當front=rear時,表示佇列已空。但是,如果rear與front的結果為front=rear=陣列最大值時,表示佇列不但已滿且佇列已空,如圖所示,front=rear=4,不但佇列已滿且已空,也就是表示佇列將無法加入資料,也無法刪除資料,這時佇列便無法使用,從該圖可知道,事實上,其實佇列還有空間可以加入而非佇列已滿。

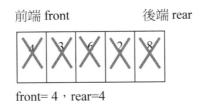

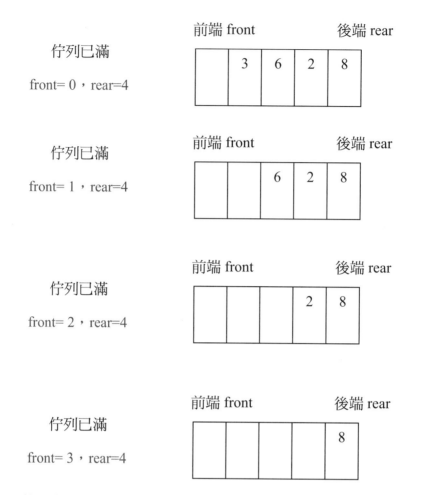

除了上面的現象之外，只要rear=陣列最大值，且front≥0，就會造成系統顯示已滿，實際上還是可以新增資料的特殊現象。要解決這個問題，除了可以改用下一節所要談的鏈結串列來處理之外，還可以使用環狀佇列(Circular Queues)來解決，所謂環狀佇列，就是將後端與前端視為連結在一起而形成的一種佇列。運用環狀佇列，就不會造成系統顯示佇列已滿，實際上系統還有空間可以加入的窘境。環狀佇列的資料結構，我們將於後面小節再來說明。

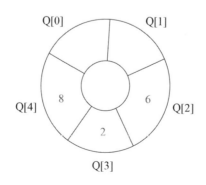

6-3 ·佇列以鏈結串列實作

前面提到佇列使用陣列實作時，可能會有空間大小限制的問題，也就是使用陣列時，必須先行宣告陣列大小，造成加入資料到佇列時，會有數量之限制，因此我們必須先行判斷佇列是否已滿。要解決這個問題，我們可以改用鏈結串列來處理。在本節，我們就來討論如何使用鏈結串列來實作佇列。

6-3-1　佇列的建立

使用鏈結串列來實作，它的資料結構與一般鏈結串列一樣，每個節點需要一個資料欄與一個鏈結欄，另外，為了提升實作效率，在使用鏈結串列實作佇列時，我們亦要記錄佇列前端和後端的鏈結串列的位置，也就是我們必須再宣告前端與後端為鏈結串列型態。因此其資料結構與宣告如下：

```
/*宣告 Queue_node  是佇列的節點*/
typedef struct node{
   int data; /*節點的資料欄位*/
   struct node *link; /*節點的鏈結欄位*/
}Queue_node;

Queue_node * Queue_pointer /*宣告 Queue_pointer 是指向節點的指標*/
Queue_node *front, *rear
```

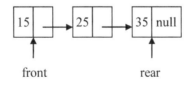

6-3-2　佇列的新增(Enqueue)

使用鏈結串列實作佇列時，直接從佇列的後端加入。其作法就是新增一個節點，然後將鏈結欄更新一下即可，如圖所示。

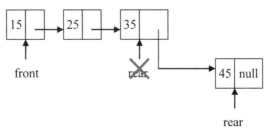

堆疊的加入，其演算法如下：

演算法名稱：enqueue (QE：pointer, front, rear, dt)
輸入：QE, front, rear, dt
輸出：無。
Begin
    var pt : pointer
    pt←dynamic memory allocation
    If pt=null then
        PRINT("記憶體配置失敗")   // PRINT 螢幕顯示
    else
        pt->data ← dt   //將資料指定給新節點
        pt->link ← null   //將新節點的鏈結欄設為 null
        If rear = null then
            front ← pt
        else
            rear->link ← pt
        end If
        rear ← pt
    end If
end

 隨｜堂｜練｜習

    請使用C語言（Java或你熟悉的語言），並運用鏈結串列實作，在佇列中新增一筆資料6。

6-3-3　佇列的刪除(Dequeue)

    使用鏈結串列實作佇列時，因為我們已使用front記錄其前端，所以可以將front的鏈結欄指向下一個節點，然後再釋放要刪除資料的記憶體空間。如圖所示，將front之鏈結欄指向下一筆資料25，再將原本資料15之記憶體空間釋放掉。

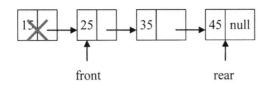

front   rear

佇列的刪除，其演算法如下：

演算法名稱：dequeue(front)
輸入：front
輸出：無。
Begin
   var Q：pointer
   If front = null then
      PRINT("佇列已空")　　// PRINT 螢幕顯示
   else
      Q ← front
      front ← front->link
      free(Q)　　//釋放記憶體
   end If
end

隨|堂|練|習

　　請使用C語言（Java或你熟悉的語言），並運用鏈結串列實作，在佇列{5,8,7,3}中刪除一筆資料。

6-4　其他佇列

　　在佇列議題當中，除了一般佇列之外，還有許多由基本佇列所衍生變形的佇列，如環狀佇列(Circular Queues)、雙向佇列(Deque)、優先佇列(Priority Queues)以及多重佇列(Multiple Queues)等，我們將分述如下。

6-4-1　環狀佇列

使用陣列實作佇列時，會發現一個問題，就是刪除佇列前端資料後，並未將刪除掉資料的空間再存入其他資料，只是將front加1，如此會造成以下問題：

1. 若front=rear=N-1，此時不但無法輸入資料，也無法刪除資料。

2. 即使系統顯示佇列已滿，有可能前端都無資料（因為被刪除後不可再放入其他資料），也就是實際上佇列並未填滿。

關於這種因佇列資料空間狀態未明，而無法充分有效利用記憶體空間的限制，我們可以採用環狀佇列來解決上述問題。

所謂環狀佇列(Circular Queues)，是一種循環式的佇列，它是將後端與前端視為連結在一起而形成的一種佇列，得以解決陣列在實作一般佇列時，被刪除掉的空間無法再被使用的限制。如圖所示。

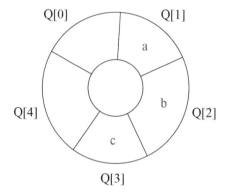

實作環狀佇列時，有幾個問題必須先釐清：

（一）如何計算

因為它是rear後端（陣列索引為N-1）與front前端（陣列索引為0）相接，所以有一個很重要的概念就是如何將陣列從0數到N-1後再回到0。處理此問題的方法，一般是將程式的變數除以最大空間值後，再求其餘數，便可將0到N-1後再回到0。例如：

X	0	1	2	3	4	5
N（最大空間）	5	5	5	5	5	5
X%N	0	1	2	3	4	0

由上表可知，X在0到4（有5個空間）時，經過除以5之後，還是保持原本的0~4的值，當X值超過5時，經過求餘數的運算後會變成0，然後再從0開始計算，所以我們可以寫成：

X=X%N;（其中%符號表示求餘數）

（二）預設值 front =rear=0

環狀佇列與一般佇列在設定front與rear之初始值不太一樣，環狀佇列設定初始值為front =rear=0，但一般佇列之初始值設定為front =rear=-1。

（三）如何判斷佇列已滿或已空

當front =rear時，表示佇列已空，其判斷方式和一般佇列相同，但是在判斷佇列是否已滿的部分，與一般佇列有些不同，第一是環形佇列必須先對rear加1，第二是加完1後必須再除以陣列空間大小N後求餘數，再與front比較是否相等；若相等，則表示佇列已滿，也就是 ((rear+1)%N) = front。

從這樣的概念，環狀佇列要判斷佇列已滿或已空時，必須保留一個空間不使用；若rear與front都等於此陣列空間時，即表示佇列已滿或已空。例如當front=3時，若rear+1後也等於3，也就是rear+1=front=3，就表示佇列已滿，如圖所示。

當rear=4，front=0，佇列已滿。

因為當(rear+1)%N=front時，表示佇列已滿。

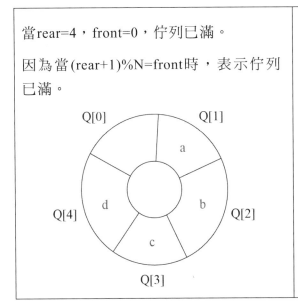

當rear=3，front=3，佇列已空。

因為當rear=front時，表示佇列已空。

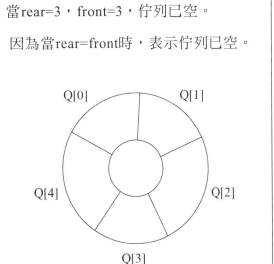

環形佇列實作的演算法包括加入、刪除等操作。

（一）加入

1. 判斷佇列資料是否已滿，若已滿，則顯示佇列已滿，否則進入下一步驟。

2. 將rear加1後與N相除求餘數(rear=(rear+1)%N)，再將新增資料放入佇列中。

```
演算法名稱：enqueue (CQ：pointer, N, value)
輸入：CQ, front, rear, N, value
輸出：無。
Begin
    var Q：pointer
    If (CQ ->rear +1) mod N = CQ->front then
        PRINT("佇列已滿")    // PRINT 螢幕顯示
    else
        CQ-> rear ← (CQ ->rear +1) mod N
        CQ->data[CQ-> rear] ← value
    end If
end
```

（二）刪除

1. 判斷佇列資料是否已空，若已空，則顯示佇列已空，否則進入下一步驟。

2. 將front加1後與N相除求餘數(front=(front+1)%N)。

```
演算法名稱：dequeue(CQ：pointer, front, rear, N)
輸入：CQ, front, rear, N
輸出：無。
Begin
    var Q：pointer
    If CQ->front = CQ-> rear then
        PRINT("佇列已空")    // PRINT 螢幕顯示
    else
        CQ->front ← (CQ-> front+1) mod N
    end If
end
```

隨|堂|練|習

請使用C語言（Java或你熟悉的語言），並運用陣列實作環狀佇列(N=5)，在佇列中執行下列動作。

enqueue(1)，dequeue，enqueue(3)，dequeue，enqueue(5)，enqueue(7)，enqueue(9), enqueue(11)

6-4-2　雙向佇列

所謂雙向佇列(Double-ended queue; Deque)，就是指佇列的前端和後端都可以執行加入、刪除的資料處理，不受限於一般佇列之限制，僅能由後端加入，前端刪除。我們將前後兩端分別稱為左端與右端，左端的佇列叫做左佇列，右端的佇列稱為右佇列，左佇列各有一個lfront與lrear，右佇列亦有rfront與rrear。

範|例|練|習

假設有一個雙向佇列，要加入資料包括5、1、9、7、3後並作輸出，請問順序31975是否會發生。

答

1. 首先 5 加入。

5

2. 此時 1 再加入，可從左佇列或右佇列加入。

從左佇列加入	從右佇列加入
15	51

3. 再將 9 加入，可從左佇列或右佇列加入。因為要先輸出 3，所以所有數字都還不可以輸出。

從左佇列加入	從右佇列加入	從右佇列加入	從右佇列加入
915	159	951	519

4. 再將 7 加入，可從左佇列或右佇列加入。因為要先輸出 3，所以所有數字都還不可以輸出。

從左加	從右加	從左加	從右加	從左加	從右加	從左加	從右加
7915	9157	7159	1597	7951	9517	7519	5197

5. 最後再加入 3，再先輸出 3。我們的目標是 31975，也就是 3 之後要輸出 1，從上表可知，只有下列兩種可能。

1597	7951

6. 再來要輸出 9（我們的目標是 31975），已經不可能因為都被 5 或 7 擋住了，所以本題順序 31975 不會發生，即不存在此順序。

隨|堂|練|習

假設有一個雙向佇列，要加入資料1、2、3、4、5後並作輸出，請問順序54321是否會發生。

🦷 6-4-3 優先佇列

優先佇列(Priority Queues)的特徵在於該佇列中的每個元素都有各自的優先等級，優先等級最高的元素可以最先得到服務，優先等級相同的元素則依其在優先佇列中的順序而取得服務。換句話說，就是佇列內之加入與刪除都依據每一個元素的優先權(Priority)來考慮優先加入、優先刪除。因此，在優先佇列當中，每一個元素都會賦予一個優先權的數字，然後加入或刪除都必須比較優先權的優先順序來處理。

在日常生活中，最常見的優先佇列就是公車上的博愛座(Priority Seat)。當有很多人在公車上沒位子坐時，一旦有人從博愛座站起來，不是靠博愛座最近的人就可優先被服務（優先入座），而是要看站位的人誰屬於老弱婦孺，必須依據老弱婦孺的優先順序(Priority Order)來服務，這就是典型的優先佇列。如下圖，A、B、C、D、

E為優先順序，因此，若要被服務（刪除），數字為7者應該會先被服務，再來是數字2，以此類推。

前端 front　　　　　後端 rear

2 B	4 C	7 A	1 D	9 E

front = -1，rear = -1

另一個例子就是搭飛機的艙位有等級之分，例如可分為頭等艙(First Class)、商務艙(Business Class)、經濟艙(Economy Class)等。當提供餐點等服務時，頭等艙在最前面將優先服務，其次為商務艙，最後為經濟艙。也就是說，另一種優先佇列的作法就是將佇列分為優先等級不同之區域、類別，再依優先等級順序，提供內容、服務。

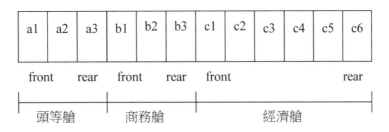

從上面的例子可知，優先佇列之刪除與加入有很多種方式，第一種方式，我們在加入時，依據一般佇列方式做加入；在刪除（服務）時，可先搜尋優先權高的先行刪除（服務）。第二種方式，是在加入時即先依優先權做排列，優先權最高者插入到最前面，優先權最低的放在佇列最後面，刪除時，即可依據最前面者優先刪除（服務）。第三種方式可以將佇列區分優先等級，優先順序最高者，放在最前面區塊，加入時，便可以依據不同等級做存放。刪除時，便可依據佇列順序，在最前方者優先處理。

6-4-4　多重佇列

多重佇列(Multiple Queues)的概念就是將一個佇列區分成數個佇列來使用，每一個被區分出來的佇列與一般佇列的機制類似，都有front和rear；然而，多重佇列中的每一個被區分出來的佇列會額外加上一個end，用來標記每一個佇列最末端空間之旗標。例如：每個佇列之空間，在最開始時都會做平均分配，而在加入資料後，若因某個佇列資料加入太多造成該佇列空間之不足，此時可將每一個區域的空間再進行重新分配，以因應某區域的空間不足問題。

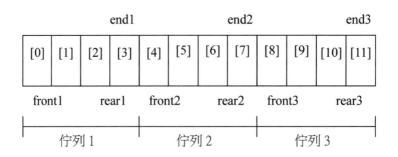

如上圖，假設每個佇列都有4個位置，則我們初始值設定front1=-1，rear1=-1，end1=3，front2=3，rear2=3，end2=7，front3=7，rear3=7，end3=11。資料加入任一佇列時，與一般佇列相同，讓rear+1，刪除資料時，讓front +1，當rear=end時，表示資料已滿，當front = rear時，表示資料已空。其演算法類似一般佇列，請讀者參考練習之。

 範|例|練|習

假設有一個多重佇列，共有12個位置，平均分割成3個佇列，我們先將資料4、2、8加入至佇列2，再將佇列2刪除兩次，再將資料5、1、9、7、3加入至佇列1，最後對佇列3作刪除動作，請說明其執行過程及結果。

 答

初始狀態： front1=-1，rear1=-1，end1=3，front2=3，rear2=3，end2=7，
front3=7，rear3=7，end3=11。

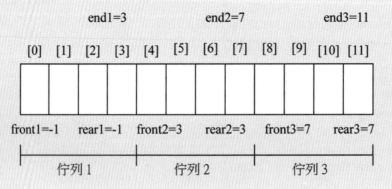

狀態一： 資料4、2、8加入至佇列2，則rear2=3+3=6。

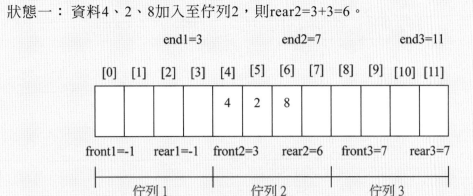

狀態二： 將佇列2刪除兩次，則front2=3+2=5。

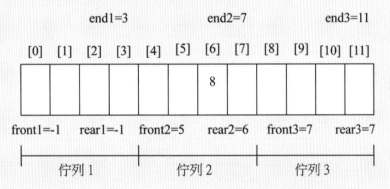

狀態三之一：將資料5、1、9、7、3加入至佇列1，則加入資料5、1、9、7時，rear1=-1+4=3。

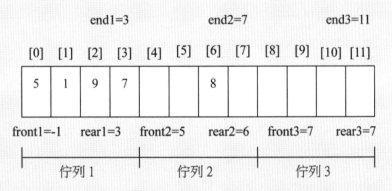

狀態三之二：若再加入3時，因為rear1=end1=3，佇列1已滿，此時多重佇列會做適當調整空間，將佇列2沒用到的空間給佇列1使用，也就是會將end1調整成end1=5，此時rear1≠end1，便可將3加入至佇列1，此時，rear1=3+1=4。

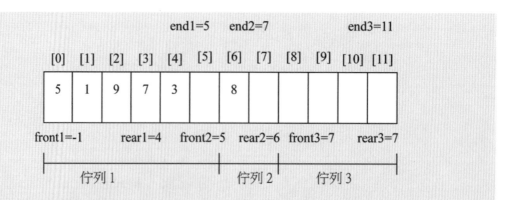

狀態四： 刪除佇列3的資料，因為front1=rear1=7，則會顯示佇列3已空，且不會執行
刪除動作。

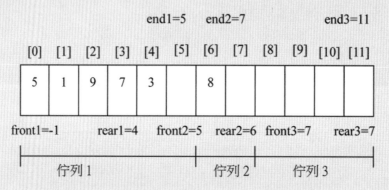

程式實作演練

程式實作演練雙數題
請參照 QR Code

Java 範例包含兩部分,單數題範例以實體文本方式呈現,強化基礎程式實作能力;雙數題範例存放於雲端,供進階延伸學習參考。(全書適用)

Q 範例 1

程式Queue_6_1.java採用class Queue運用陣列設計佇列結構,其所設計之佇列結構包含front、rear 等索引,分別表示前端、以及後端位址索引,其front = rear = 0表示前端以及後端位址索引的初始值為0;而capacity表示為Queue的容量大小。class Queue的設計包含類別方法:queueEnqueue()、queueDequeue()、queueDisplay()、以及queueFront()等。

類別方法queueEnqueue(),可檢查佇列是否已滿,若尚有空間則由佇列後端加入整數資料元素。類別方法queueDequeue(),判斷佇列是否已空,若尚有資料元素則可由佇列前端刪除資料元素。

類別方法 queueDisplay()可印出佇列資料元素,首先判斷佇列是否已空,若佇列已空則印出"Queue is Empty",若尚有資料元素則由前端(Front)往後端(Rear)逐一尋訪(Traverse)佇列資料元素並印出該些資料元素。

類別方法queueFront()的功能在於印出佇列的前端資料元素(Front of Queue),首先判斷佇列是否已空,若佇列已空則印出"Queue is Empty",若尚有資料元素則印出前端(Front)第一筆佇列資料元素。

程式中的主方法main()則運用class Queue創建一個Queue類型的物件q,並賦予容量為4,再依序使用上述各種方法。

Queue_6_1.java

```java
//採用陣列設計佇列
class Queue {
    private static int front, rear, capacity;
    private static int queue[];
    Queue(int c) {
        front = rear = 0;
        capacity = c;
```

```java
        queue = new int[capacity];
    }
    // 由佇列後端加入資料元素
    static void queueEnqueue(int data) {
        // 檢查佇列是否已滿
        if (capacity == rear) {
            System.out.printf("\nQueue is full\n");
            return;
        }
        // 由資料後端，加入資料元素
        else {
            queue[rear] = data;
            rear++;
        }
        return;
    }
    //由佇列前端刪除資料元素
    static void queueDequeue() {
        // 判斷佇列是否以空
        if (front == rear) {
            System.out.printf("\nQueue is empty\n");
            return;
        }
```

// 將原先佇列第二筆的資料元素一直到最後一筆的資料元素都往前移動一單元，即第二筆的資料元素移到第一筆資料元素的位置，表示已經刪除第一筆資料元素

```java
        // to the right by one
        else {
            for (int i = 0; i < rear - 1; i++) {
                queue[i] = queue[i + 1];
            }
            // 將佇列的最後一筆資料填入 0，以表示已無資料元素
```

```java
            if (rear < capacity)
                queue[rear] = 0;
            // 將 rear 減一
            rear--;
        }
        return;
    }
    // 印出佇列資料元素
    static void queueDisplay()
    {
        int i;
        if (front == rear) {
            System.out.printf("\nQueue is Empty\n");
            return;
        }
        // 由前端(front)往後端(rear)逐一尋訪(traverse)佇列資料元素並印出
        for (i = front; i < rear; i++) {
            System.out.printf(" %d <-- ", queue[i]);
        }
        return;
    }
    // 印出佇列的前端資料元素(front of queue)
    static void queueFront()
    {
        if (front == rear) {
            System.out.printf("\nQueue is Empty\n");
            return;
        }
        System.out.printf("\nFront Element is: %d", queue[front]);
        return;
    }
}
```

```
public class Queue_6_1 {
    // 主程式方法
    public static void main(String[] args)
    {
        // 創造一容量為 4 的佇列 q
        Queue q = new Queue(4);
        // 印出佇列資料元素
        q.queueDisplay();
        // 加入資料元素到佇列中
        q.queueEnqueue(20);
        q.queueEnqueue(30);
        q.queueEnqueue(40);
        q.queueEnqueue(50);
        // 印出佇列資料元素
        q.queueDisplay();
        // 加入資料元素到佇列中
        q.queueEnqueue(60);
        // 印出佇列資料元素
        q.queueDisplay();
        q.queueDequeue();
        q.queueDequeue();
        System.out.printf("\n\nAfter two node deletion\n\n");
        // 印出佇列資料元素
        q.queueDisplay();
        // 印出前端的佇列資料元素
        q.queueFront();
    }
}
```

程式的執行結果，如下：

```
Queue is Empty
  20 <--   30 <--   40 <--   50 <--
```

Queue is full

 20 <--   30 <--   40 <--   50 <--

After two node deletion

 40 <--   50 <--

Front Element is: 40

Q 範例 3

程式 Queue_6_3.java 透過 import 使用 java 內建 Collections 中的 Deque，以及 LinkedList，即 java.util.Deque，以及 java.util.LinkedList 設計雙向佇列(Double-Ended Queue, Deque)結構。雙向佇列(Deque)指佇列的前端和後端都可以執行加入、刪除的資料處理，不受限於一般佇列之限制，僅能由後端加入，前端刪除。

程式中的主方法 main() 首先使用 LinkedList 建立一個 Deque 物件命名為 deque，可以儲存整數資料元素，隨即透過 for 迴圈以方法 deque.offerFirst(i) 向雙向佇列前端插入資料元素，共十筆整數資料元素1~10。

首先，使用 deque.pollFirst() 方法，彈出雙向佇列首元素(Dequeue Left)；使用 deque.pollLast() 方法，彈出雙向佇列尾元素(Dequeue Right)。然後，使用 deque.peekFirst() 方法，查看此時雙向佇列首元素(Check Left)；

使用 deque.peekLast() 方法，查看此時雙向佇列隊尾元素(Check Right)。再來，使用 deque.pollFirst() 方法，彈出雙向佇列首元素(Dequeue Left)；使用 deque.pollLast() 方法，彈出雙向佇列 尾元素(Dequeue Right)；使用 deque.isEmpty() 方法，判斷雙向佇列是否為空(Check Empty)；再使用 deque.offerFirst(11) 方法，向雙向佇列首元素(Dequeue Left)加入11，以及 deque.offerLast(99) 方法，向雙向佇列首元素(Dequeue Left)加入99。最後，分別使用 deque.peekFirst()，以及 deque.peekLast() 查看此時雙向佇列首元素(Check Left)以及尾元素(Check Right)。

將 Java-Deque 方法的使用，說明如下：

pollFirst()：刪除在頭部元素；如果為是空的串列則返回 Null 值。

pollLast()：刪除在尾部元素；如果為是空的串列則返回 Null 值。

peekFirst()：搜索及返回在頭部元素；如果為是空的串列則返回 Null 值。

peekLast()：搜索及返回在尾部元素；如果為是空的串列則返回Null值。

isEmpty()：檢查、驗證雙端隊列，並返回boolean值來表示是否為空。

offerFirst(i)：在頭部加入元素，並返回boolean值來表示是否成功加入元素。

offerLast(i)：在尾部加入元素，並返回boolean值來表示是否成功加入元素。

Queue_6_3.java

```java
import java.util.Deque;
import java.util.LinkedList;
public class Queue_6_3 {
    public static void main(String[] args) {
        Deque<Integer> deque = new LinkedList<Integer>();
        int i;
        System.out.printf("Left-->|");
        for (i = 1; i <= 10; i++) {
            deque.offerFirst(i);
            System.out.printf("%2d|", 11 - i); // 向雙向佇列首插入
        }
        System.out.printf("<--Right%n");
        System.out.printf("彈出雙向佇列  首元素(dequeue  Left):        %10d%n",
deque.pollFirst());
        System.out.printf("彈出雙向佇列  尾元素(dequeue  Right):        %10d%n",
deque.pollLast());
        System.out.printf("查看此時雙向佇列首元素(Check  Left):        %10d%n",
deque.peekFirst());
        System.out.printf("查看此時雙向佇列隊尾元素(Check  Right): %10d%n",
deque.peekLast());
        System.out.printf("彈出雙向佇列  首元素(dequeue  Left):        %10d%n",
deque.pollFirst());
        System.out.printf("彈出雙向佇列  尾元素(dequeue  Right):        %10d%n",
deque.pollLast());
        System.out.printf("判斷雙向佇列是否為空(check  empty): %10b%n",
deque.isEmpty());
```

```
        System.out.printf(" 向 雙 向 佇 列 首 元 素 (dequeue  Left) 加 入 :11%n",
deque.offerFirst(11));
        System.out.printf(" 向 雙 向 佇 列 首 元 素 (dequeue  Left) 加 入 :99%n",
deque.offerLast(99));
        System.out.printf("查 看 此 時 雙 向 佇 列 首 元 素 (Check  Left):   %10d%n",
deque.peekFirst());
        System.out.printf("查 看 此 時 雙 向 佇 列 尾 元 素 (Check  Right): %10d%n",
deque.peekLast());
    }
}
```

程式的執行結果，如下：

```
Left-->|10| 9| 8| 7| 6| 5| 4| 3| 2| 1|<--Right
彈出雙向佇列 首元素(dequeue Left):                10
彈出雙向佇列 尾元素(dequeue Right):                1
查看此時雙向佇列首元素(Check Left):              9
查看此時雙向佇列隊尾元素(Check Right):              2
彈出雙向佇列 首元素(dequeue Left):                9
彈出雙向佇列 尾元素(dequeue Right):                2
判斷雙向佇列是否為空(check empty):        false
向雙向佇列首元素(dequeue Left)加入:11
向雙向佇列首元素(dequeue Left)加入:99
查看此時雙向佇列首元素(Check Left):             11
查看此時雙向佇列尾元素(Check Right):            99
```

1. 請回答下列問題：

    (1) 說明什麼是雙向佇列(Deque)？

    (2) 將1,2,3三個數字依此一次序經由deque做排列，問有多少種不同的排列方法？

    (3) 將1,2,3,4,5五個數字依此一次序經由deque做排列，問能否得到5,1,3,4,2的排列結果？說明你的做法或理由。

    (4) 下列哪一種資料結構最適合於用來製作deque？說明你的理由。
    陣列(Array)、單鍵鏈結串列(Singly Linked List)、雙鍵鏈結串列(Doubly Linked List)、二元樹(Binary Tree)

2. 請寫一小段程式，以一個大小為n之「陣列」(Array)製作一個最大容量為n之「佇列」(Queue)。當佇列所存放之元素個數等於0或n時，你的程式應判斷是否終止執行。

3. 佇列(Queue)有很多方式可以實作，例如：

    • 用一個陣列搭配兩個註標變數彼此循環追趕，形成一個環狀佇列(Circular Queue)

    • 一個鏈結串列(Linked List)搭配首尾兩個指標。

    (1) 請從實際撰寫程式的角度著眼，簡要比較此二方法的優缺點。

    (2) 若已用陣列方式實作佇列，今欲增加功能改寫成雙頭佇列(Double-ended Queue; Deque)，也就是兩頭皆可新增／刪除元素的資料結構，請問是否需要增加變數或結構的欄位？請簡要解釋，不必真的寫出演算法。

    (3) 若已用鏈結串列方式實作佇列，同欲增加功能改寫成雙頭陣列，請問是否需要增加變數或結構的欄位？請簡要解釋，不必真的寫出演算法。

4. 請舉例解釋什麼是「環狀佇列」(Circular Queues)。

5. 試說明將1, 2, 3, 4四個數字依此一次序分別經由堆疊(Stack)、佇列(Queue)、與雙向佇列(Deque) 做排列，問各有多少種不同的排列方法？請也分別寫出這些排列的結果。

6. 試解釋資料結構的相關名詞：

    (1) 雙向佇列(Deques)。

    (2) 河內塔問題(Tower of Hanoi)。

7. 解釋名詞：佇列(Queue)。

CHAPTER

07

樹狀結構

DATA STRUCTURE

THEORY AND PRACTICE

樹狀結構是一種階層式(Hierarchy)的非線性結構(Nonlinear Structure)，通常以圖象(Graph)方式來表示樹狀結構的發展與變化。樹狀結構的概念並不難，但是它的相關議題、理論及應用頗為多元；因此，在計算機科學領域中，經常以樹狀資料結構作為探討主題。讀者若能熟悉樹狀結構的內容，對於資料結構的重要議題，就已經掌握一大半了，讓我們一起來認識樹狀結構吧！

7-1 → 樹的概念

真實世界中的一棵樹，包括有：樹根、枝幹與樹葉等。若將資料結構中的樹狀結構，類比為真實世界中的一棵樹，則只需把樹的形態倒過來觀察比對即可。樹狀結構的概念經常會運用於日常生活中的事物，例如，一個家族的族譜紀錄，通常採用樹狀結構呈現；運動場上的賽程表也可看到樹狀結構的蹤影。除此之外，在電腦世界裡，我們常用的檔案管理軟體也是採用樹狀結構的形式來管理大量的檔案。該如何定義樹狀結構呢？樹狀結構又具備什麼特徵呢？讓我們一起來認識它吧！

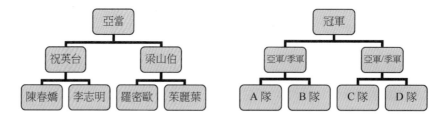

7-1-1　樹的定義與其功用

樹(Tree)是由一或多個節點(Node)所形成的有限集合(Set)，其特性如下：

1. 有一個特殊節點，稱為樹根(Root)。

2. 其餘節點可以分為$n \geq 0$個互斥集合T_1、T_2、...、T_n，而且每個集合也都成為一棵樹，這些樹，我們可稱為該樹根的子樹(Subtree)。

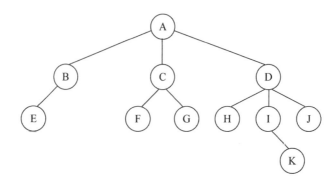

　　樹狀結構的主要功用是用來存放具有分支(Branch)關係的資料。綜合上述，樹的定義可知，樹狀結構有如下概念：

1. 樹不可以為空樹，至少須有一個樹根。

2. 子樹間為互斥。

3. 樹的各節點互相連通。

4. 節點間的連結不可以形成迴圈(Loop)。

5. 節點間的邊不可是重邊。

6. 節點關係：節點之間的邊線(Edge)代表兩者之間的階層關係。

7. 節點：每個元素稱為節點(Node)。
   (1) 沒有任何子節點的節點稱為樹葉(Leaf)或葉子。
   (2) 有子節點的節點稱為內部節點(Internal Node)。
   (3) 有一個特殊節點（通常在最上層），稱為樹根(Root)或根節點；若於樹根下方，具有其他元素，則這些元素的組合，可稱為此樹根的子樹(Subtree)。

範|例|練|習

下列圖形何者是樹，何者不是，請說明之。

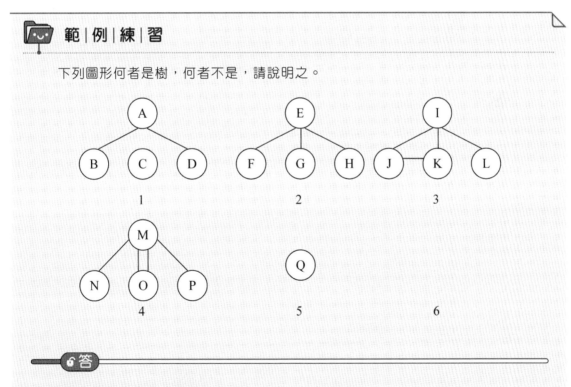

答

1. 非樹狀結構，因為不連通（或將其視為2棵子樹）。

2. 是樹狀結構。

3. 非樹狀結構，因為形成迴圈且子樹間沒有互斥。

4. 非樹狀結構，因為重邊。

5. 是樹狀結構。

6. 非樹狀結構，因為樹不可以是空樹。

隨 | 堂 | 練 | 習

下列圖形何者是樹，何者不是，請說明之。

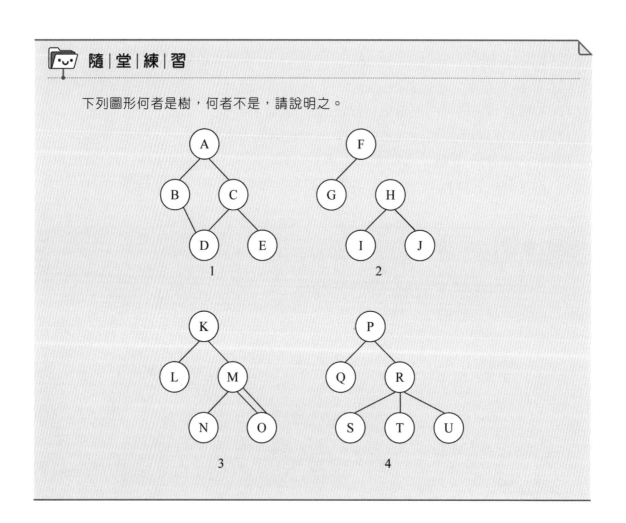

7-1-2 樹的名詞

除了樹狀結構的定義外，樹的各部名稱也是學習樹狀結構必須了解的部分，以下就一一來說明樹的一些名詞。

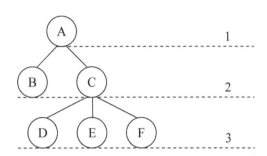

1. **節點(Node)**：一棵樹的點或圓圈就是其節點。一個節點包含資料與分支。

2. **邊(Edge)**：兩節點之間的連接線稱之。節點之間的邊線代表兩者之間的階層關係。其中，樹的節點個數V=邊數E＋1。

3. **樹根節點(Root)**：每棵樹的起始節點，也是最上層的節點即為樹根節點。

4. **子樹(Subtree)**：樹根下一層節點會分別形成n(n>=0)個互斥集合，這些互斥集合也都是一棵樹，稱為樹根節點的子樹。

5. **分支度(Degree)**：一個節點的分支度是指它的子樹個數。一棵樹的分支度為此樹中最大的節點分支度。

6. **階度(Level)**：階度用來表示節點的階層位置，也可以說每一世代就是一個階度。樹根之階度為1，其餘節點之階度為其父親節點的階度加1（也有學者將樹根視為階度為0，因此，在談階度時，必須先確認樹根是從0或1開始算起）。

7. **高度(Height)**：樹中節點的最大階度稱為高度，又稱深度(Depth)。

8. **父親節點(Parent Node)**：是指節點的上一階節點為其父親節點。

9. **兒子節點(Child Node)**：是指節點的下一階節點為其兒子節點。

10. **兄弟節點(Sibling Node)**：有相同父親節點的節點，稱為兄弟節點。

11. **祖先節點(Ancestor Node)**：一個節點上一階開始到樹根，所經過的所有節點，皆可稱為此節點的祖先節點。

12. **子孫節點(Descendant Node)**：一個節點下一階開始的所有子樹的節點，皆稱為此節點之後代節點，又稱子孫節點。

13. **樹葉節點(Leaf Node)**：分支度為0的節點稱為樹葉節點，又稱為終端節點(Terminal Node)。

14. **非樹葉節點**(Nonterminal Node)：除了樹葉節點以外的所有節點，稱為非樹葉節點，又稱非終端節點。

15. **樹林**(Forest)：N (N=>0)個互斥樹的集合。把樹的樹根去掉，剩下的就是樹林。

範|例|練|習

依據該樹，請回答下列問題：

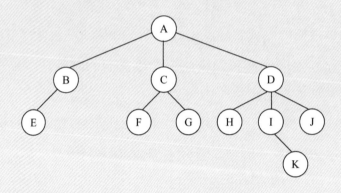

(1) 該樹有多少節點？

(2) 該樹有幾個邊？

(3) 該樹有幾個樹葉節點？是哪些？

(4) 該樹有幾個非樹葉節點？

(5) 該樹的高度如何？

(6) 該樹分支度如何？

(7) 節點I的父親節點、祖先節點、兒子節點各為何者？

(8) 節點D的分支度如何？階度呢？

(9) 節點D的兄弟節點為何？

答

(1) 11。

(2) 10。

(3) 6，包括E、F、G、H、K、J。

(4) 5。

(5) 4。

(6) 3。

(7) 父親節點：D。祖先節點：A及D。兒子節點：K。

(8) 分支度：3。階度：2。

(9) B、C。

 隨|堂|練|習

假設樹的節點個數為V，邊數為E，請證明V=E+1。

📂 7-1-3　樹的表示方式

若請你使用程式設計一個族譜圖，並說明族譜裡面每個人之間的關係，你會如何設計？一般來說，我們首先要考慮該如何來呈現其資料結構，也就是如何運用變數來存放族譜內的資料。這個族譜所呈現的家族成員之間的關係表示，其實就是所謂的樹狀結構。

要存放樹的資料，我們可以使用陣列、或鏈結串列來存放。若是運用鏈結串列來存放樹狀結構上的節點資料，則每一個節點需要使用多少個資料欄與鏈結欄來存放節點的資料呢？基本上，每一個節點若僅需呈現一個資料，則只要準備一個資料欄來存放資料即可；而鏈結欄的數量多寡，則取決於該樹的最大分支度，假設該樹的最大分支度為N，則每一個節點就須準備N個鏈結欄。

data	link1	link2	link3	...	linkN

如下圖所示，該樹的最大分支度為3，每個節點就必須準備3個鏈結欄來存放資料。

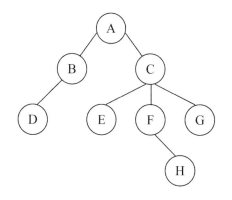

資料結構如下所示：

data	link1	link2	link3

在上圖中，我們可以計算樹的最大分支度為3，但是，該樹是否有可能繼續長大呢？也就是該樹是否可能再加入其他節點，使得分支度再增加到4或5，造成鏈結欄位發生不足的窘境呢？還是只能限制該樹的分支度最大不可超過3。當一棵樹的最

大分支度是不固定的，而且沒有設定上限時，這便表示我們無法有效的規範該樹的最大分支度，也就是無法決定該鏈結串列上的每一個節點需要準備多少個鏈結欄位來存放資料。這種無法掌握每一個節點分支度範圍的樹狀結構，若採用計算機來處理就會顯得相對困難。下一單元的二元樹就能克服這方面的問題。

7-2 二元樹

樹狀結構依據分支度來說，可以有很多種形式，其中，二元樹(Binary Tree)是樹狀結構裡的一種特殊形式，也是在計算機科學裡應用非常廣泛的一種樹狀結構。二元樹將分支度大小控制在兩個以內，與一般樹比較起來，大大的節省了記憶體的空間，因此，在談論樹狀結構時，二元樹幾乎是樹狀結構的代表，讓我們來看看以下的說明。

7-2-1 二元樹的定義

二元樹是每個節點最多有兩個子節點的樹，節點的左邊稱為左子樹(Left Subtree)，節點的右邊稱為右子樹(Right Subtree)，次序不能顛倒。因此，我們可以說二元樹是一種有序樹(Ordered Tree)，也是樹的一個特例（但二元樹允許是空樹）；相對之下，一般沒有排序關係的樹，即為無序樹。

7-2-2 二元樹的性質

二元樹是樹狀結構相當重要的典型代表，它具有一些相當重要的特性，建議讀者必須熟悉他，以下就來介紹二元樹較常遇到的性質：

1. 二元樹的第i階（指只有該階）的最多節點個數為2^{i-1}，$i \geq 1$。

2. 高度為h之二元樹的最多節點個數（指該樹所有節點）為 $2^h - 1$，$h \geq 1$。

3. 高度為h之二元樹的最少節點個數為h，$h \geq 1$。

4. 有一個非空的二元樹T，其分支度為0（樹葉節點）的節點個數為n_0，其分支度為2的節點個數為n_2，則$n_0 = n_2 + 1$。

5. 節點個數為n之完整二元樹的高度為 $\lfloor \log_2 n \rfloor + 1$。（註：$\lfloor \rfloor$為下取整函數(Floor Function)，是指「小於或等於$\log_2 n$的最大整數」）

範|例|練|習

1. 請問二元樹中，第6階的節點，最多有幾個？
2. 請問二元樹中，高度為5，最多會有多少節點？
3. 請問二元樹中，高度為7，最多會有多少個樹葉節點？
4. 請問二元樹中，高度為6，最多會有多少個非樹葉節點？
5. 請問二元樹中，有20個節點的完整二元樹其高度應為多少？

答

1. 第 i 階的最多節點個數為 $2^{i-1}=2^{6-1}=2^5=32$。

2. 高度為 h 最多節點個數為 $2^h-1=2^5-1=32-1=31$。

3. 假設二元樹第 7 階都是樹葉，則最多有 $2^{i-1}=2^{7-1}=2^6=64$。

4. 假設二元樹第 6 階都是樹葉，則其他為非樹葉，也就是 1~5 階都是非樹葉，即 $2^h-1=2^5-1=32-1=31$。

5. 節點個數為 n 之完整二元樹的高度為 $\lfloor\log_2 n\rfloor+1$
   $=\lfloor\log_2 20\rfloor+1=\lfloor\log_2 2*2*5\rfloor+1=\lfloor\log_2 2\rfloor+\lfloor\log_2 2\rfloor+\lfloor\log_2 5\rfloor+1=1+1+2+1=5$

隨|堂|練|習

1. 請證明二元樹的第i階（指只有該階）的最多節點個數為 2^{i-1}，$i\geq1$。
2. 請證明高度為h之二元樹的最多節點個數（指該樹所有節點）為 2^h-1，$h\geq1$。
3. 請證明高度為h之二元樹的最少節點個數為h，$h\geq1$。
4. 有一個非空的二元樹T，其分支度為0（樹葉節點）的節點個數為n_0，其分支度為2的節點個數為n_2，請證明 $n_0=n_2+1$。
5. 請證明節點個數為n之完整二元樹的高度為 $\lfloor\log_2 n\rfloor+1$。

7-2-3 二元樹名詞解釋

1. 完滿二元樹(Full Binary Tree)：或稱完全二元樹，是指高度為h時他有 2^h-1個節點(h≥1)的二元樹。也就是每一階的節點都存滿的二元樹稱之。如圖a。

2. 完整二元樹(Complete Binary Tree)：一個有 n 個節點且高度為h的二元樹，他與高度為h的完滿二元樹在編號從1~n的節點一致時，就稱為完整二元樹。如圖b。

3. 傾斜二元樹(Skewed Tree)：又稱斜曲樹或歪斜樹，是指二元樹當中都沒有右子樹或都沒有左子樹，造成其節點皆向左斜曲或向右斜曲，稱之左斜曲樹或右斜曲樹。如圖c及d。

4. 嚴格二元樹(Strictly Binary Tree)：若二元樹的每個非終端節點均有非空的左右子樹。亦即內部節點都有2個子節點。如圖e。

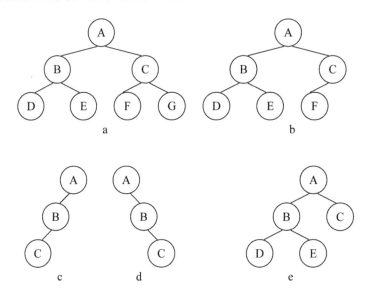

7-3 二元樹的表示方式

若有一個類似樹狀結構的問題，需要我們使用計算機來計算，我們要如何將樹狀結構上的資料存放在變數當中，以利計算機程式來計算呢？要將樹狀結構上的資料放入變數中，一般有兩種方式，一種是使用陣列來存放，另一種是使用鏈結串列來存放。若採用鏈結串列來存放，則每個節點必須包括鍵值，以及指向左、右子節點的指標（也就是鏈節欄位），這是二元樹常採用的方法。以下就來說明這兩種方式的用法。

7-3-1 使用陣列表示

以陣列存放二元樹時，我們通常會準備一個一維陣列，然後依照類似完滿二元樹的位置，從二元樹的第一階高度由上而下，由左至右，將節點的資料存放到一維陣列中。若該樹對應完滿二元樹時有缺少的節點，在陣列上便空下來不填寫。因此使用陣列存放二元樹時，當二元樹的節點對應到完滿二元樹較不缺項時，較不會浪費記憶體，反之，若二元樹的節點較稀疏，使用陣列存放時將會浪費不少記憶體空間。

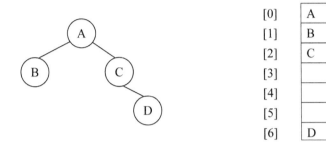

（一）以陣列存放二元樹步驟

假設陣列索引0的位置不使用，陣列索引1的位置為樹根，則計算某節點i的左子節點（即位於陣列索引i位置之節點的左子節點），可由2 * i推算出其位於該陣列的位置，而右子節點（即位於陣列索引i位置之節點的右子節點）可由2 * i + 1推算出其位於該陣列的位置。

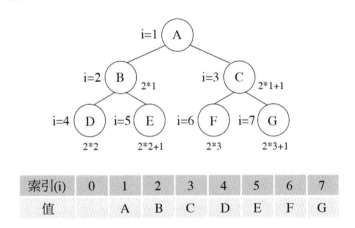

1. 想像成一個「完滿二元樹」也就是將缺少的節點補上，並加上節點編號。

2. 準備一個一維陣列A[0...2^n–1]的空間，也就是準備一個A[2^n]陣列空間。

3. 依照節點編號，依順序存到一維陣列中。有缺項的節點在陣列上則空下來不存放。

（二）以陣列存放二元樹優點

1. 容易實作。

2. 容易取得節點位置：用數學公式即可得知某節點的子節點、兄弟節點或父節點在陣列中的索引值（如上圖說明）。
   (1) 節點i的父節點位在A[i/2]，i≠1。
   (2) 若2i≦n，則表示節點i有左兒子節點在A[2i]。
   (3) 若2i+1≦n，則表示節點i有右兒子節點於A[2i+1]。

3. 對於完滿二元樹之儲存完全沒有空間的浪費。

（三）以陣列存放二元樹缺點

1. 節點之插入與刪除較困難：增加或刪除時可能需要搬移多個節點。

2. 浪費記憶體：對於二元樹呈現稀疏、左右不平衡之斜曲二元樹的儲存極度浪費空間。

範│例│練│習

如圖，請以陣列存放二元樹資料。

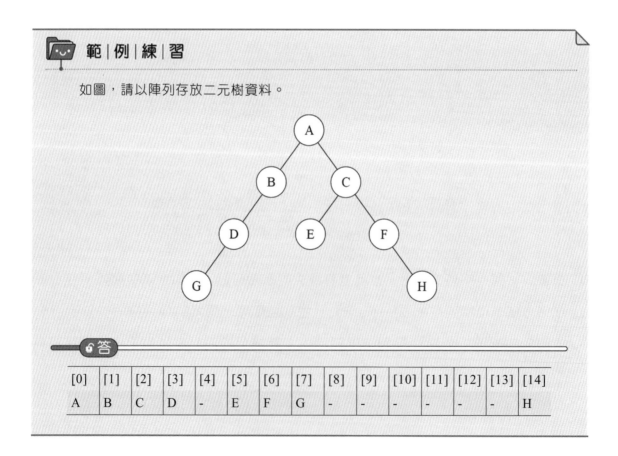

🔓答

[0]	[1]	[2]	[3]	[4]	[5]	[6]	[7]	[8]	[9]	[10]	[11]	[12]	[13]	[14]
A	B	C	D	-	E	F	G	-	-	-	-	-	-	H

隨|堂|練|習

1. 如圖,請以陣列存放二元樹資料。

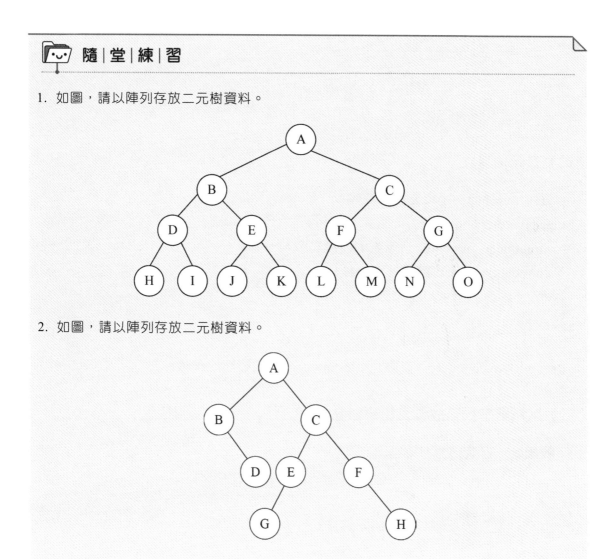

2. 如圖,請以陣列存放二元樹資料。

7-3-2 使用鏈結串列表示

為了解決陣列存放二元樹浪費記憶體空間的缺點,我們可以考慮使用鏈結串列來存放二元樹資料,使用鏈結串列須宣告的結構如下:

(一)資料結構

data:用來儲存節點的資料。

leftchild :用來存放節點的左鏈結。(指向左子樹)

rightchild :用來存放節點的右鏈結。(指向右子樹)

leftchild	data	rightchild

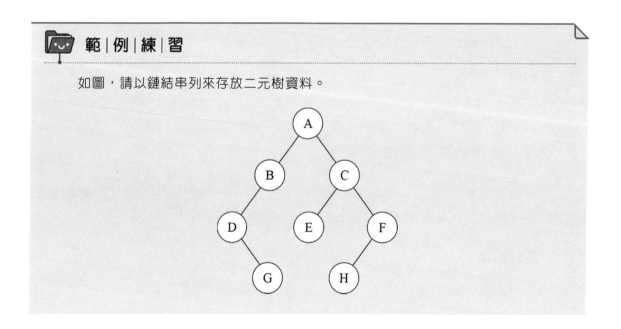

（二）二元樹建立

```
/*宣告 tree_node  是二元樹的節點*/
typedef struct node{
    struct node *leftchild; /*節點的左鏈結欄位*/
    char data;              /*節點的資料欄位*/
    struct node *rightchild; /*節點的右鏈結欄位*/
}treenode;

treenode *treepointer; /*宣告 tree_pointer 是指向節點的指標*/
```

（三）以鏈結串列存放二元樹優缺點

較複雜，但較節省記憶體。

範|例|練|習

如圖，請以鏈結串列來存放二元樹資料。

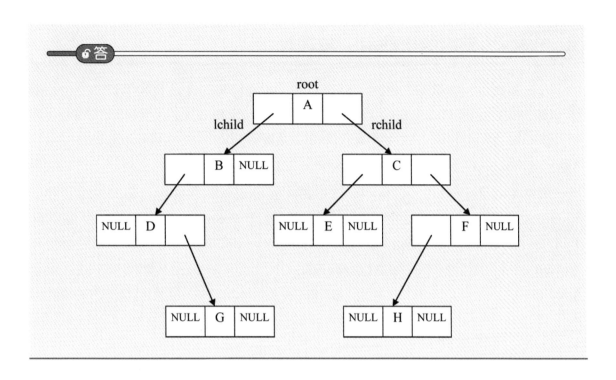

隨|堂|練|習

如圖，請以鏈結串列來存放二元樹資料。

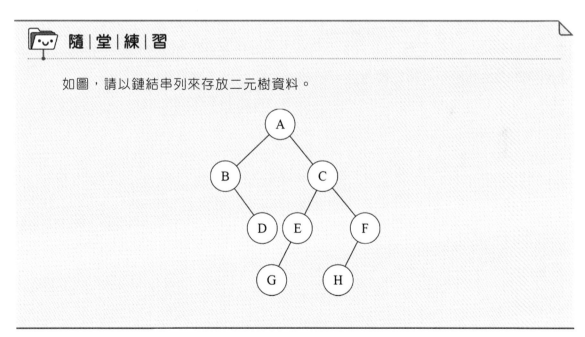

7-4 • 二元樹的走訪與一般運算

二元樹實作,包括加入節點、刪除節點、搜尋節點、走訪(前序尋訪、中序尋訪、後序尋訪)、複製二元樹、比較二元樹。對於二元樹在加入、刪除或搜尋時,與二元搜尋樹之作法相同,因此請讀者參考二元搜尋樹之作法。本單元重點將討論二元樹之走訪、複製二元樹與比較二元樹。

所謂走訪(Traversal),或稱尋訪或追蹤,是將樹狀結構的每一個節點都拜訪一次,而且僅限一次。常見的方法包括前序走訪(Preorder Traversal)、中序走訪(Inorder Traversal)和後序走訪(Postorder Traversal)。走訪過程中,每個節點只會被拜訪(Visit)過一次,並在走訪時執行對該節點的所有運算,因此其時間和空間複雜度都為O(n)。

📖 7-4-1 中序走訪

所謂中序走訪(Inorder Traversal),就是走到樹根時,樹根需要放在中間再去拜訪,也就是其拜訪順序是先拜訪左子樹後,再拜訪中間的樹根,再拜訪右子樹的順序,如圖所示。因此,對於任一棵二元樹作中序走訪時,不管到哪一個節點都要考慮到該圖的拜訪順序,所以建議讀者熟記圖的順序以方便處理中序走訪。

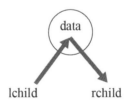

中序走訪的演算法如下:

```
演算法名稱:inorder(root)
輸入:root
輸出:root->data
Begin
    If root then
        inorder(root->leftchild)
        PRINT(root->data)    // PRINT 螢幕顯示
```

```
        inorder(root->rightchild)
    end If
end
```

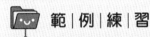 範│例│練│習

如圖,請執行中序走訪。

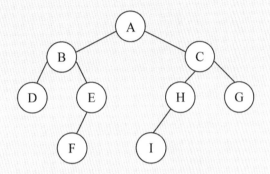

答

步驟一: 先從樹根A開始,看到樹根A,因為有子樹B、C,所以必須考慮BAC
順序走法,因此要考慮先走B。

步驟二: 考慮B時,因為有子樹D、E,所以要考慮DBE順序走法,因此要考
慮先走D。

步驟三: 考慮D時,因為D已無子樹,所以可以直接走D。

步驟四: 走完D,可以走B,再到E。但是看到E,因為有子樹F,所以要考慮
FE順序。因為F無子樹,所以可以直接走F再走E(目前已走DBFE)。

步驟五: 走完DBFE後,樹根A之左子樹已都走完,所以可以再走A,之後再
考慮C,但是到C後,因C有子樹,所以要考慮HCG之順序走法,因
此要先考慮H節點。

步驟六: 考慮H時,因為H有子樹I,所以要考慮IH順序走法,因此要考慮先走
I。因為I無子樹,所以可以直接走I再走H。之後再走C,最後走G。

結果為DBFEAIHCG。

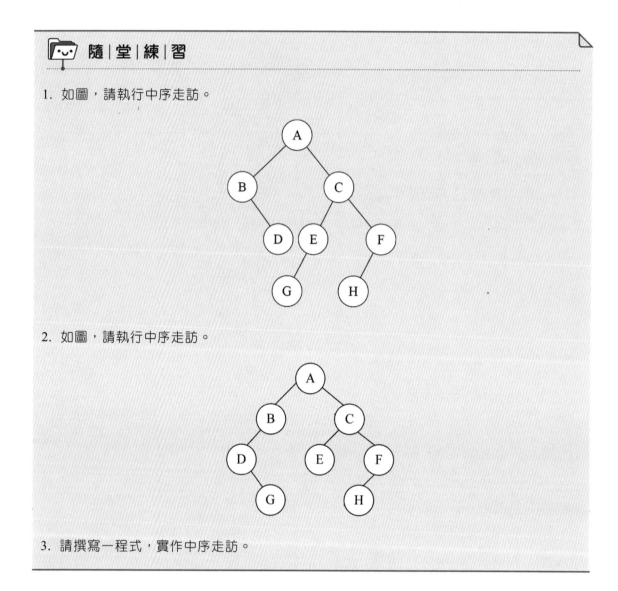

1. 如圖，請執行中序走訪。

2. 如圖，請執行中序走訪。

3. 請撰寫一程式，實作中序走訪。

7-4-2 前序走訪

　　所謂前序走訪(Preorder Traversal)，就是指樹根要先拜訪，
即是要先拜訪樹根，之後再拜訪左子樹，再拜訪右子樹的順序，
如圖所示。因此，對於任一棵二元樹作前序走訪時，不管到哪一
個節點都要考慮到該圖的拜訪順序，所以建議讀者熟記圖的順序
以方便處理前序走訪。

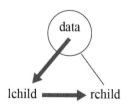

前序走訪的演算法如下：

演算法名稱：preorder(root)

輸入：root

輸出：root->data

Begin

   If root then

      PRINT (root->data)   //PRINT 螢幕顯示

      preorder(root->leftchild)

      preorder(root->rightchild)

   end If

end

 範│例│練│習

如圖，請執行前序走訪。

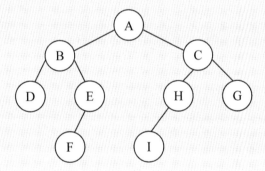

答

步驟一：先從樹根A開始，看到樹根A，直接走A（因為前序走訪之順序為ABC），再走B，因為有子樹D、E，所以必須考慮BDE順序走法，因此要考慮再走D。

步驟二：走到D，因為D無子樹，所以走完D再走E。

步驟三：走到E，因為E有子樹F，所以走完E再走F。此時已走完ABDEF。

步驟四： 樹根A的左子樹已走完，所以可以走右子樹C。走到右子樹C，因為右子樹C還有子樹HG，所以要考慮前序走訪之走法CHG，所以C走完再走H。

步驟五： 走到H，又有子樹I，順序為HI，所以先走H，再走I。

步驟六： C的左子樹已走完，剩下右子樹G，直接走G，結束。

結果為ABDEFCHIG。

隨|堂|練|習

1. 如圖，請執行前序走訪。

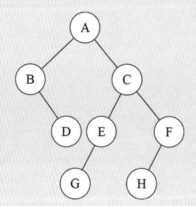

2. 如圖，請執行前序走訪。

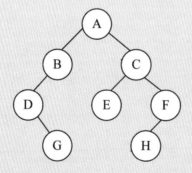

3. 請撰寫一程式，實作前序走訪。

🦷7-4-3 後序走訪

所謂後序走訪(Postorder Traversal)，就是走到樹根時，樹根必須最後拜訪，也就是要先拜訪左子樹，再拜訪右子樹，最後再拜訪樹根，如此的順序即稱後序走訪，如圖所示。因此，對於任一二元樹作後序走訪時，不管到哪一個節點都要考慮到該圖的拜訪順序，所以建議讀者熟記圖的順序以方便處理後序走訪。

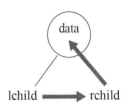

後序走訪的演算法如下：

演算法名稱：postorder(root)

輸入：root

輸出：root->data

Begin

   If root then

      postorder(root->leftchild)

      postorder(root->rightchild)

      PRINT (root->data) //PRINT 螢幕顯示

   end If

end

📂 範│例│練│習

如圖，請執行後序走訪。

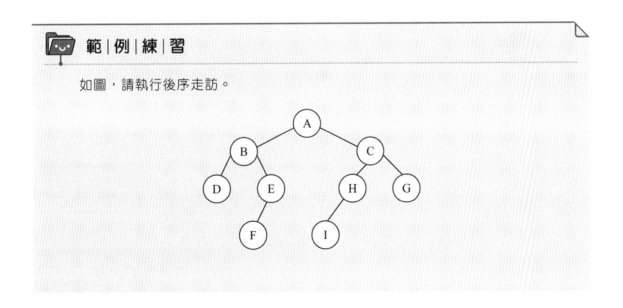

🔓答

步驟一： 先從樹根A開始，看到樹根A，因為有子樹B、C，所以必須考慮BCA順序走法，因此要考慮先走B。

步驟二： 考慮B時，因為有子樹D、E，所以要考慮DEB順序走法，因此要考慮先走D。

步驟三： 考慮D時，因為D已無子樹，所以可以直接走D。

步驟四： 走完D，再到E。因為E有子樹F，所以要考慮FE順序。因為F無子樹，所以可以直接走F再走E。然後可以再走B（目前已走DFEB）。

步驟五： 走完DFEB後，樹根A之左子樹已都走完，所以可以再考慮C，但是到C後，因C有子樹，所以要考慮HGC之順序走法，因此要先考慮H節點。

步驟六： 考慮H時，因為H有子樹I，所以要考慮IH順序走法，因此要考慮先走I。因為I無子樹，所以可以直接走I再走H。之後再走G，最後走C。

步驟七： 樹根A之左右子樹都已走完，最後再走樹根A，結束。

結果為DFEBIHGCA。

📁 隨|堂|練|習

1. 如圖，請執行後序走訪。

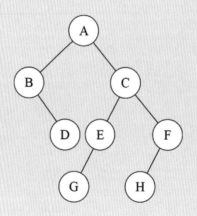

2. 如圖，請執行後序走訪。

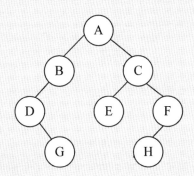

3. 請撰寫一程式，實作後序走訪。

📖 7-4-4　二元樹的複製與比較

要複製一棵二元樹，其實方法很簡單，只要你能善用走訪技巧，邊走訪，邊複製，便可以複製一棵二元樹。採用後序走訪為例，我們運用走訪概念，可以先複製左子樹，再複製右子樹，最後再複製樹根，如此遞迴地複製下去。

另外，我們也可以比較兩棵二元樹是否相等，兩棵相等之二元樹的條件應該是具有相同之結構及對應節點資料應該相同。所謂結構相同是指兩棵樹的分支順序都應該相同，我們可以利用前序走訪的概念，先比較樹根，再比較左子樹，再比較右子樹，如此遞迴地比較下去。

📁 隨|堂|練|習

1. 請撰寫一程式，實作二元樹的複製。
2. 請撰寫一程式，實作二元樹的比較。

7-5　二元樹的決定與轉換

二元樹在存放資料相較於一般樹更為節省空間，應用上也更為廣泛。那我們是否可以將一般樹或既有之資料順序轉成二元樹呢？當然可以，在本單元我們將介紹如何將中序走訪配合前序或後序走訪來決定二元樹，以及如何將一般樹或樹林轉成二元樹。

☑7-5-1 依走訪資料決定二元樹

由於每一棵二元樹都有一對唯一的中序與前序走訪，或一對唯一的中序與後序走訪；因此，我們可以依此決定一棵唯一的二元樹。我們可以根據各種走訪的特性，決定出該二元樹的獨特態樣。

（一）中序走訪

所謂中序走訪就是在走訪時，先走左子樹，再走樹根，再走右子樹，所以，中序走訪的順序當中，樹根必定在此順序之中間，並將左子樹之順序與右子樹之順序切割成兩部分。因此，若能確定樹根的節點位置，則中序走訪順序的樹根節點的左邊順序都是左子樹節點，樹根右邊的節點順序都是右子樹節點。如abc中序走訪順序，如果已知道b為樹根，則便能確定a為左子樹，c為右子樹。在此情況下，通常b是否為樹根，必須搭配前序走訪或後序走訪來確認。

（二）前序走訪

所謂前序走訪，就是在走訪時，先走樹根，再走左子樹，再走右子樹，所以，前序走訪的順序當中，樹根必定在此順序之第一個，所以，例如bac前序走訪順序，b為樹根。依據前序走訪之順序結果，僅能確定順序的第一個的值為樹根節點的值。

（三）後序走訪

所謂後序走訪，就是在走訪時，先走左子樹，再走右子樹，再走樹根，所以，於後序走訪的順序當中，樹根必定在此順序之最後一個，例如acb後序走訪順序，b為樹根。依據後序走訪之順序結果，僅能確定順序的最末個順序的值為樹根節點的值。

一般來說，依走訪資料決定二元樹，常用的有兩種方式，包括：

1. 依據前序與中序決定二元樹。
2. 依據後序與中序決定二元樹。

範│例│練│習

1. 假設二元樹的中序與前序走訪分別為GDHBAECF、ABDGHCEF，試據此推算出該二元樹。

2. 假設二元樹的中序與後序走訪分別為GDHBAECF、GHDBEFCA，試據此推算出該二元樹。

答

1. 作法如下：

   (1) 由前序走訪 ABDGHCEF 知，A 為樹根，再由中序走訪 GDHBAECF（並參考前序走訪 ABDGHCEF 之順序）可知，前序走訪的左子樹為 BDGH（以中序走訪順序看為 GDHB）與右子樹為 CEF（以中序走訪順序看為 ECF）。

   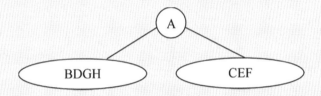

   (2) 由前序走訪知，左子樹 BDGH 之子樹樹根為 B，右子樹 CEF 之子樹樹根為 C。

   (3) 再由中序走訪看左子樹 GDHB 知，GDH 均為左子樹（因為 B 為左子樹樹根）。而中序走訪的右子樹 ECF 中，E 為左子樹，F 為右子樹。

   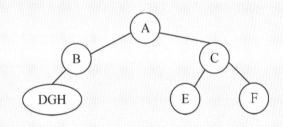

(4) 由前序走訪知，左子樹 DGH 之子樹樹根為 D，再由中序走訪 GDH 知，G 為左子樹，H 為右子樹。

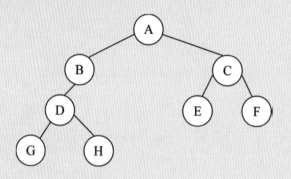

2. 作法如下：

(1) 由後序走訪 GHDBEFCA 知，A 為樹根，再由中序走訪 GDHBAECF 可知，後序走訪的左子樹為 GHDB（以中序走訪順序看為 GDHB）與右子樹為 EFC（以中序走訪順序看為 ECF）。

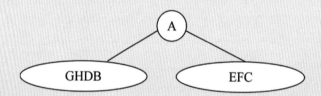

(2) 由後序走訪知，左子樹 GHDB 之子樹樹根為 B，右子樹 EFC 之子樹樹根為 C。

(3) 再由中序走訪看左子樹 GDHB 知，GDH 均為左子樹（因為 B 為左子樹樹根），而右子樹 ECF 中，E 與 F 分別為左與右子樹（因為 C 為右子樹樹根）。

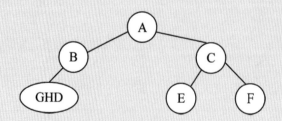

(4) 由後序走訪知，右子樹 GHD 之子樹樹根為 D，再由中序走訪 GDH
知，G 為左子樹，H 為右子樹。

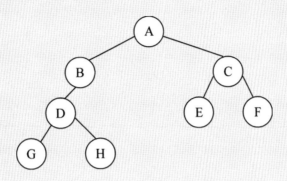

📁 隨|堂|練|習

　　假設二元樹的中序與前序走訪分別為DBACEF、ABDCEF，試據此推算出該二元
樹。

🦷7-5-2　將一般樹轉換為二元樹

　　由前文可知，一般樹的最大問題就是它的分支度無法確定，如果要使用計算機
處理樹狀結構，一般都是以二元樹為主，因此，是否可以將一般樹轉成二元樹呢？
如果要將一般樹轉成二元樹，其做法如下：

1. 將節點中同屬於父節點之兄弟節點使用水平線連接在一起。

2. 以父節點角度來看，保留與子節點最左邊鏈結，其餘鏈結均刪除。

3. 將所有水平線或垂直線，順時針旋轉45度。

 範|例|練|習

如圖,將一般樹轉換為二元樹。

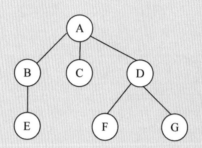

🔒答

1. 將節點的同父節點之兄弟節點連接在一起。	2. 除了最左邊子節點的邊予以保留之外,其他子節點的邊均刪除。
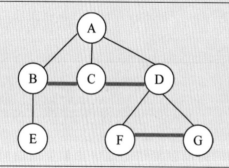	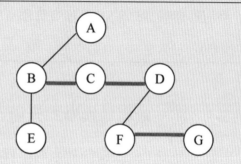

3. 順時針旋轉45度。

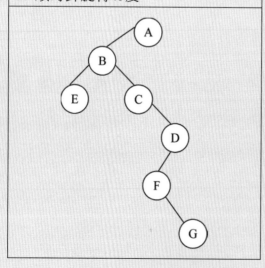

如圖，將一般樹轉換為二元樹。

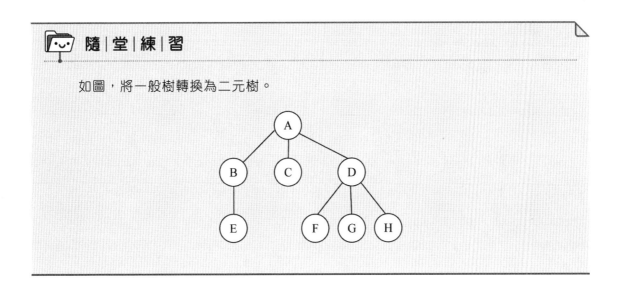

🗂 7-5-3　將樹林轉換成二元樹

將樹林轉換成二元樹，其演算法步驟如下：

1. 將樹林中的N棵樹，依據一般樹轉成二元樹的作法，將每一棵一般樹轉換成二元樹，但先不要旋轉成45度。

2. 用N-1條水平線將N棵二元樹連接在一起。

3. 將所有水平線和垂直線，順時針旋轉45度。

如圖，假設我們有三棵樹構成一片樹林，請將此樹林轉換成二元樹。

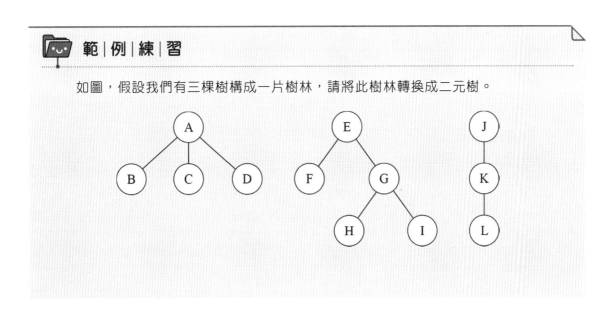

答

步驟一：將樹林中的每棵樹轉換成二元樹，但不旋轉 45 度。

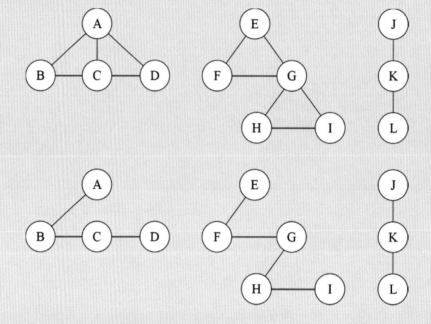

步驟二：將每棵二元樹的樹根連接在一起。

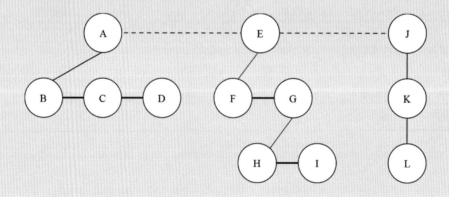

步驟三：將水平或垂直線順時針旋轉 45 度。

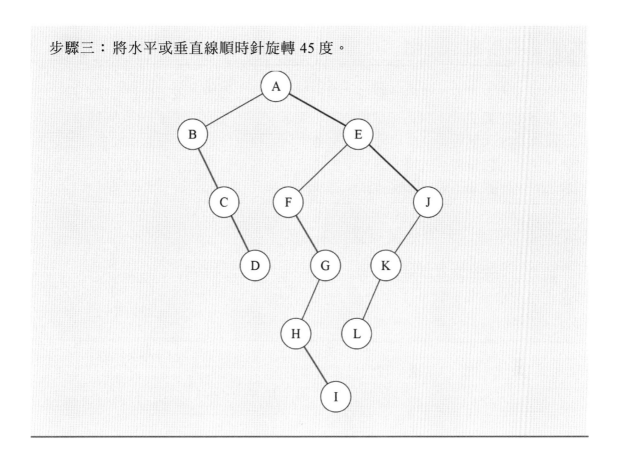

如圖，假設我們有三棵樹構成一片樹林，請將此樹林轉換成二元樹。

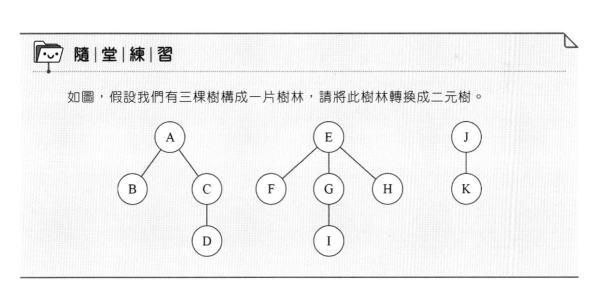

7-6 引線二元樹

　　從前面內容發現，使用計算機處理樹狀結構時，必須考量記憶體的使用狀況。為了節省記憶體空間，我們企圖將一般樹轉換成二元樹，使樹的分支度控制在2以內，試圖透過改變樹狀結構以降低記憶體空間的使用。然而，二元樹的結構亦有許多終端節點的鏈結欄位是用不到的；因此，如何善用這些用不到的鏈結欄位，便是引線二元樹(Thread Binary Tree)的重要貢獻。

7-6-1 引線二元樹定義與優缺點

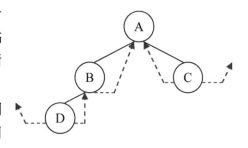

　　觀察二元樹的鏈結串列表示方式可知，每一個節點都會提供兩個鏈結欄位，也就是n個節點會有2n個鏈結欄位，其中鏈結欄位會記錄二元樹的左右兩邊應該連結到哪一個節點；也就是說，n個節點，一般只需n-1個邊，我們只需使用n-1個鏈結欄位，其他2n-(n-1)=n+1個鏈結欄位都是用不到的，所以將其填入null值，無形中造成了空間的浪費。除此之外，當二元樹在作走訪時，往往造成執行程式的效率不高；例如，中序走訪，通常使用遞迴的方式，需要採用額外的記憶體空間當作堆疊使用，便是造成執行效率不佳的主因。因此，學者A. J. Perlis與C. Thornton提出將這些n+1個空的鏈結欄位充分利用，使其指到其他的節點，並將這些指標稱為引線(Thread)，而這種二元樹就稱為引線二元樹。

　　引線二元樹主要是利用多餘的鏈結空間加以處理，以解決二元樹中序走訪需額外記憶體的問題。引線二元樹有如下優缺點：

（一）優點

1. 減少鏈結空間的浪費。

2. 中序走訪時，不需使用堆疊。

（二）缺點

1. 加入或刪除節點時效率較差。

2. 每個節點必須額外增加兩個欄位記錄是否為引線，可能造成記憶體空間使用的增加。

🦷7-6-2 引線二元樹的資料結構

　　為了判斷引線二元樹中各鏈結欄位是指標還是引線，我們必須在每個節點額外增加兩個欄位來記錄左鏈結欄位與右鏈結欄位的狀態。引線二元樹的結構如下：

（一）結構表示

　　data：用來儲存節點的資料。

　　leftchild ：用來存放節點的左鏈結。（指向左子樹）

　　rightchild ：用來存放節點的右鏈結。（指向右子樹）

　　lthread：左鏈結是否為引線(Thread)。若是，則lthread=1，若否，則lthread=0。

　　rthread：右鏈結是否為引線(Thread)。若是，則rthread =1，若否，則rthread =0。

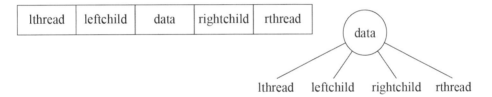

（二）建立引線二元樹

```
/*宣告 thread_node 是二元樹的節點*/
typedef struct node{
    int lthread; //標明左鏈結是指標或引線
    struct thread_node *leftchild; /*節點的左鏈結欄位*/
    char data;          /*節點的資料欄位*/
    struct thread_node *rightchild; /*節點的右鏈結欄位*/
    int rthread; //標明右鏈結是指標或引線
} thread_node;

thread_node thread _pointer; /*宣告 thread _pointer 是指向節點的指標*/
```

🦷 7-6-3 二元樹轉引線二元樹

要將二元樹轉成引線二元樹必須有一些前置作業，首先在每個節點再加上兩個欄位，記錄左鏈結欄位、右鏈結欄位的狀態（鏈結欄沒用到的，則狀態設為引線，也就是lthread=1；否則，則lthread=0）；還必須追加一個首節點，當首節點在空樹時，左右指標均指向自己，其左邊引線欄位須記錄lthread=1，右邊引線欄位須記錄lthread=0，而data值則不包含任何資料。當上述前置作業完成後，進一步，將原本之二元樹所有節點未用到的鏈結欄填入資料。

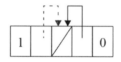

引線二元樹的重要概念，即須將沒有使用到的左邊鏈結欄位一律指向本身節點的中序立即前行者，而用不到的右邊鏈結欄位一律指向本身節點的中序立即後繼者。因此，要將二元樹轉換成引線二元樹，只要將任一節點中沒用到的鏈結欄位改成引線即可；也就是，將用不到的左鏈結欄指向中序立即前行者，用不到的右鏈結指向中序立即後繼者即可。一般的二元樹轉換成引線二元樹的方法：

1. 先列出二元樹的中序走訪結果。

2. 左邊的引線指到中序走訪順序的前一個節點，右邊的引線指到中序走訪順序的後一個節點。

3. 將中序走訪結果的第一個節點的左鏈結當成引線，指向首節點，中序走訪結果的最後一個節點的右鏈結當成引線，指向首節點。首節點的左鏈結則當成引線，指向二元樹之根節點，首節點的右鏈結還是維持指向自己。

如圖Y，先找出二元樹之中序走訪為DBAC，再將：

1. D節點之右鏈結指向立即後繼者B，B節點之右鏈結指向立即後繼者A，C節點之左鏈結指向立即前行者A。

2. 節點D為中序走訪第一個節點，將左鏈結指向首節點，節點C為中序走訪最後一個節點，將右鏈結指向首節點，首節點的左鏈結則指向二元樹之根節點。

3. 結果如圖X。

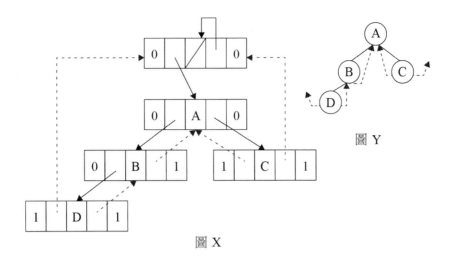

圖 Y

圖 X

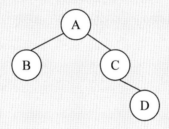

範|例|練|習

如圖,請將二元樹轉換成引線二元樹。

答

1. 先列出二元樹的中序走訪結果為 BACD。

2. B 節點之右鏈結指向立即後繼者 A,C 節點之左鏈結指向立即前行者 A,D 節點之左鏈結指向立即前行者 C。

3. 節點 B 為中序走訪第一個節點,將左鏈結指向首節點,節點 D 為中序走訪最後一個節點,將右鏈結指向首節點。首節點的左鏈結則當成引線,指向二元樹之根節點,首節點的右鏈結還是維持指向自己。

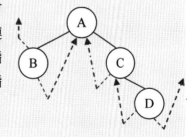

4. 結果如圖。

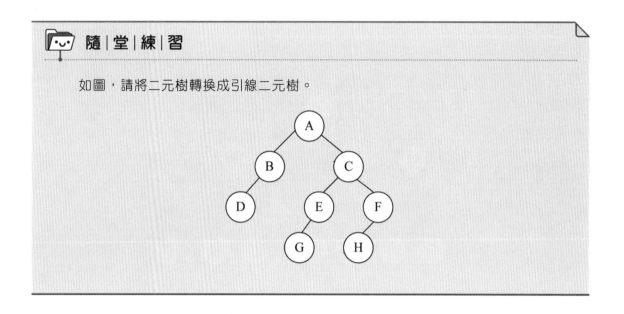

隨|堂|練|習

如圖，請將二元樹轉換成引線二元樹。

7-6-4　引線二元樹的中序走訪

　　運用引線二元樹對二元樹執行中序走訪時，我們可以善用引線來完成有效率的中序走訪。在執行中序走訪時，我們的起點是首節點而不是根節點，然後須再找出各點之中序立即後繼者，當某一節點之立即後繼者是回到首節點，便表示已走完中序走訪。主要原因是首節點之立即後繼者就是中序走訪順序的第一個節點，而中序走訪順序的最後一個節點之立即後繼者就是首節點。至於中序走訪的立即後繼者如何尋找呢？其執行步驟如下：

1. 如果節點的右鏈結是引線，則引線所指向的，就是該節點之立即後繼者。

2. 如果節點的右鏈結是指標，則先沿著右鏈結的指標走一步到下一節點N，然後再往節點N及節點N的所有子孫的左子樹移動，直到找到左子樹的左鏈結欄位是引線為止。

　　從上面圖X可知，首先我們從首節點開始，找首節點之立即後繼者：

1. 因為首節點之右鏈結是指標，所以沿著右鏈結的指標走一步，結果還是走到首節點，然後再沿著首節點的左鏈結一直走，直到遇到引線，結果可以走到節點D，也就是節點D就是首節點之立即後繼者。

2. 走完節點D後再找節點D之立即後繼者，也就是看右鏈結是否為引線，結果是引線，也就是立即後繼者是節點B，所以到節點B。

3. 走完節點B後再找節點B之立即後繼者，也就是看右鏈結是否為引線，結果是引線，也就是立即後繼者是節點A，所以到節點A。

4. 走完節點A後再找節點A之立即後繼者，也就是看右鏈結是否為引線，結果不是引線是節點，此時就沿著節點A的右鏈結的指標走一步，走到節點C，然後再沿著節點C的左鏈結一直走，直到遇到引線，結果節點C的左鏈結本身就是引線，也就是節點C就是節點A之立即後繼者，所以到節點C。

5. 走完節點C後再找節點C之立即後繼者，也就是看右鏈結是否為引線，結果是引線，也就是立即後繼者是首節點。當立即後繼者是首節點時，表示中序走訪結束。

引線二元樹的中序走訪的演算法如下：

```
演算法名稱：threaded_postorder(root)
輸入：root
輸出：root->data
Begin
    var tmp
    While true do
        tmp←inorder_successor(tmp)    //將中序後繼者放入 tmp
        If tmp =head then
            break
        end If
        PRINT(tmp ->data)    // PRINT 螢幕顯示
    end While
end
```

範|例|練|習

如圖，請將二元樹轉換成引線二元樹後，依據引線作中序走訪。

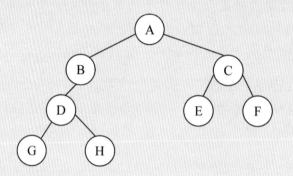

答

1. 二元樹轉換成引線二元樹：

   先列出二元樹的中序走訪結果為：GDHBAECF

   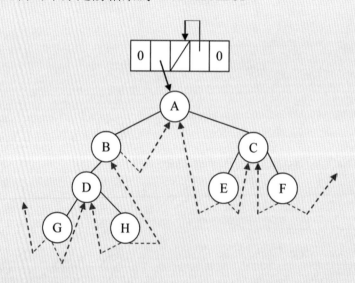

2. 依據引線作中序走訪：

   運用引線找中序走訪，重點就是找每一個節點之中序立即後繼者。

   (1) 從 Head 開始，找 Head 之中序立即後繼者：因為首節點之右鏈結是指標，所以沿著右鏈結的指標走一步，結果還是走到首節點，然後再沿著首節點的左鏈結一直走，直到遇到引線，結果可以走到節點 G，也就是節點 G 就是首節點之立即後繼者。

(2) 找節點 G 之中序立即後繼者：右鏈結是引線，所以中序立即後繼者為 D。

(3) 找節點 D 之中序立即後繼者：右鏈結是引線，所以中序立即後繼者為 H。

(4) 找節點 H 之中序立即後繼者：右鏈結是引線，所以中序立即後繼者為 B。

(5) 找節點 B 之中序立即後繼者：右鏈結是引線，所以中序立即後繼者為 A。

(6) 找節點 A 之中序立即後繼者：右鏈結是引線，所以中序立即後繼者為 E。

(7) 找節點 E 之中序立即後繼者：右鏈結是引線，所以中序立即後繼者為 C。

(8) 找節點 C 之中序立即後繼者：右鏈結是引線，所以中序立即後繼者為 F。

(9) 找節點 F 之中序立即後繼者：右鏈結是引線，所以中序立即後繼者為 Head。

(10) 已到 Head，中序走訪結束，中序走訪的順序為 GDHBAECF。

隨|堂|練|習

如圖，請將二元樹轉換成引線二元樹後，依據引線作中序走訪。

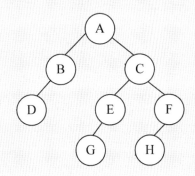

7-6-5 引線二元樹節點加入

引線二元樹加入節點的基本原則很簡單，如下圖Z，假如引線二元樹要加入節點D，且是要加入到節點B當成右子樹或左子樹，若是加入到右子樹，則節點D之右鏈結則指向到節點B之右鏈結之位址，節點D之左鏈結則指向到其父節點，即節點B。當然，節點B之右鏈結就指向到節點D。相反的，若加入到左子樹，則節點D之左鏈結則指向到節點B之左鏈結之位址，節點D之右鏈結則指向到其父節點，即節點B。當然，節點B之左鏈結就指向到節點D。

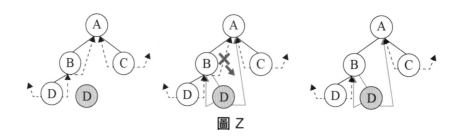

圖 Z

如圖，請將引線二元樹插入節點X當成節點B之右子樹。

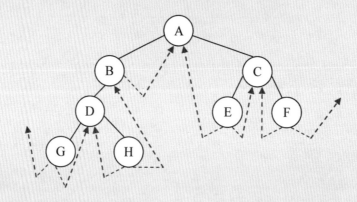

答

1. 插入節點 X 當成節點 B 之右子樹時，可將節點 B 之右鏈結所指向的節點，提供給節點 X 之右鏈結來連接。

2. 節點 B 之右鏈結改成指向節點 X。

3. 節點 X 之左鏈結則指向節點 B。

結果如下圖。

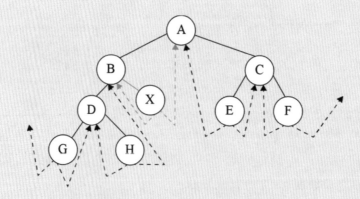

隨|堂|練|習

如圖,請將引線二元樹插入節點E當成節點C之左子樹。

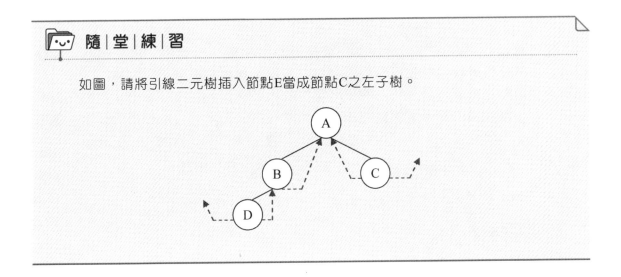

7-7 堆積

堆積樹(Heap Tree)是一種完整二元樹的運用,也就是只要是屬於堆積樹,一定是一種完整二元樹,在本單元,將介紹四種堆積樹,包括最大堆積、最小堆積、最小最大堆積及雙堆積,以下內容將分別說明之。

7-7-1 堆積樹

堆積樹(Heap Tree)是一種特殊的二元樹,或稱為累堆樹,他可以分為兩種,包括最大堆積(Max Heap)及最小堆積(Min Heap)。堆積樹的定義是:堆積樹是一種完整二元樹,且堆積樹中任一個內部節點的鍵值,都是大(小)於或等於其子節點的鍵值。因此,我們可以依據樹根來了解,當樹根是整顆堆積樹中鍵值最大者,稱作最大堆積,樹根是整顆堆積樹中鍵值最小者,稱作最小堆積。也有人直接把最大堆積樹簡稱為堆積樹。

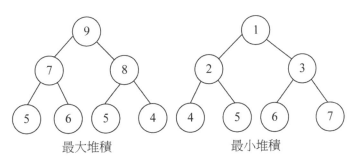

最大堆積　　　　　　　最小堆積

☑7-7-2 建構堆積樹

建構堆積樹有兩種方式，一種是新增節點至完整二元樹後，馬上調整成堆積樹，另一種是將所有資料先行建立成完整二元樹，然後再從最後一階層的最後一個樹葉的父節點先行調整起，將左右子節點的較大者與父節點比較，若子節點大於父節點，則相互交換位置，重複此作法，直到所有父節點均符合堆積樹的要求。調整成最大（小）堆積樹的步驟如下：

開始：從最後一階層的最後一個樹葉的父節點先行調整起。

1. 在父節點上找子節點最大（小）值。

2. 與父節點比較大小。

3. 若子節點大（小）於父節點，則子節點與父節點交換，否則若小（大）於或等於父節點時則維持原狀。

4. 若調整後的父節點已是樹根，則結束，否則回到步驟1找下一個父節點。

建構堆積樹的演算法如下：

```
演算法名稱：Heap_construct(list[], i, n)
輸入：list[], i, n
輸出：
Begin
    var temp
    For i←0 to n-1 step 1 do
        temp←list[i]
        While (i>0 and temp>list[(i-1) /2] do
            list[i]= list[(i-1)/2]
            i = (i-1)/2
            If i=0 then
                break
            End If
        end While
        list[i]=temp
    end For
end
```

範｜例｜練｜習

如圖，請插入節點50，並調整成最大堆積。

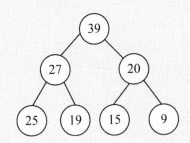

答

1. 先將節點 50 加入，使之成為完整二元樹。

2. 與節點 50 的父節點 25 比較，50 較大，50 與 25 交換。

3. 交換後之位置再與父節點 27 比較，結果 50 較大，50 與 27 交換。

4. 交換後之位置再與父節點 39 比較，結果 50 較大，50 與 39 交換。

已到根節點，無父節點，結束。

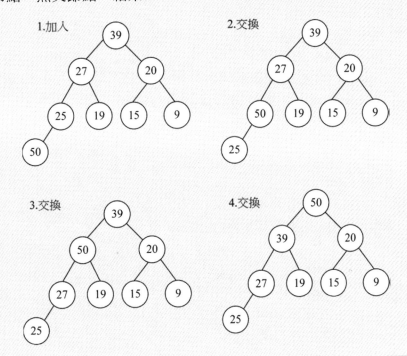

隨|堂|練|習

1. 如圖，請插入節點38，並調整成最大堆積。

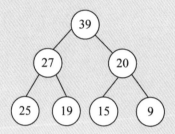

2. 如圖，請插入節點18，並調整成最小堆積。

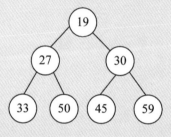

7-7-3 堆積樹刪除節點

堆積樹刪除節點的方式是運用最後一個節點V來取代被刪除的節點，然後再將節點V依據調整成最大（小）堆積樹的步驟進行處理，直到節點V的子節點皆小（大）於節點V時，便完成堆積樹調整。

範|例|練|習

如圖，請刪除節點39，並調整成最大堆積。

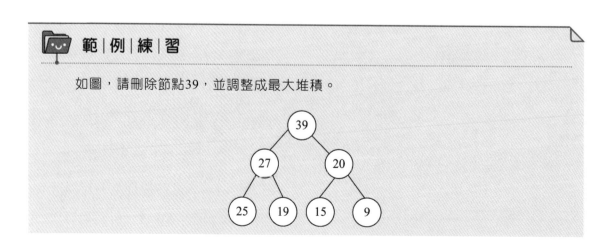

答

1. 刪除節點 39 後，將最後一個節點作取代。

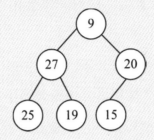

2. 比較節點 9 之子樹，找最大鍵值子樹 27 與節點 9 交換。

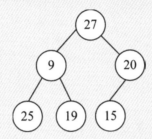

3. 更換後，再比較節點 9 之子樹，找最大鍵值子樹 25 再與節點 9 交換。

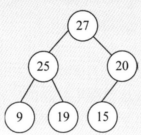

📁 隨|堂|練|習

如圖，請刪除節點20，並調整成最大堆積。

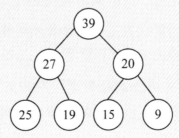

7-7-4 最小最大堆積

最小最大堆積(Min-Max Heap)和下一節的雙堆積(Deap)都是一種完整二元樹，並且都具備有最大堆積與最小堆積兩種形式，其中，最小最大堆積是一層最小堆積，一層最大堆積互相交錯，定義如下：

1. 必須符合完整二元樹特性。

2. 第一層是最小堆積，第二層之後是最大堆積與最小堆積互相交錯。

3. 任一層的最大堆積或最小堆積均要符合堆積之特性。即最大堆積層之樹根必須都大於所有子孫節點，最小堆積層之樹根均要小於所有子孫節點。

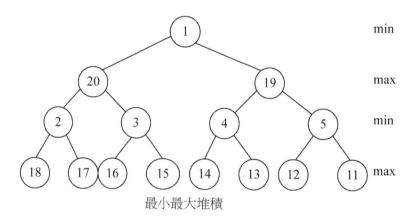

最小最大堆積

最小最大堆積樹之加入與刪除之方式均與一般堆積樹相同，先將加入的資料放入整棵樹的最後，然後再調整成堆積樹。刪除則是將最後一個樹葉節點取代被刪除的節點的位置，然後再調整成堆積樹。只是在調整成堆積樹時，必須考慮到各層之最大堆積或最小堆積之要求。讓我們分別來了解如何插入與刪除最小最大堆積樹。

（一）插入節點

1. 新節點插入至堆積樹的最後面，使之保持完整二元樹。

2. 確認新節點插入的位置是在最小堆積或是最大堆積。

3. 將新節點與父節點比較，若新節點是在最小堆積，則父節點必在最大堆積，則新節點必須小於父節點，若不是，則新節點與其父節點之位置交換。反之則反。

4. 在檢查新節點的位置之後，再沿著祖先階，與新節點更換後同種類之堆積作比對，若不符合要求者，則進行交換，直到符合規定為止。

（二）刪除節點

1. 刪除節點後，再將堆積樹的最後一個樹葉節點取代被刪除的節點的位置。

2. 被刪除節點的位置若為最大（小）堆積，基本上，以此被刪位置來看，所有子樹各節點鍵值應該都小於取代後的鍵值，若不是，然後在此位置以下的各子節點同是最大（小）堆積的階層找出最大（小）值之節點，此節點之值若大（小）於已取代的鍵值，則交換之。

3. 然後再把交換後之節點當成新節點，先與父節點比較，再與同性質之階層作比較。

 範│例│練│習

1. 如圖，請插入節點50，並調整成最小最大堆積。

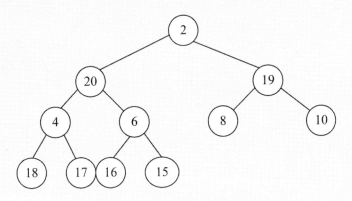

2. 如圖，請刪除節點4，並調整成最小最大堆積。

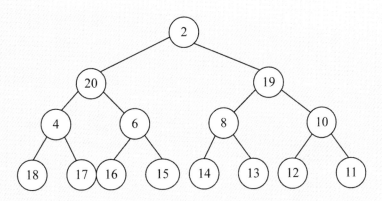

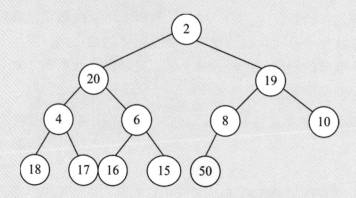

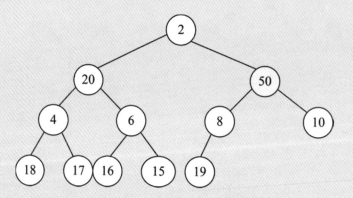

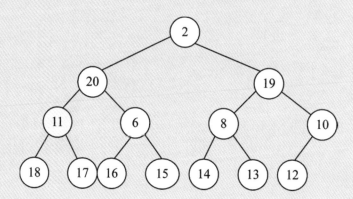

答

1. (1) 新節點插入至堆積樹的最後面，使之保持完整二元樹。

(2) 確認新節點插入的位置是在最大堆積，且大於父節點。

(3) 再沿著祖先階，找最大堆積層是否有小於新節點，若不符合要求者，則進行交換，此時找到祖先節點 19 小於新節點 50，交換位置。

2. (1) 刪除節點 4，再將堆積樹的最後一個樹葉節點取代被刪除的節點的位置。

(2) 以節點 11 來看，它是最小堆積，且以節點 11 為基準的子樹各節點，均沒有比 11 更小的，故不用交換。

(3) 再將節點 11 看成新節點，與父階比較，也符合規定。再與同最小堆積之各層之祖父節點比較，看有沒有比節點 11 還大，結果無，也符合規定，此時便已完成最小最大堆積處理。

📁 隨｜堂｜練｜習

1. 如圖，請插入節點38，並調整成最小最大堆積。

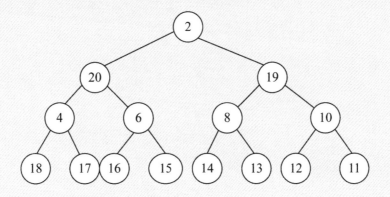

2. 如圖，請刪除節點2，並調整成最小最大堆積。

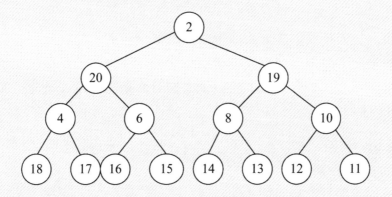

7-7-5 雙堆積

雙堆積(Deap)亦包含最大堆積與最小堆積兩種形式，只是它的最大堆積與最小堆積分別放在右子樹與左子樹，而樹根為一空節點。以下為雙堆積的定義：

1. 樹根不包含任何鍵值，是一空節點。

2. 一般來說左邊為小，所以樹根的左子樹為最小堆積樹。

3. 一般來說右邊為大，所以樹根的右子樹為最大堆積樹。

4. 左右子樹存在一一對應，且左子樹的對應節點必須小於右子樹的對應節點。若左子樹的節點在右子樹找不到對應節點，則可尋找該相對應右子樹節點的父節點對應到左子樹的節點，當作該左子樹的節點之對應節點。如下圖之雙堆積，節點7找不到右子樹對應點，則可找相對應右子樹節點的父節點18對應到左子樹的節點7，7<18，合乎雙堆積之規定。

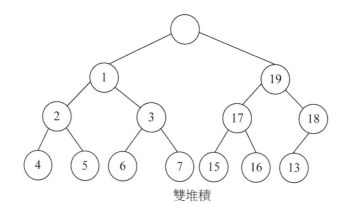

雙堆積

雙堆積樹之加入與刪除之方式亦與一般堆積樹相同，先將加入的資料放入整棵樹的最後面的節點，然後再調整成堆積樹；然而，在加入節點後，必須要先考慮左右子樹對應情況，若左子樹節點大於右子樹的對應節點，則必須先行交換。讓我們分別來看看如何插入與刪除雙堆積樹。

（一）插入節點

1. 新節點插入至堆積樹的最後面，使之保持完整二元樹。

2. 確認新節點插入的位置是在左子樹（最小堆積）或是右子樹（最大堆積）。

3. 新節點的位置與相對位置的節點是否符合要求之大小。若不是，則對調之。

4. 對調後，再依據該位置之堆積要求作調整，以符合該位置之堆積樹要求。

（二）刪除節點

1. 刪除的節點若為左子樹，則將最後一個樹葉節點作替補，然後依據雙堆積樹與最小堆積樹之要求作調整。也就是除了要符合最小堆積樹之要求外，也要與右邊之最大堆積做對應比較，是否符合雙堆積樹要求。

2. 刪除的節點若為右子樹，則將最後一個樹葉節點作替補，然後依據雙堆積樹與最大堆積樹之要求作調整。也就是除了要符合最大堆積樹之要求外，也要與左邊之最小堆積做對應比較，是否符合雙堆積樹要求。

範│例│練│習

1. 如圖，請插入節點61，並調整成雙堆積。

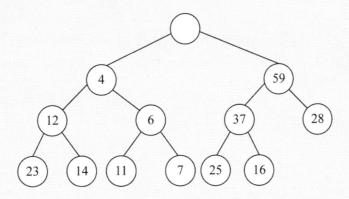

2. 如圖，請刪除節點4，並調整成雙堆積。

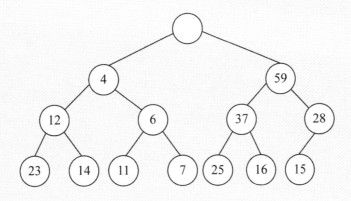

1. (1) 新節點 61 插入至堆積樹的最後面，使之保持完整二元樹。

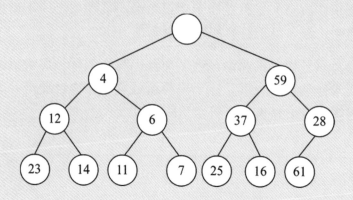

(2) 確認新節點插入的位置是在左子樹（最小堆積）或是右子樹（最大堆積）。

(3) 新節點 61 的位置與相對位置的節點 11 符合要求之大小。

(4) 再依據該位置之堆積要求作調整，節點 61 大於父節點 28，對調之。

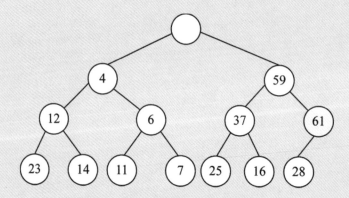

(5) 節點 61 大於父節點 59，再對調之。

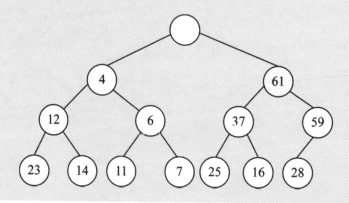

2. (1) 刪除節點 4，然後由節點 15 替補。

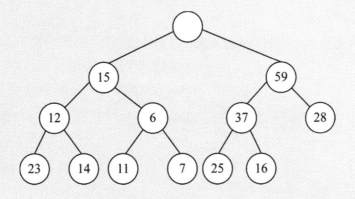

(2) 節點 15 目前在最小堆積，尚未符合最小堆積要求，找子樹最小節點鍵值 6，與之交換。

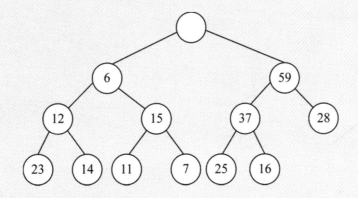

(3) 再找子樹最小節點鍵值 7，與節點 15 交換。

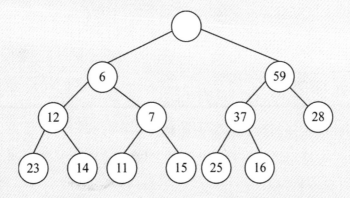

(4) 左邊最小堆積有交換之節點與右邊最大堆積相對應之節點比較，是否符合雙堆積規定。均符合，故完成調整動作。

隨 | 堂 | 練 | 習

1. 如圖，請插入節點38，並調整成雙堆積。

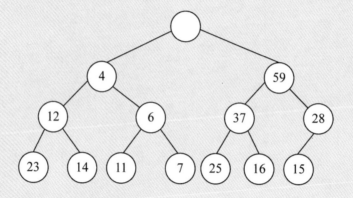

2. 如圖，請刪除節點37，並調整成雙堆積。

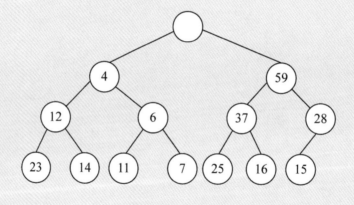

7-8 ●二元樹應用

　　二元樹在的應用相當廣泛，在本單元裡，我們將提出運算式樹、霍夫曼樹、決策樹與遊戲樹等相關應用供讀者參考。另外，我們也將於另章說明二元搜尋樹及平衡樹等議題。

⚑7-8-1　運算式樹

一般運算式如(a + b)*(c–d*e+f)裡，我們必須知道運算子在計算時的優先順序。若有需要優先行處理的運算，則需要使用括弧將其括起來，但是這些括弧和優先順序，對於計算機在處理運算式時，是相當費時的問題。在堆疊議題當中，我們曾提到運算式可採用後序的方式來進行運算處理；本節將介紹如何運用二元樹的運算式樹，來處理運算式。

（一）定義

運算式樹(Expression Tree)指的是滿足下列條件的二元樹：

1. 終端節點為運算元(Operand)，而非終端節點為運算子(Operator)。

2. 子樹為子運算式，樹根為運算子。

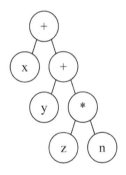

（二）建構方式

應用運算子的優先順序將優先處理的運算元當成樹葉，運算子當成是內部節點，從下而上作運算式樹的建立。

例如x+(y+z*n)，依運算子的優先順序，應先處理括弧，而括弧內有加與乘號，則應先處理乘號，再處理加號，最後再與x相加。此處要注意的，左右子樹的擺放位置，必須與運算式內的運算元相對位置相同。也就是在運算式z*n當中，z在左，必須放在左子樹，n在右，n必須放在右子樹。

（三）運用

我們可以運用運算式樹輕易的對運算式作運算，只要將運算式建構為運算式樹，再對運算式樹作後序走訪，便能運用計算機對運算式作計算。

範|例|練|習

將a–(b+c)*d建構運算樹。

🔒答

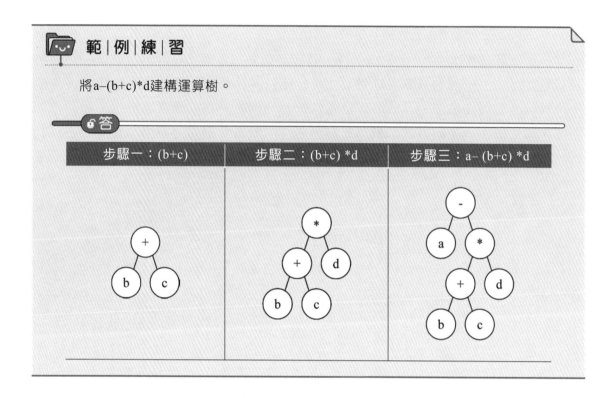

步驟一：(b+c)	步驟二：(b+c)*d	步驟三：a–(b+c)*d

隨|堂|練|習

1. 假設運算式的中序表示法為A–B /（C–D）+ E*F，試將他建構為運算式樹。
2. 根據上題所建構的運算式樹，寫出運算式的後序表示法與前序表示法。

7-8-2 霍夫曼樹

霍夫曼樹(Huffman Tree)在編碼、解碼等議題上，是一項很重要的應用。讀者應該熟讀霍夫曼樹的作法與流程，請看以下說明。

（一）定義

霍夫曼樹是根據霍夫曼碼(Huffman Coding)技術所建構的編碼樹，霍夫曼碼是一種不固定長度的編碼技術，符號的編碼長度與出現頻率成反比，屬於頻率相關編碼(Frequency Dependent Encoding)，換言之，符號的出現頻率越高，編碼長度就越短，符號的出現頻率越低，編碼長度就越長，如此便能將編碼的平均長度縮到最短。

（二）霍夫曼樹處理程序

建構一棵霍夫曼樹→壓縮該文字檔→解壓縮所被壓縮之文字檔。

1. 建構一棵霍夫曼樹

(1) 先統計每個英文字母的出現頻率。

(2) 採用霍夫曼演算法(Huffman's Algorithm)先建立Huffman Coding Tree，方法如下：

　A. 合併頻率最低的兩個，其頻率相加並建立一個父節點。

　B. 重複步驟A，合併到只剩下一個節點為止。

2. 壓縮該文字檔

根據合併之關係，對每一次合併的兩項分別配置一個bit，一個配置"0"；另一個配置"1"，即可得到每個字母的霍夫曼碼(Huffman Codeword)。並將檔案中每個字母以對應的霍夫曼碼表示。

3. 解壓縮所被壓縮之文字檔

解碼時由霍夫曼樹根開始，根據"0"或"1"來決定往左子樹或右子樹搜尋，到達樹葉時即可解出該字母。然後再重新由樹根，重複同樣程序解出次一字母，以此類推。

（三）編碼步驟

1. 找出所有符號的出現頻率。

2. 將頻率最低的兩者相加得出另一個頻率。注意，小值放左邊，大值放右邊。

3. 重複步驟(2)，持續將頻率最低的兩者相加，直到剩下一個頻率為止。

4. 根據合併的關係配置0與1（節點的左邊配置0，節點的右邊配置1），進而形成一棵編碼樹。

📁 範│例│練│習

1. 假設A、B、C、D、E、F等六個符號的出現頻率為0.22、0.15、0.28、0.18、0.05、0.12，試據此建構霍夫曼樹並寫出各個符號的編碼。

2. 同上題，用固定長度編每一個符號需幾個bit？

3. 用固定長度編共需多少編碼長度(bit)？

4. 請問使用霍夫曼編碼共需多少編碼長度？

5. 根據上述範例所設計的霍夫曼碼，請將1110110011111進行解碼。

6答

1. 建構霍夫曼樹並寫出各個符號的編碼。

    (1) 找出所有符號的出現頻率。

A	B	C	D	E	F
0.22	0.15	0.28	0.18	0.05	0.12

    (2) 將頻率最低的兩者相加得出另一個頻率。小值放左邊，大值放右邊。

    A. 先合併 0.05 與 0.12，組合為 0.17。

A	B	C	D	EF
0.22	0.15	0.28	0.18	0.17

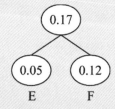

    B. 再合併 0.15 與 0.17，組合為 0.32。

A	BEF	C	D
0.22	0.32	0.28	0.18

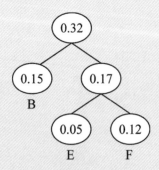

    C. 再合併 0.22 與 0.18，組合為 0.40。

AD	BEF	C
0.40	0.32	0.28

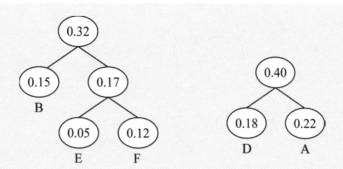

D. 再合併 0.32 與 0.28，組合為 0.60。

AD	BCEF
0.40	0.60

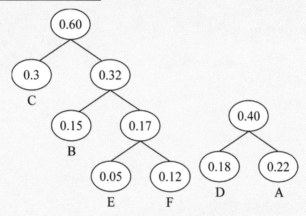

E. 最後合併結果如圖。

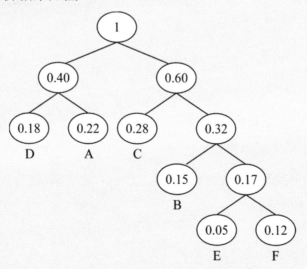

(3) 根據合併的關係配置 0 與 1（節點的左邊配置 0，節點的右邊配置 1），
進而形成一棵編碼樹。

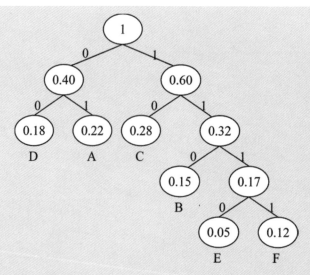

(4) 依據編碼樹進行編碼。

A：01

B：110

C：10

D：00

E：1110

F：1111

2. 用一般編碼每一個符號所需 bit。

　　本題共有 6 個符號，故只需 3 個 bit，也就是 $2^3=8$ 即可完成 6 個符號之編碼，因為 3 個 bit 可以針對 8 個符號進行編碼。內容如下：

000　　011

001　　101

010　　110

100　　111

3. 用固定長度編共需編碼長度(bit)。

　　因為本題並未說明實際的資訊內容，因此，假設出現內容共 100 個符號，每一個符號出現頻率為：

A	B	C	D	E	F
0.22	0.15	0.28	0.18	0.05	0.12

　　所以一般編碼共需編碼長度為

　　(22+15+28+18+5+12)*3=100*3=300

4. 使用霍夫曼編碼共需多少編碼長度。

A	B	C	D	E	F
0.22	0.15	0.28	0.18	0.05	0.12
01	110	10	00	1110	1111
2	3	2	2	4	4

同樣假設資訊內容出現符號共 100 個,則使用霍夫曼編碼所需編碼長度:

22*2+15*3+28*2+18*2+5*4+12*4=249

與固定長度編號比較,其壓縮比為 249/300=0.83

5. 利用霍夫曼樹進行解碼,其步驟如下:

(1) 首先,由樹根出發,0 往左子樹,1 往右子樹,碰到樹葉就表示解碼一個字母,例如 1110110011111 的 1110 被解碼為 E。

(2) 剩下的 110011111 又從樹根出發,110 被解碼為 B。

(3) 剩下的 011111 又從樹根出發,01 被解碼為 A。

(4) 剩下的 1111 又從樹根出發,1111 被解碼為 F,得到的結果為 EBAF。

 隨|堂|練|習

假設資料為ADFBBACGEECADFGACEDCCEEGFFBACDABBCAA,請回答下列問題:

1. 試據此建構霍夫曼樹並寫出各個符號的編碼。

2. 同上題,用固定長度編每一個符號需幾個bit?

3. 用固定長度編共需多少編碼長度(bit)?

4. 請問使用霍夫曼編碼共需多少編碼長度?

7-8-3 決策樹

決策樹(Decision Tree)的設計在於探討針對特定問題可能的發展情況,其對應的可能結果、解決方案等,可作為決策參考使用。本單元將就決策樹的定義和建構方式進行說明,並提出幾個實作範例。

（一）決策樹定義

決策樹的基本概念就是依據現有的條件，可提供一個較適當之方案作為決策參考與選擇。決策樹是一種利用樹狀結構的方式來顯示特定問題的各種可能情況，以作為決策分析參考。一般來說，決策樹會從樹根開始，利用測試的方式來決定應該進入哪一個子節點，到了下一個子節點，一樣透過測試的方式再進入下一個子節點，如此反覆進行，直到得到一個結果後才停止。

（二）建構方式

建構決策樹時，設計者應該備妥問題的限制條件，然後依據條件的不同，進一步決定該些問題的各種可能對應答案。另一種方式，設計者可先將問題可能發生的情形全部條列出來，然後依據各種發生情形的相關性作分類，並列出可行的樹狀結構。基本上，每一種情形都會有一個獨特的對應路徑，而節點就是每一種情形可能的特性或特徵。

若我們想要協助某位女同學，幫她介紹男朋友，首先，我們可以先確定一些基本條件，例如：外表、經濟能力、薪資、上進心、學歷、年紀、身高、家世、興趣等，然後根據符合條件與否兩個選項來進行決策。

另一種建構方式，例如要學樂器，我們已經知道樂器種類包括小提琴、吉他、豎琴、電子琴、爵士鼓、風琴、鋼琴、蕭、笛子、小喇叭、薩克斯風、古箏等。然後，我們可以將之先作分類，並找出每一種樂器之特性或特徵，於是可以將該決策樹建構出來。

（三）尋找偽幣問題

尋找偽幣問題是一個經典的問題，其背景內容是這樣的，假設現有8枚金幣，當中已確定有1枚是偽幣，並且比其餘7枚金幣為輕。如果給你一個天秤，試用這個天秤找出該枚偽幣。其解決方式就是把8個金幣分成2堆或4堆來秤，輕的那一堆就有可能是劣幣，再將最輕的那一堆再分2堆或4堆來秤，如此反覆執行，直到找到輕的偽幣為止。若8枚金幣為a~h，我們將它分成兩堆，其決策樹如下。

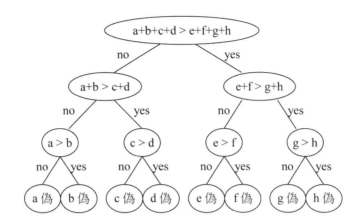

隨｜堂｜練｜習

　　假設現有8枚金幣，當中有1枚可能是偽幣，並且比其餘7枚金幣為輕或重。如果給你一個天秤，試用這個天秤找出該枚偽幣。

7-8-4　遊戲樹

　　遊戲樹(Game Tree)的概念，最主要是在討論遊戲賽局(Game Theory)問題，本單元將就遊戲樹的定義、建構方式與範例作說明。

（一）遊戲樹定義

　　遊戲樹的基本概念，就是基於勝利或不輸的前提之下，決定下一步應該如何執行。遊戲樹關心的是玩家(Player)的下一步應該如何走，而決策樹關心的應該是在現階段玩家應該要選擇哪一個結果；一個是關心過程，另一個是關心階段性結果。通常，相較於決策樹，遊戲樹會比較複雜，因為其遊戲過程或決策路徑可能會比較長，因此考慮的步驟也會比較多。因此，遊戲樹是根據我們所定義的遊戲問題，使用樹狀結構由上而下之層次關係，來表達一個賽局中各種後續可能性的執行步驟，並從中選擇出較佳的走法，以期望達到最後的勝利。當計算機運算能力越強，就能推算更多可能的狀況與走法，得以提高自己相較於對手的勝算。

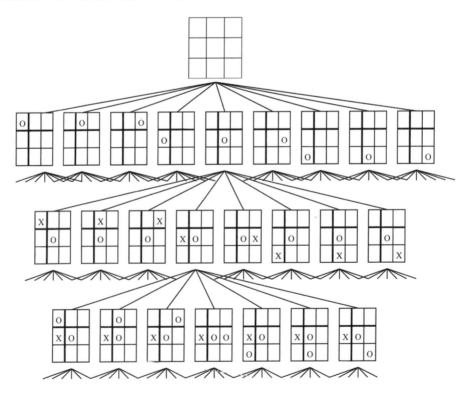

（二）建構方式

一個完整的遊戲樹(Complete Game Tree)會有一個起始節點，代表賽局中某一個情形，接著下一層的子節點是原來父節點賽局下一步的各種可能性，依照這規則的擴展，直到賽局結束，其中，遊戲樹中形成的葉節點代表各種遊戲結束的可能情形。一般來說，簡單的遊戲（如井字遊戲），我們可以快速的找到最佳解並作出決定，但是，如果較複雜的遊戲，如象棋、圍棋這一類大型的博弈遊戲，若要列出完整的遊戲樹，可能會使計算機的計算能力難以應付，因此對這類遊戲通常會採用部分的遊戲樹(Partial Game Tree)來進行搜尋，典型的部分遊戲樹通常是限制遊戲樹的層數，並剔除不佳的步法（例如自殺）。當然，一般而言搜尋的層數越多，能走出較佳走法的機會也越高。

（三）井字遊戲

井字遊戲(Tic-tac-toe)又稱為OX遊戲，兩個玩家，一個打圈(O)，一個打叉(X)，輪流在3乘3的格上打自己的符號，最先以橫、直、斜連成一線則為勝利。如果雙方都下得正確無誤，將得和局。當對手下棋後，我們可以運用遊戲樹來決定我們應該如何應對。井字遊戲的遊戲樹的畫法如下圖所示，提供讀者參考（也可使用MinMax搜尋樹來分析井字遊戲之勝負問題，有興趣讀者可參考相關書籍）。

🦷 7-8-5 集合

前面曾提到，樹林(Forest)是由n棵互斥樹所組成的集合(n≥0)，因此，樹林剛好適合用來表示互斥集合(Disjoint Set)的概念。

所謂互斥集合，就是指兩兩之間不存在交集的集合。那我們應該如何用樹狀結構來表示互斥集合呢？其基本原則如下：

1. 每個集合的第一個元素都視為樹根，其他元素都視為指向樹根的樹葉。

2. 用樹狀結構表示集合，其每一個節點都包含一個資料欄和指向父節點的鏈結欄。

3. 節點之資料欄存放節點鍵值，節點之鏈結欄則指向父節點。其中，樹根之鏈結欄因不指向任何節點，所以我們可以運用樹根之鏈結欄儲存該樹的節點數量。

4. 任意兩棵樹都是不相連通的。

5. 通常我們都以樹根的鍵值來表示該樹的集合名稱。

假設有兩個集合A={1, 2, 3, 4}，B={5, 6, 7}，使用樹狀結構來表示，則集合A之元素1將視為樹根，元素2、3與4都視為指向1之樹葉。集合B的元素5將視為樹根，元素6與7則視為指向5之樹葉。根節點之鏈結欄分別存放節點數量。如下圖所示。

以樹狀結構表示：請注意，與一般樹狀結構最大不同，是邊是有箭頭的，且是指向樹根。

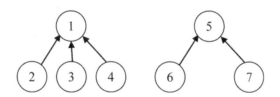

以鏈結串列表示：

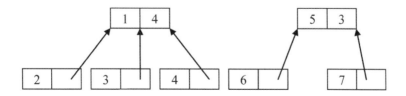

```
/*宣告 set_node 是集合以樹狀結構表示之資料結構*/
typedef struct node{
    datatype data;          /*節點的資料欄位*/
```

```
    struct node *link; /*節點的鏈結欄位*/
}set_node;

set_node *setpointer; /*宣告 setpointer 是指向節點的指標*/
//其中 link 是指向 parent 的指標。
```

在互斥集合當中，我們比較關心的是集合之間的合併問題，一般稱為聯集運算。例如集合A與B要進行聯集運算，我們會用UNION(A, B)或是UNION(1, 5)來表示。A與B聯集的結果可以得到AB={1, 2, 3, 4, 5, 6, 7}。若以樹狀結構來看，UNION(1, 5)的結果會有兩種。一種是以節點1當作樹根，另一種則以節點5當作樹根；基本上，我們會以元素個數較多的樹當作是聯集運算後的樹根。若元素個數相同，將以第一個集合之樹根的樹當作是聯集運算後的樹根。

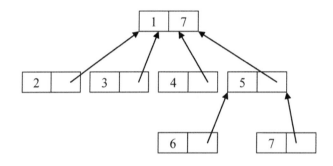

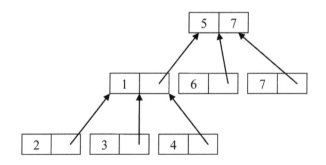

除了聯集運算的內容之外，我們還關心互斥集合的搜尋(Search)問題。互斥集合的搜尋問題，所探討的重點在於找出某節點是屬於哪一個父親節點。其作法只要順著該節點的鏈結欄往上找，就可以找到相對應的樹根節點。

7-8-6 四分樹

樹的應用，除了在編碼、運算式或決策樹的應用之外，也可以運用子樹來進行分類或分割。例如可以將一串數列運用二元樹來分割成兩部分，左子樹的資料與右子樹的資料，至於分割依據，可以與樹根比大小來作分割，或用其他規則來分割。而四分樹(Quadtree)的概念就是一種分割的方法。

（一）定義

四分樹，又稱四叉樹，是由Raphael Finkel與J. L. Bentley在1974年發展出來。就是一種可以把資料根據所在的條件分割成四個部分的一種樹狀結構。

（二）應用

四元樹常應用於二維空間資料的分析與分類，尤其在影像處理的運用更是廣泛。在同一區域中，若有黑色與白色影像，則資料記錄為1與0，若為彩色，則可以不同數字或符號表示影像資料。

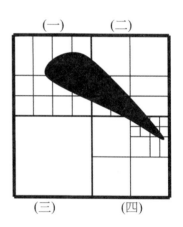

（三）實作

假設在平面座標上有一些座標資料，我們可以依據座標象限區分，將座標資料以四分樹來做記錄。每一個象限也可以根據需要再分割成四個部分，以此類推。

1. **狀態值**：節點上的單位元的鍵值稱為狀態值。

2. **分割時機**：在節點上的資料不是唯一時，可以再行分割，直到節點上的資料是單一一筆為止。

從下圖圖A可知，在座標軸上共有5個座標點，第一象限有a、b、c三點，第二象限有d點，第三象限無座標點，第四象限有e點，我們可以運用四分樹來表示，如圖B所示。在圖B中，狀態值1表示該區域要再分割下去，狀態值0表示該區域不再做分割。因為在第一象限存在3個點，為了區分三個座標點的資料，應該再往下分割，結果如圖C所示。

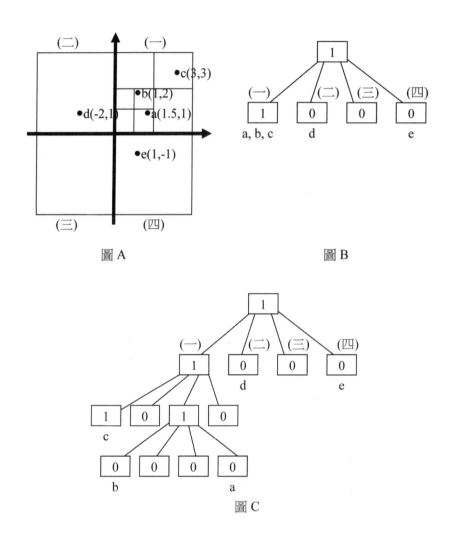

圖 A   圖 B

圖 C

🦷 7-8-7　延伸二元樹、擴張樹、二元搜尋樹、平衡樹與伸展樹

在此單元簡介延伸二元樹、擴張樹、二元搜尋樹與平衡樹等概念，相關細部說明將於後面章節進行更深入之探討。

（一）延伸二元樹

指任何一個二元樹，若有n個節點，具有n–1個非空鏈結，n+1個空鏈結，若在每一個空鏈結上加入一個特殊的節點，稱此節點為外節點，其餘節點為內節點。如此利用內、外節點建立的二元樹，稱為延伸二元樹(Extension Binary Tree)。用於搜尋時，搜尋到外節點，代表搜尋失敗。

1. **外徑長**：外路徑長度又稱外徑長，以E表示，是指由樹根到每個外節點的路徑長度之總和。

2. **內徑長**：內路徑長度又稱內徑長，以I表示，是指由樹根到每個內節點的路徑長度之總和。E=I+2n，n為延伸二元樹的節點數。
   歪斜二元樹之I、E值最大，完整二元樹之I、E值最小。

3. **加權外徑長**：如果每個外部節點有加權值時，則外徑長必須考慮相關加權值或稱為加權外徑長(Weighted External Path Length)。加權代表兩個節點間的距離或價錢。

4. **最佳二元搜尋樹**：所謂最佳二元搜尋樹，指所有二元搜尋樹中具備有最小加權外路徑長度的二元樹。也就是，在所有可能的二元搜尋樹中，有最小搜尋成本的二元樹。

（二）擴張樹(Spanning Tree)

擴張樹又稱花費樹或展開樹，它是指能以最少的邊數(Edges)來連接圖中所有的頂點而不產生循環(Cycle)的子圖(Subgraph)。擴張樹的內容將在圖形結構章節作說明。

（三）二元搜尋樹(Binary Search Tree)

二元搜尋樹只有左右子樹，且左子樹的所有鍵值都必須小於其樹根的鍵值，右子樹的所有鍵值都必須大於其樹根的鍵值，因此在搜尋二元樹內之鍵值時，可依此原則作尋找。二元搜尋樹的內容請參考後面章節說明。

（四）平衡樹（AVL 樹）

平衡樹(Adelson-Velsky and Landis Tree; AVL Tree)又稱高度平衡二元樹(Height Balanced Binary Tree)，著重於維持其左子樹TL和右子樹TR的高度相差小於等於1。平衡樹的內容請參考後面章節說明。

程式實作演練

程式實作演練雙數題
請參照 **QR Code**

Java 範例包含兩部分，單數題範例以實體文本方式呈現，強化基礎程式實作能力；雙數題範例存放於雲端，供進階延伸學習參考。（全書適用）

範例 1

程式Tree_7_1.java包含class Node以及class Tree_7_1兩個類別程式，其中class Node為二元數節點的結構，class Tree_7_1為程式運行的驅動碼，包含主方法。

class Node的目的為設計一個具有左鏈結欄(Left)、右鏈結欄(Right)以及資料欄(Value)的節點(Node)結構，其透過建構子初始化左鏈結欄(Left)、右鏈結欄(Right)以及整數資料欄(Value)的值。

class Tree_7_1類別中設計三種二元樹走訪方法，包含：採遞迴方式進行中序走訪的 traverseRecurTree_Inorder(Node node) 方法、採遞迴方式進行前序走訪的 traverseRecurTree_Preorder(Node node) 方法以及採遞迴方式進行後序走訪的 traverseRecurTree_Postorder(Node node)方法等。方法說明如下：

中序走訪traverseRecurTree_Inorder (Node node)：如果node不為null，透過遞迴拜訪，拜訪左子樹->拜訪中間樹根->拜訪右子樹。

前序走訪traverseRecurTree_Preorder (Node node)；如果node不為null，透過遞迴拜訪，拜訪中間樹根->拜訪左子樹->拜訪右子樹。

後序走訪traverseRecurTree_Postorder (Node node)：如果node不為null，透過遞迴拜訪，拜訪左子樹->拜訪右子樹->拜訪中間樹根。

class Tree_7_1程式運行主方法時，首先創建一個二元數結構並將該物件命名為travTree.root，隨即分別新增二元樹節點，樹根設置為1，樹根之左子樹設置為2，樹根之右子樹設置為3，以此類推，共建置六個節點。二元樹創建完畢後，分別用上述三種走訪方式，依序呼叫中序、前序、以及後序等走訪方法，並將其走訪結果輸出展示。

Tree_7_1.java

```
class Node {
    int value;
```

```
        Node left;
        Node right;

        public Node(int value) {
            this.value = value;
            left = null;
            right = null;
        }
    }
class Node { //設計一個具有左鏈結欄(left)、右鏈結欄(right)、以及資料欄(value)
的節點(Node)結構
    int value;
    Node left;
    Node right;

    public Node(int value) { //透過建構子初始化左鏈結欄(left)、右鏈結欄(right)、
以及資料欄(value)的值
        this.value = value;
        left = null;
        right = null;
    }
}
public class Tree_7_1{
    Node root;
    public void traverseRecurTree_Inorder(Node node) { //採遞迴方式進行中序走訪
        if (node != null) {
            traverseRecurTree_Inorder(node.left);
            System.out.print(" " + node.value);
            traverseRecurTree_Inorder(node.right);
        }
    }
    public void traverseRecurTree_Preorder(Node node) { //採遞迴方式進行前序走訪
```

```java
        if (node != null) {
            System.out.print(" " + node.value);
            traverseRecurTree_Preorder(node.left);
            traverseRecurTree_Preorder(node.right);
        }
    }
    public void traverseRecurTree_Postorder(Node node) {//採遞迴方式進行後序走訪
        if (node != null) {
            traverseRecurTree_Postorder(node.left);
            traverseRecurTree_Postorder(node.right);
            System.out.print(" " + node.value);
        }
    }

    public static void main(String[] args) { //主方法
        Tree_7_1 travTree = new Tree_7_1(); //創造二元數結構
        travTree.root = new Node(1); //新增節點 1
        travTree.root.left = new Node(2); //新增節點 2
        travTree.root.right = new Node(3); //新增節點 3
        travTree.root.left.left = new Node(4); //新增節點 4
        travTree.root.left.right = new Node(5); //新增節點 5
        travTree.root.right.left = new Node(6); //新增節點 6
        System.out.println("In-order Binary Tree: ");
        travTree.traverseRecurTree_Inorder(travTree.root); //呼叫中序走訪方法
        System.out.println();
        System.out.println("Pre-order Binary Tree: ");
        travTree.traverseRecurTree_Preorder(travTree.root); //呼叫前序走訪方法
        System.out.println();
        System.out.println("Post-order Binary Tree: ");
        travTree.traverseRecurTree_Postorder(travTree.root); //呼叫後序走訪方法
    }
}
```

程式的執行結果，如下：

In-order Binary Tree:
 4 2 5 1 6 3
Pre-order Binary Tree:
 1 2 4 5 3 6
Post-order Binary Tree:
 4 5 2 6 3 1

範例 3

程式 Tree_7_3.java 的主要功能在於採用陣列(Array)實作最大堆積樹(Max Heap)，宣告 Heap 為整數陣列以儲存最大堆積樹之節點資料，並以整數變數 maxsize 來指定一最大容量(Max Size Capacity)用於建立該最大堆積樹(Max Heap)，也就是 Heap 整數陣列的容量大小。

分別設計許多方法於此程式中，包含：

parent(int pos) 方法用來回傳父節點(parent)的位置，leftChild(int pos) 方法用來回傳左子節點(left children)的位置，rightChild(int pos) 方法用來回傳右子節點(right children)的位置；isLeaf(int pos) 方法用來判斷是否為樹葉，當該節點位置為樹葉，回傳 true，否則回傳 false; 方法 swap(int fpos, int spos) 用來將兩個節點相互交換(swapping nodes)；方法 maxHeapify(int pos) 採用遞迴，用來建立最大堆積子樹。方法 insert(int element) 用來新增節點到最大堆積樹(inserts a new element)，每新增一節點，立即呼叫 swap(current, parent(current)) 方法，以最大堆積樹排序，也就是尋訪並比較新增節點與父節點；若 "新增節點 > 父節點" 則交換(swap)節點資料。方法 extractMax() 可用來從最大堆積樹中取出一節點，其中陣列中 index 0 位置的值必為最大值；而方法 print() 則用來巡訪，並列印堆積樹(Display Heap)的所有資料元素。

主方法 main() 內部的程式，首先建立一最大容量(Max Size Capacity)為15個節點的最大堆積樹(MaxHeap)，將該物件命名為 maxHeap，並開始逐一新增節點1、4、6、10、8、12、15、19、9，每新增一節點，立即以最大堆積樹排序。所建立之最大堆積樹呈現如下：

隨即，使用方法 print() 將上述之 maxHeap 最大堆積樹的資料列印出來，並加以標示相對位置；最後，使用方法 extractMax() 取得此堆積樹中的最大值，並將其輸出顯示。

```
        19
       /  \
     15    12
    / \    / \
   9  6  4   10
  /\
 1  8
```

Tree_7_3.java

```java
public class Tree_7_3{ //採用陣列(array)實作最大堆積樹(MaxHeap)
    private int[] Heap; // 儲存最大堆積樹資料之陣列宣告
    private int size;
    private int maxsize; // 指定一最大容量(max size capacity)，建立該最大堆積樹
(MaxHeap)

    public Tree_7_3(int maxsize) {     // 透過建構子，初始化該最大堆積樹
        this.maxsize = maxsize;
        this.size = 0;
        Heap = new int[this.maxsize]; // 宣告最大堆積樹之陣列最大容量
    }

    private int parent(int pos) { // 回傳父節點(parent)的位置 parent
        return (pos - 1) / 2;
    }

    private int leftChild(int pos) { // 回傳左子節點(left children)的位置
        return (2 * pos) + 1;
    }

    private int rightChild(int pos) { // 回傳右子節點(right children)的位置
        return (2 * pos) + 2;
    }

    private boolean isLeaf(int pos) { // 判斷是否為樹葉，當該節點位置為樹葉，回
傳 true
        if (pos > (size / 2) && pos <= size) {
            return true;
        }
        return false;
    }
```

```
private void swap(int fpos, int spos) {  // 兩個節點相互交換(swapping nodes)
    int tmp;
    tmp = Heap[fpos];
    Heap[fpos] = Heap[spos];
    Heap[spos] = tmp;
}


private void maxHeapify(int pos) { // 採用遞迴，建立最大堆積子樹
    if (isLeaf(pos))
        return;
    if (Heap[pos] < Heap[leftChild(pos)] || Heap[pos] < Heap[rightChild(pos)]) {
        if (Heap[leftChild(pos)] > Heap[rightChild(pos)]) {
            swap(pos, leftChild(pos));
            maxHeapify(leftChild(pos));
        } else {
            swap(pos, rightChild(pos));
            maxHeapify(rightChild(pos));
        }
    }
}


public void insert(int element) {  // 新增節點到最大堆積樹(inserts a new
element)，每新增一節點，立即以最大堆積樹排序
    Heap[size] = element;
    int current = size;
    while (Heap[current] > Heap[parent(current)]) {
        swap(current, parent(current)); // 尋訪並比較新增節點與父節點；若"新
增節點 > 父節點"，則交換(swap)
        current = parent(current);
    }
    size++;
```

```
    }

    public int extractMax() { // 從最大堆積樹中取出一節點，其中陣列中 index 0 位
置的值必為最大值
        int popped = Heap[0];
        Heap[0] = Heap[size--];
        maxHeapify(0);
        return popped;
    }

    // 列印堆積樹(display heap)
    public void print() {
        for (int i = 0; i < size / 2; i++) {
            System.out.print("    Parent Node : " + Heap[i]);
            if (leftChild(i) < size) // if the child is out of the bound of the array
                System.out.printf("%n    Left Child Node: %d", Heap[leftChild(i)]);
            if (rightChild(i) < size) // if the right child index must not be out of the
index of the array
                System.out.printf("%n        Right    Child    Node:    %d",
Heap[rightChild(i)]);
            System.out.println(); // for new line
        }
    }

    public static void main(String[] arg) { // main method: 動態建構一最大堆積樹
(Max Heap)
        System.out.println("The Max Heap is ");
        Tree_7_3  maxHeap  =  new  Tree_7_3(15); // 建立一最大容量(max  size
capacity)為 15 個節點的最大堆積樹(MaxHeap)
        maxHeap.insert(1); // 開始逐一新增節點(inserting nodes)，每新增一節點，
立即以最大堆積樹排序
        maxHeap.insert(4);
```

```
        maxHeap.insert(6);
        maxHeap.insert(10);
        maxHeap.insert(8);
        maxHeap.insert(12);
        maxHeap.insert(15);
        maxHeap.insert(19);
        maxHeap.insert(9);
        maxHeap.print(); // 列印堆積樹(display heap)
        System.out.println("The    maximum    value    in    heap    is:    "    +
maxHeap.extractMax()); // 列印此堆積樹的最大值
    }
}
```

程式的執行結果，如下：

```
The Max Heap is
   Parent Node : 19
     Left Child Node: 15
     Right Child Node: 12
   Parent Node : 15
     Left Child Node: 9
     Right Child Node: 6
   Parent Node : 12
     Left Child Node: 4
     Right Child Node: 10
   Parent Node : 9
     Left Child Node: 1
     Right Child Node: 8
The maximum value in heap is: 19
```

作業 III

1. 請建立一個最小堆積(Minimum Heap)（必須寫出建立此堆積的每一個步驟）。

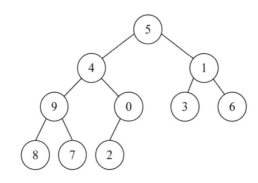

2. 請寫出Heap的定義，並舉個例子說明。

3. 請回答下列問題：
   (1) 何謂有序樹(Ordered Tree)。
   (2) 何謂延伸二元樹(Extended Binary Tree)。
   (3) 請以下圖的二元樹說明，如何以上連續性的記憶體儲存該樹。

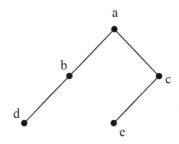

   (4) 如何計算第(3)題中任一節點的左子節點及右子節點位址。

4. 假設一個二元樹(Binary Tree)含有9個節點(Node)：
   (1) 此樹最小的level是多少？
   (2) 此樹最大的level是多少？

5. 請畫一棵二元樹，盡量滿足下列所有條件：
   • 樹的高度(Height)為5，且共有9片樹葉(Leaves/External Nodes/Terminal Nodes)；
   • 階度(Level)為3的節點(Nodes)有3個（根節點的階度為1）；
   • 除了根節點(Root)之外，沒有任何一個節點的後代(Descendents)個數超過10個；
   • 至少有3個內部節點/非終端節點(Internal Nodes/Non-terminal Nodes)沒有兄弟(Sibling)－請用打勾標示出這些節點。

6. 依照右圖的二元樹(Binary Tree)：

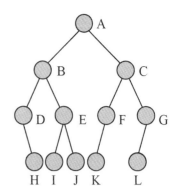

(1) 寫出其後序追蹤(Postorder Traversal)。

(2) 寫出其中序追蹤(Inorder Traversal)。

(3) 寫出其前序追蹤(Preorder Traversal)。

(4) 請舉一例子說明後序追蹤的應用。

(5) 請舉一例子說明中序追蹤的應用。

(6) 請舉一例子說明前序追蹤的應用。

7. 一數列44, 56, 33, 23, 99, 20, 11, 17, 73, 98。

(1) 畫出對應二元樹(Binary Tree)。

(2) 請將這二元樹轉換成堆集樹(Heap Tree)。

(3) 在使用堆集排序(Heap Sort)的前二個步驟後可輸出99和98兩數，請畫出在經過二個步驟後的堆集樹。

8. 請繪一前序巡訪(Preorder Traversal)之樹狀圖以表示下列之前置(Prefix)表示式。

   * + 25 + 36

9. 以下為前序追蹤(Preorder Traversal)及後序追蹤(Postorder Traversal)的順序

   前序追蹤順序：M, N, I, A, H, B, C, J, G, F, K, L, E, D, Y

   後序追蹤順序：A, B, C, H, I, G, F, J, N, E, D, L, Y, K, M

   (1) 請畫出此二元樹。

   (2) 請寫出此二元樹的中序追蹤(Inorder Traversal)順序。

10. 給予一棵樹的前序追蹤(Preorder Traversal)，和中序追蹤(Inorder Traversal)如下：

    前序追蹤：A B D G C E H I F

    中序追蹤：D G B A H E I C F

    (1) 繪出這棵樹。

    (2) 以遞迴方式(Recursion)寫出後序追蹤(Postorder Traversal)演算法。

    (3) 列出這棵樹的後序追蹤結果。

11. 將下列資料依序輸入，以指定的資料結構呈現結果：

    Dec, Jan, Apr, Mar, Jul, Aug, Oct, Feb, Sep, Nov, May, Jun

    其中字串大小依英文字母順序決定，亦即A＜B＜...＜Z，a＜b＜...＜z。

    (1) 二元查詢樹(Binary Search Tree)。

    (2) 最大堆積(Max Heap)。

CHAPTER

08

☞ 二元搜尋樹及其
高度平衡

DATA STRUCTURE

THEORY AND PRACTICE

二元搜尋樹在二元樹裡面是一個很重要的應用，建構成二元搜尋樹不但可以排序數列，亦可以提升搜尋資料的效率；然而，二元搜尋樹建立後該樹的結構、以及其高度，與搜尋效率息息相關；因此，有學者提出AVL樹的高度平衡調整方法。本章節將介紹二元搜尋樹的相關內容，包括二元搜尋樹、B樹、2-3樹、2-3-4樹、紅黑樹、B+樹等。

8-1 • 二元搜尋樹

二元搜尋樹(Binary Search Tree)提供了數列資料建立成二元樹的一個重要參考，所建構完成的二元搜尋樹可運用中序走訪排序資料，使資料可以由小排到大。因此，運用二元搜尋樹可以快速搜尋所需資料。

二元搜尋樹之運算與二元樹類似，包括如何插入節點、刪除節點、搜尋節點、走訪、複製、比較兩棵二元樹是否相等。在本單元，我們將針對二元搜尋樹如何插入、刪除、搜尋節點及走訪等處理方式進行說明。

8-1-1　二元搜尋樹定義

二元搜尋樹亦是一種二元樹，所以它可以是空樹，若不為空樹必須滿足下列條件：

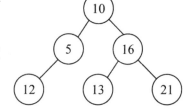

1. 二元搜尋樹只有左子樹或右子樹，且左右子樹亦為二元搜尋樹。

2. 每個節點均含一個鍵值(Key)，且是唯一（每一個鍵值都不相同）。

3. 左子樹的所有鍵值都必須小於其樹根的鍵值。

4. 右子樹的所有鍵值都必須大於其樹根的鍵值。

8-1-2　插入節點

一串數列建立成二元搜尋樹之方式如下：

1. 若為空樹，則直接插入資料。否則進行下一步驟。

2. 欲插入的資料與節點之鍵值作比較，小於鍵值則往左子樹，大於鍵值則往右子樹。

3. 若link=null（抵達子樹的尾端），則在對應的子樹來新增節點，並於插入鍵值後結束，否則回到步驟2。

二元搜尋樹插入節點的演算法如下：

```
演算法名稱：insert(root, key)
輸入：root, key
輸出：
Begin
    var node, pronode, newnode: pointer
    newnode←dynamic memory allocation
    newnode->data←key
    newnode->leftchild←null
    newnode->rightchild←null
    If ! root then
        root←newnode
    else
        node ← root
        While node do
            pronode← node
            If newnode->data < node->data then
                node←node->leftchild
            else
                node←node->rightchild
            end If
        end While
        If newnode-> data < pronode ->data then
            pronode->leftchild= newnode
        else
            pronode ->rightchild = ptr
        end If
    end If
    return root
end
```

範│例│練│習

請使用下列數列建立一棵二元搜尋樹。30、80、10、50、120、20。

答

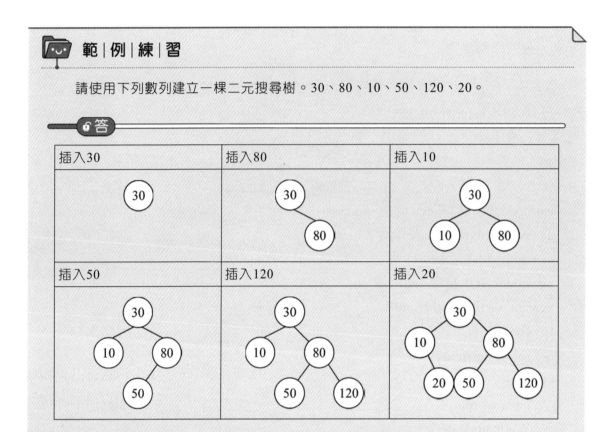

插入30	插入80	插入10
插入50	插入120	插入20

隨│堂│練│習

1. 請使用下列數列建立一棵二元搜尋樹。25、20、16、30、50、23。
2. 請撰寫一支程式,實作二元搜尋樹的插入。

8-1-3 刪除節點

二元搜尋樹要刪除節點時,會有以下幾種情況:

1. 若要刪除的節點是樹葉,則直接刪除。

2. 若要刪除的節點是內部節點且只有一棵子樹時,則以其子樹取代欲刪除的節點。

3. 若欲刪除的節點是內部節點且有兩棵子樹時,則找中序走訪之立即前行者或立即後繼者來取代。也就是以該節點左子樹的最大節點或右子樹的最小節點來取代。

📂 範｜例｜練｜習

如圖，請分別刪除20，10及30之鍵值，並顯示結果。

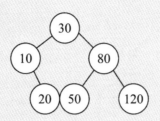

 答

情況一： 如右圖，要刪除20（樹葉），則直接刪除。	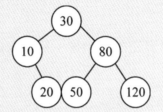	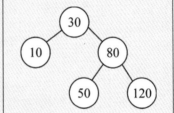
情況二： 要刪除10（只有一棵子樹），則直接以20取代10，然後刪除10。	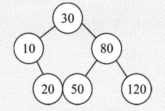	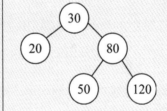
情況三： 要刪除30（有2棵子樹），則找左子樹最大值之節點20或找右子樹之最小節點50取代30之位置，然後刪除節點30即可。	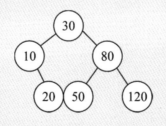	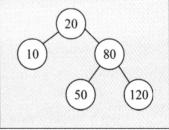

隨|堂|練|習

如圖，請刪除80之鍵值，並顯示結果。

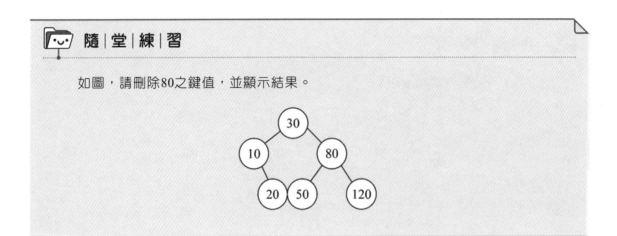

8-1-4　搜尋節點

二元搜尋樹搜尋鍵值的演算法如下所述：假設要搜尋key，從根節點開始來進行比較，則：

1. key=節點鍵值，則搜尋成功後結束，否則進入下一步驟。

2. 若key<節點鍵值，則往左邊子樹，若key>節點鍵值，則往右邊子樹。

3. 若對應的llink=null或rlink =null，則搜尋失敗，否則回到步驟1。

二元搜尋樹搜尋節點的演算法如下：

```
演算法名稱：search(root, key)
輸入：root
輸出：root->data
Begin
    var node, pronode, newnode: pointer
    node←root
    While node do
        If key = node ->data then
            return node
        end If
        If key < node ->data then
            node←node ->leftchild
```

```
        else
            node←node ->rightchild
        End If
    end While
    return null
end
```

 範|例|練|習

如圖,請寫出搜尋50之過程。

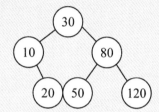

答

搜尋鍵值50的過程如下:

第一次比較:50和鍵值30做比較,50>30;所以,移往右子樹。

第二次比較:50和鍵值80做比較,50<80;所以,移往左子樹。

第三次比較:50和鍵值50做比較,50=50;因此,搜尋成功。

 隨|堂|練|習

1. 如圖,請寫出搜尋20之過程。

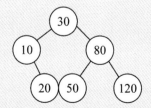

2. 請撰寫一支程式,實作二元搜尋樹的搜尋。

3. 請撰寫一支程式,實作二元搜尋樹的中序走訪。

8-2 ● 高度平衡二元樹 AVL

　　上一節提到的二元搜尋樹中，搜尋效率是一個相當重要的指標。讀者是否有發現，當有一串資料需要搜尋時，若使用二元搜尋樹來處理，所建立的二元搜尋樹會因數列排列順序不同，而建立出不同的二元搜尋樹的結構。例如，數列1、2、3、4、5、6、7與數列4、2、6、1、3、5、7所建構的二元搜尋樹結構並不相同；二元搜尋樹結構的差異，將會影響搜尋效率的表現。如圖所示。

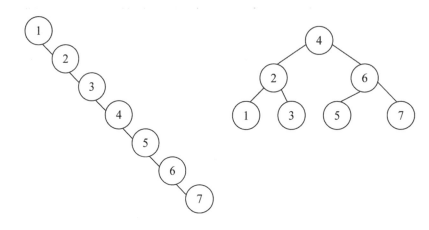

　　從上圖可看出，若要搜尋7，左圖至少比對7次；但在右圖，只需比對3次。因此，不管數列順序為何，當我們在建構二元搜尋樹時，若同時分析並調整二元搜尋樹的高度，則可使得二元搜尋樹之高度能被有所控制；將使該二元搜尋樹在搜尋資料時，能提高搜尋效率。因此，高度平衡二元樹(Height Balanced Binary Tree)的概念被提出，用於解決二元搜尋樹的效率問題（Adelson-Velskii和Landis，1962），也就是所謂的AVL樹，其定義如下。

📁 8-2-1　AVL 樹定義

　　學者Adelson-Velskii和Landis提出高度平衡二元樹，為了紀念這兩位學者的貢獻，一般又稱AVL樹，我們來了解如何定義AVL樹：

　　假設T不是空樹且其左右子樹為TL和TR的，則T為高度平衡二元樹若且唯若T滿足下列兩個條件：

1. 左子樹TL和右子樹TR亦為高度平衡二元樹。

2. 左子樹TL和右子樹TR的高度相差小於等於1。

除了必須了解AVL樹的定義外，我們應該還要了解如何計算平衡係數(Balance Factor; BF)，以及學習如何將不符合高度的二元搜尋樹進行調整。所謂平衡係數，是指節點的左子樹TL高度減去右子樹TR高度，而且AVL樹各個節點的BF必須為0或±1。

當計算平衡係數時，必須檢查每一個節點的BF，評估哪一個節點高度相差大於1，只要有一個節點不符合，就必須做調整。平衡係數的計算方式，就是依據某一節點，計算其左子樹與右子樹的高度差，該值即為平衡係數。

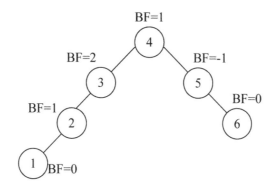

依上圖：

1. 節點4之左子樹3之高度為3，右子樹5之高度為2，所以相差1，即BF=1。

2. 節點3之左子樹2之高度為2，無右子樹，故高度為0，所以相差2，即BF=2。

3. 節點2之左子樹1之高度為1，無右子樹，故高度為0，所以相差1，即BF=1。

4. 同理，節點5之BF=-1，另外節點1與6之BF=0。

範 | 例 | 練 | 習

請計算圖中各節點之BF值。

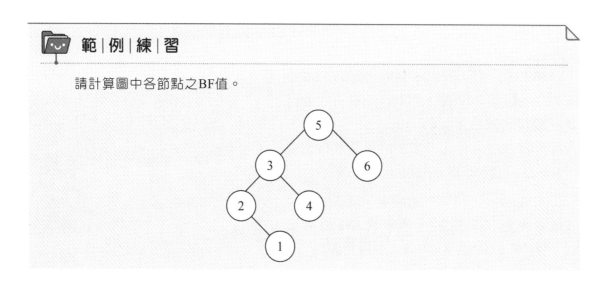

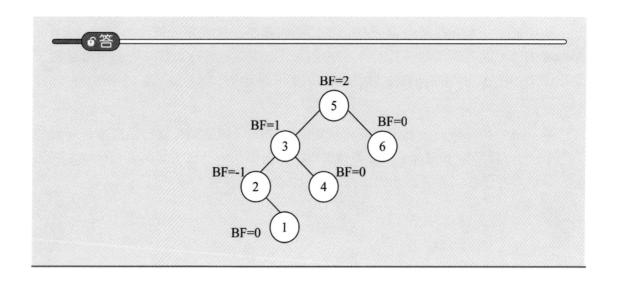

隨|堂|練|習

請計算圖中各節點之BF值。

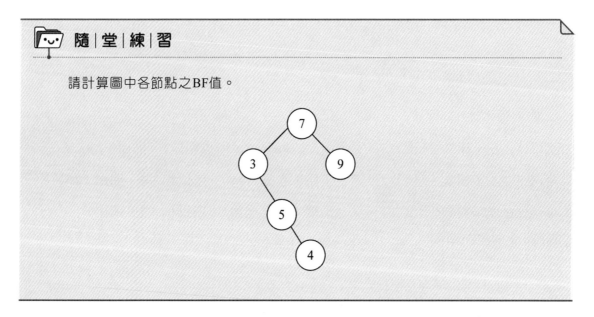

　　AVL樹在每次插入、刪除節點時，都必須計算各節點之BF值。因為AVL樹可能會因為在插入或刪除節點時，造成BF>1或<-1。因此，我們必須將此不平衡的現象進行適當調整，以符合AVL樹的要求。

　　如右圖，我們可以發現插入節點1時，造成節點3之BF變成2，不符合AVL樹的要求。我們可以依據節點N插入到樹的節點V的

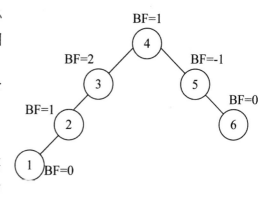

位置（可以參照下圖之標示），把它分成四種調整方式，我們並陸續來說明這四種調整方式：

LL型：將新節點N插入到節點V的左兒子的左子樹。

RR型：將新節點N插入到節點V的右兒子的右子樹。

LR型：將新節點N插入到節點V的左兒子的右子樹。

RL型：將新節點N插入到節點V的右兒子的左子樹。

雖然分成四種調整形式，但其實只有2個形式，也就是，插入同邊（LL或RR）或不同邊（LR或RL）兩種形式。

同邊形式：參考BF=±2之節點，往下算的第1階之節點，往上提升當樹根。

不同邊形式：參考BF=±2之節點往下算的第2階之節點，往上提升當樹根。

以下我們來觀察其處理方式。

8-2-2　LL 型

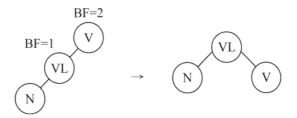

LL型指的是將新節點N插入到節點V的左兒子VL的左子樹，使節點V的BF由±1變成±2。其解決方式是從節點V(BF=2)找左兒子VL當樹根，然後將節點V下移當VL的右子樹。如下面左圖，插入節點2，結果節點5的BF=2；因此，必須做調整，調整方式為找節點5之左子樹，節點3當樹根，將節點5往下調降，當節點3之右子樹。其觀念著重於藉由尋找BF=2之節點，使用該節點往下推算尋找第1階之節點，再以此尋獲之第1階節點來當樹根。

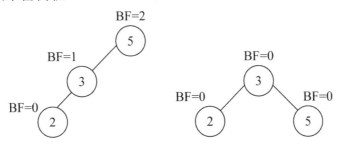

若原本節點3已有右子樹節點4，則節點5往下調降取代節點4，而節點4被取代後，就當成節點5之左子樹。

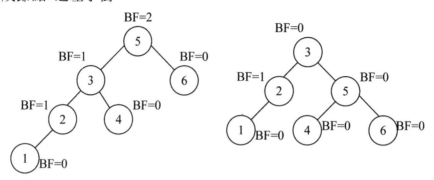

還有一種較為複雜的形式，就是插入節點後（節點7）產生兩個BF=±2之節點（節點6與節點9），且此種形式看似RL形式，其實是屬於LL形式。此時原理相同，先觀察最後所一個產生BF=±2之節點（節點9），以節點9(BF=±2)來看，它是屬於LL形式；因此，只須往上提升節點9下一階之節點（節點8）來當該子樹的樹根，其他節點往下調降當子樹，最上面產生BF=±2之節點（節點6）保持原狀。調整後，如下方右圖所示。

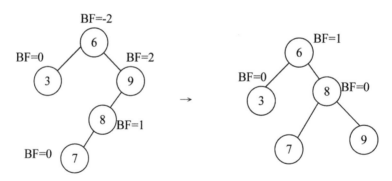

範|例|練|習

如圖，請插入一鍵值15後，並調整二元搜尋樹成為AVL樹。

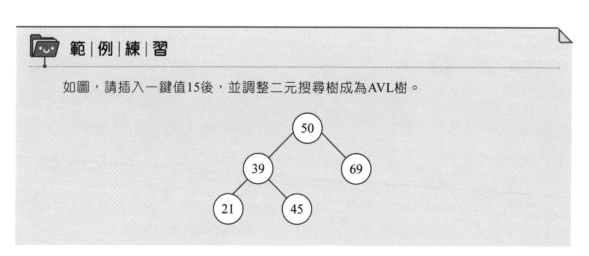

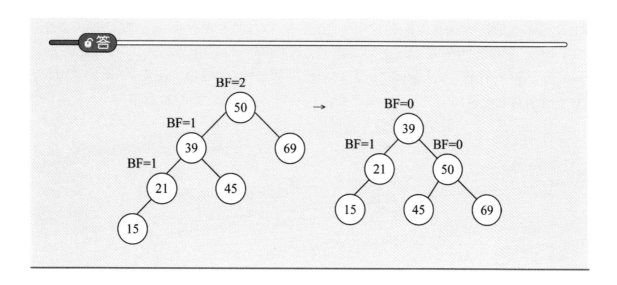

隨|堂|練|習

如圖,請插入一鍵值12後,並調整二元搜尋樹成為AVL樹。

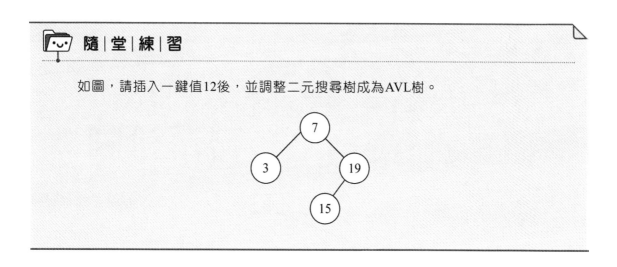

8-2-3 RR 型

RR型指的是將新節點N插入到節點V的右兒子VR的右子樹,使節點V的BF由±1

變成±2。其解決方式是從節點V(BF=2)找右兒子VR當樹根，然後節點V往下調降，當VR的左子樹。請參考下方左圖，當插入節點7時，結果節點4的BF=2，此時必須做高度調整，調整方式為找節點4之右子樹，即節點6當樹根，節點4下降當節點6之左子樹。其中，關鍵在於找BF=-2之節點往下算的第1階之節點當樹根。

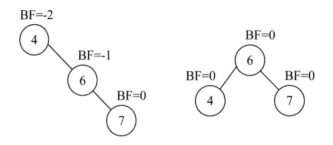

若原本節點6已有左子樹節點5，如下面左圖，則節點4往下調降取代節點5，而節點5被取代後，就當成節點4之右子樹。

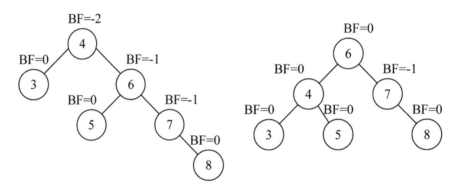

範|例|練|習

如圖，請插入一鍵值8後，並調整二元搜尋樹成為AVL樹。

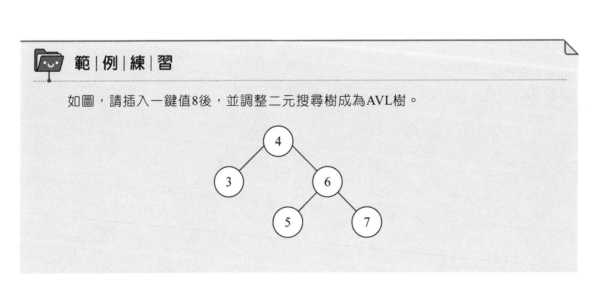

🔓答

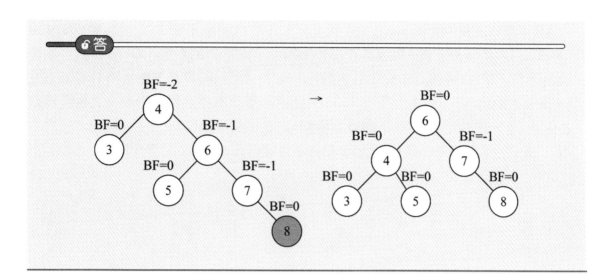

📁 隨|堂|練|習

如圖，請插入一鍵值12後，並調整二元搜尋樹成為AVL樹。

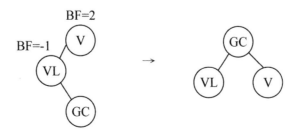

🔖 8-2-4　LR 型

　　LR型指的是將新節點N插入到節點V的左兒子VL的右子樹GC，使節點V的BF由±1變成±2。其解決方式，從節點V(BF=2)找左子樹下方的右孫子GC當樹根，然後將節點V往下移當GC的右子樹，且將節點VL往下移當GC的左子樹。請參考下方左圖，當插入節點5時，結果節點7的BF=2，此時必須做高度調整，調整方式為找節點7之右孫子5當樹根，節點3往下調降當節點5之左子樹，節點7往下調降當節點5之右子樹。得知，其關鍵在於找BF=2之節點往下推算的第2階之節點當作樹根。

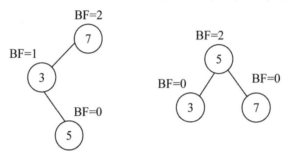

　　若搜尋樹如下面左圖，節點6插入至節點5之右子樹，則節點5須往上提起，節點7取代節點6的位置，並使節點6成為節點7之左子樹。另外，節點3下移成為節點5之左子樹。

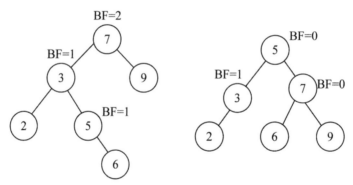

　　若搜尋樹如下面左圖，節點4插入至節點5之左子樹，則節點5往上提起，節點3取代節點4的位置，並使節點4成為節點3之右子樹。隨即，節點7下移成為節點5之右子樹。

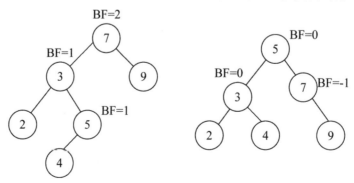

　　還有一種更複雜的形式，就是插入節點後（節點4）產生兩個BF=±2之節點（節點7與節點3），此時採用相同原理，參考最後所產生BF=±2之節點（節點3），推算其下方第2階之節點（節點4），將節點4往上提升取代節點3的位置，節點3往下調降當該節點的子樹，原本上面所產生BF=±2之節點（節點7）保持原狀。結果如下方右圖所示。

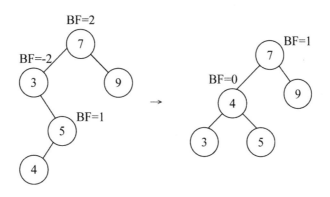

範|例|練|習

如圖，請插入一鍵值6後，並調整二元搜尋樹成為AVL樹。

答

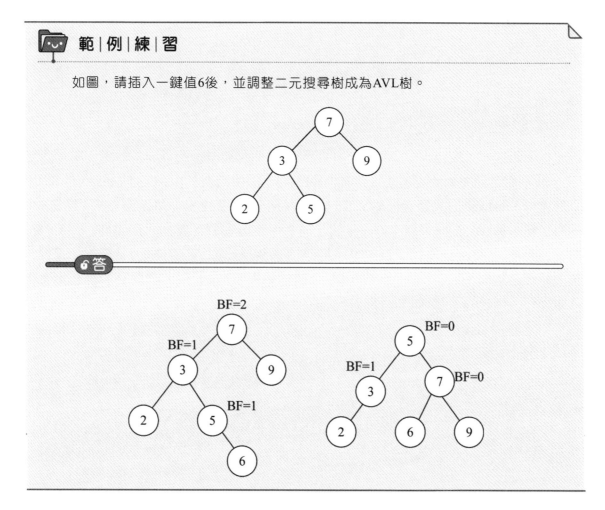

隨|堂|練|習

如圖，請插入一鍵值4後，並調整二元搜尋樹成為AVL樹。

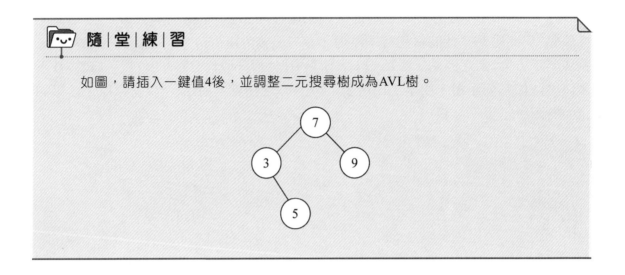

8-2-5 RL 型

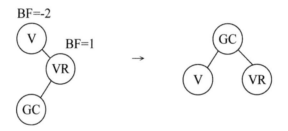

　　RL型指的是將新節點N插入到節點V的右兒子VR的左子樹GC，使節點V的BF由±1變成±2。其解決方式是從節點V(BF=2)找左孫子GC當樹根，然後節點V下移當GC的左子樹，節點VR下移當GC的右子樹。請參考下方左圖，當插入節點5時，結果節點3的BF=-2，此時必須做高度調整；調整方式為找節點3之右孫子5當樹根，節點3往下調降為節點5的左子樹，同時節點7下降當節點5之右子樹。關鍵在於尋找BF=-2之節點往下推算的第2階節點當樹根。

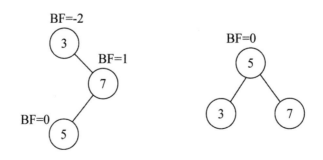

若搜尋樹如下面左圖，節點4插入至節點5之左子樹，則節點5往上提起，節點3取代節點4，並使節點4成為節點3之右子樹。另外，節點7往下移成為節點5的右子樹。

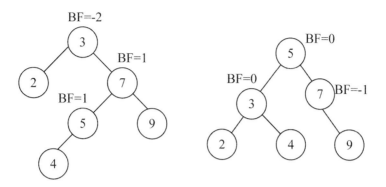

若搜尋樹如下面左圖，節點6插入至節點5之右子樹，則節點5往上提起，節點7取代節點6，並使節點6成為節點7之左子樹。另外，節點3往下移成為節點5的左子樹。

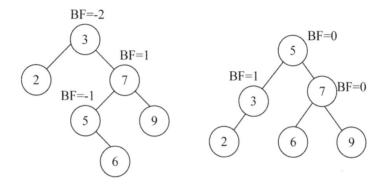

還有一種較為複雜的態樣，也就是，插入節點後（節點6）產生兩個BF=±2之節點（節點7與節點3），此時原理相同，就是找最後面一個產生BF=±2之節點（節點6）往上提升當樹根，其他往下調降當子樹，最上面產生BF=±2之節點（節點3）保持原狀。如下方右圖所示。

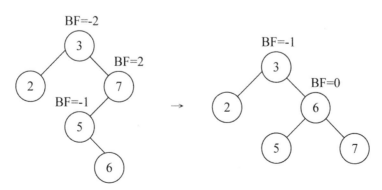

範|例|練|習

如圖，請插入一鍵值4後，並調整二元搜尋樹成為AVL樹。

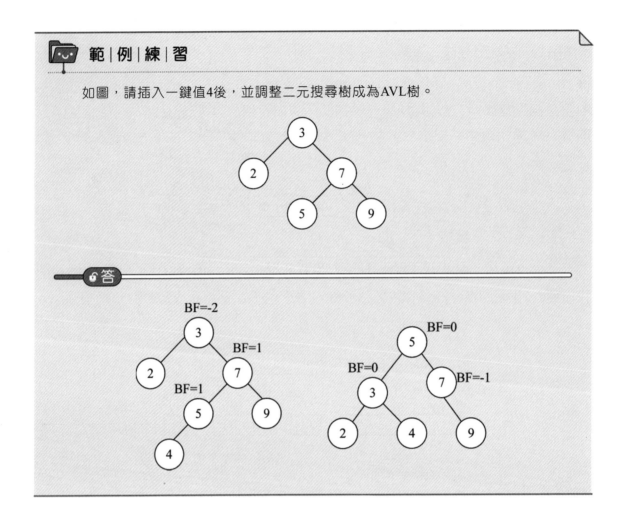

答

隨|堂|練|習

如圖，請插入一鍵值6後，並調整二元搜尋樹成為AVL樹。

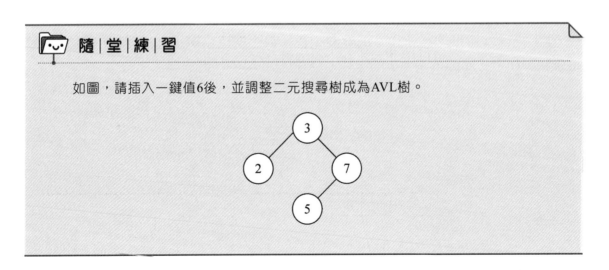

8-2-6　AVL 樹刪除及調整

　　AVL樹在刪除時之處理方式與二元搜尋樹類似，可區分為刪除樹葉、一個子樹的內部節點、2個子樹的內部節點三種形式。當刪除樹葉時，直接刪除。當刪除一個子樹的內部節點時，則直接找該子樹來取代被刪除的節點。當刪除2個子樹的內部節點，則找左子樹較大值或右子樹較小值取代被刪除的節點。刪除後，若BF=±2時，則必須調整高度。在調整高度時，依據前文判斷它屬於四種形式(LL、RR、LR、RL)之哪一種，並調整之。

　　如下方左圖刪除節點1，形成高度不平衡狀態，如下方右圖所示。我們觀察它是屬於RL形式，則依RL形式作調整。

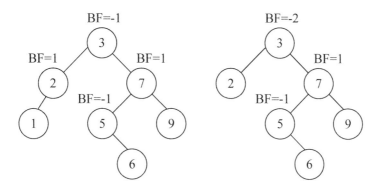

　　調整後如下圖所示：

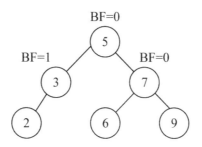

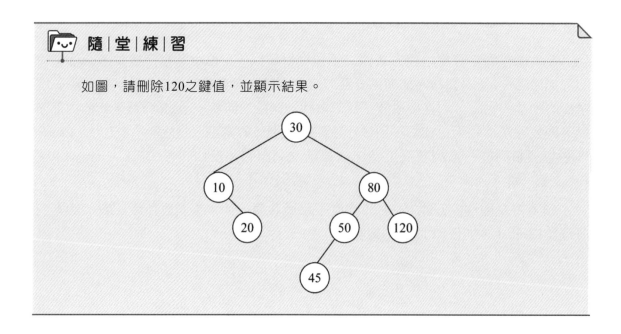

隨|堂|練|習

如圖，請刪除120之鍵值，並顯示結果。

8-3 • 2-3 樹

　　2-3樹(Two-three Tree)也是一種高度平衡搜尋樹（由B樹所發展出的一個特例，B樹將於後續章節說明），其節點鍵值可以多達兩個，使搜尋樹的高度得以降低，以提升搜尋效率。

8-3-1　2-3 樹的定義與表示方式

　　我們可從2-3樹(Two-three Tree)的定義了解其特性，以下說明其定義及其表示方式。

（一）定義

　　2-3樹可以是空集合或滿足下列條件的搜尋樹：

1. 每一個節點可以存放一個或兩個鍵值，除了樹葉外，存放1個鍵值分支度一定是2，稱為2-node，存放2個鍵值的分支度一定是3，稱為3-node。

2. 2-node必須有左、右兩個子節點，左子節點的鍵值一定小於2-node的鍵值，右子節點的鍵值一定大於2-node的鍵值。

3. 3-node必須有左、中、右三個子節點，假設3-node的鍵值為lk與rk，則：

    (1) lk<rk。

    (2) 左子節點的鍵值一定小於lk。

    (3) 中子節點的鍵值一定介於lk與rk之間。

    (4) 右子節點的鍵值一定大於rk。

4. 2-3樹的所有樹葉節點都必須在同一階度。

    由定義可知，所謂2-3樹，其實就是每個節點有2個分支或3個分支的高度平衡樹，將分支度為2的節點稱2-node，將分支度為3的節點稱為3-node。因為2-3樹具有1個或2個鍵值的高度平衡樹，所以其搜尋效率比AVL樹更佳，且插入與刪除鍵值相對簡潔，其時間複雜度為O(log n)。如下圖即為2-3樹。

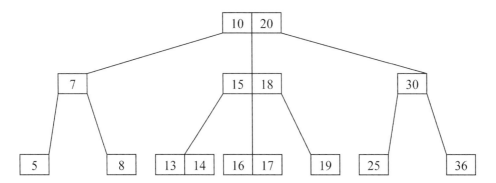

（二）表示方式

    使用鏈結串列存放2-3樹的資料，其節點的結構如下，其中lk與rk分別為鍵值，llink、mlink、rlink分別為左、中、右鏈結。

llink	lk	mlink	rk	rlink

    採用虛擬碼表示2-3樹的節點結構，宣告方式如下：

```
typedef struct node{
    struct node *llink ;
    char lk ;
    struct node *mlink ;
    char rk ;
    struct node *rlink ;
}two3node ;
```

📖 8-3-2　搜尋鍵值

2-3樹搜尋鍵值(Key)的演算法如下：

1. key=lk或key=rk，則搜尋成功後結束，否則進入下一步驟。

2. 若key<lk，則往左邊子樹，若lk<key<rk，則往中間子樹，若key>rk，則往右邊子樹。

3. 若對應的llink=null或mlink =null或rlink =null，則搜尋失敗，否則回到步驟1。

📁 範｜例｜練｜習

如圖為2-3樹，請搜尋鍵值14，並說明其步驟。

```
                              a
                           ┌──────┐
                           │10│20│
                           └──────┘
           ┌─────────────────┼──────────────────┐
           b                 c                   d
        ┌─────┐          ┌──────┐            ┌─────┐
        │  7  │          │15│18│            │ 30 │
        └─────┘          └──────┘            └─────┘
       ┌───┴───┐      ┌─────┼─────┐         ┌───┴───┐
       e       f      g     h     i     j           k
    ┌─────┐ ┌─────┐┌──────┐┌──────┐┌────┐┌────┐  ┌─────┐
    │  5  │ │  8  ││13│14││16│17││ 19 ││ 25 │  │ 36 │
    └─────┘ └─────┘└──────┘└──────┘└────┘└────┘  └─────┘
```

答

搜尋鍵值 14 的過程如下：

第一次：鍵值 14 和節點 a 之鍵值 10，20 做比較，因 10<14<20，故移往中子樹。

第二次：鍵值 14 和節點 c 之鍵值 15，18 做比較，因 14<15，故移往左子樹。

第三次：鍵值 14 和節點 g 之鍵值 13，14 做比較，因 14=14，故搜尋成功。

隨|堂|練|習

如圖為2-3樹,請搜尋鍵值17,並說明其步驟。

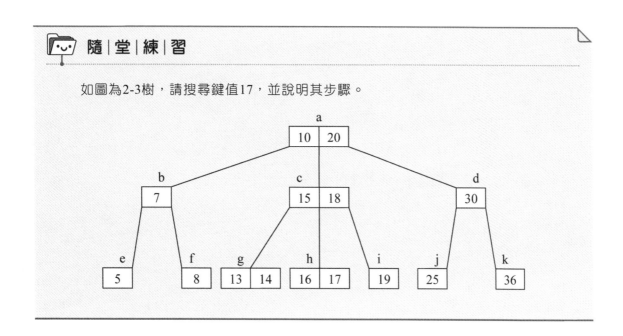

📁 8-3-3 插入鍵值

在2-3樹中新增或插入鍵值時:

1. 當節點只有一個鍵值或新增第一個節點之鍵值時,則直接插入後結束;否則,繼續行第二步驟。

2. 當節點已有兩個鍵值時,則將要插入的鍵值與該節點現有之兩個鍵值做排序,然後將中間鍵值往上提升為父節點,另外兩個鍵值分裂成為左、右兩個子節點之鍵值,結束。

3. 若該往上提升起來的父節點已經有兩個鍵值,則重複步驟1之作法。

以下我們來看一些範例:

1. **當要插入一個鍵值110時**:因為110大於50,80,最後會放到g節點,目前g節點有兩個鍵值90/100,排序後(90/100/110),中間鍵值為100,上提至c節點,並將90及110分裂分為兩個節點,如圖所示。

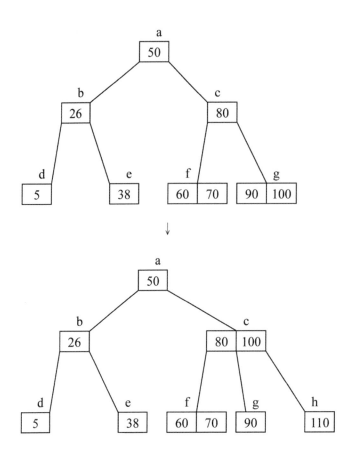

2. **當要插入一個鍵值26時**：因為26小於50，並介於25和40之間；因此，放在f節點，目前f節點有兩個鍵值30/35，排序後(26/30/35)，中間鍵值為30，因此，將30往上提升至b節點，並將26及35分裂分兩個節點，但因b節點亦有兩個鍵值，排序後(25/30/40)，中間鍵值為30再往上提升，將25及40分裂為兩個節點，此時，節點b之鍵值25帶著兩個鍵值5和26，節點b之鍵值40帶著另外兩個鍵值35和43，另外，鍵值30往上提之後到節點a，節點a又有兩個鍵值，排序後(30/50/90)，中間鍵值為50，因此再往上提，並將30及90分裂成為兩個節點，如圖所示。

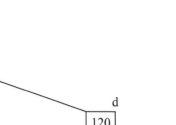

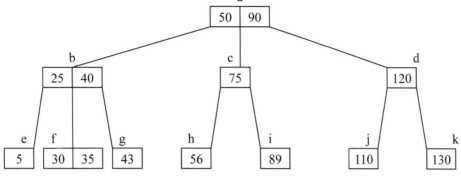

↓

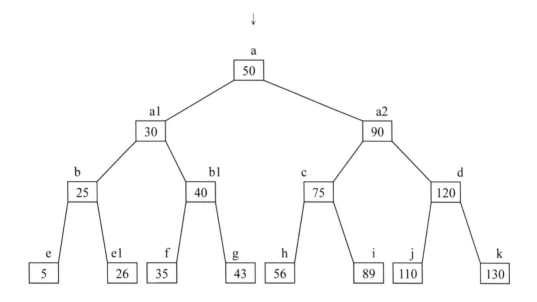

範|例|練|習

如圖為2-3樹，請插入鍵值17。

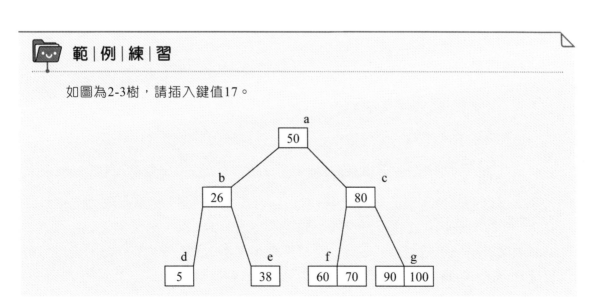

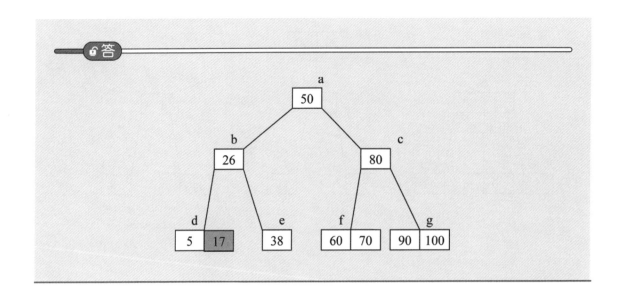

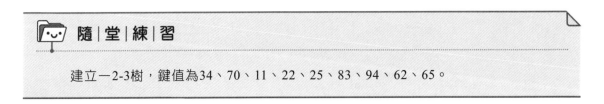

建立一2-3樹，鍵值為34、70、11、22、25、83、94、62、65。

🦷 8-3-4　刪除鍵值

刪除2-3樹鍵值的基本原則是使用旋轉概念，若有兩個鍵值，則轉成一個鍵值；若只剩一個鍵值，就將3-node轉成2-node；若剩2-node，則將父階由3階轉換成兩階等概念進行處理。

（一）刪除樹葉

1. 若本身有兩個鍵值，則直接刪除。

2. 若整個父階的其他子階的鍵值還存在兩個，則旋轉後使鍵值變1個。

3. 若整個父階的其他子階的鍵值只剩1個，若父階還有3-node，旋轉後剩2-node。

4. 若整個父階的其他子階的鍵值只剩1個，且也都是2-node，則看父階之兄弟是否還有3-node，若有，旋轉後將父階之兄弟階轉成剩2-node。若父階之兄弟均為2-node，則看祖父階是否為3-node，若是則讓祖父階3-node降成2-node，若祖父階也是2-node，則將高度3階降為2階。

（二）刪除樹根

使用旋轉概念，若還有兩個鍵值，就減少剩一個鍵值；若只剩一鍵值，則旋轉後將3-node轉換成2-node；若全部僅剩2-node，則將3階合併成兩階。以此類推。

以下我們來看一些實際案例：

1. 刪除樹葉時，若3-node節點的子階存在兩個鍵值的節點，則旋轉後使該子階節點的鍵值變1個。如圖，若要刪除鍵值90，可採用兩種作法。第一種作法，可先刪除90，讓80往右下方降下，同時使得70往右上方上升；或採用第二種作法，可先刪除90，讓110往左下方降下，同時120往左上方上升。

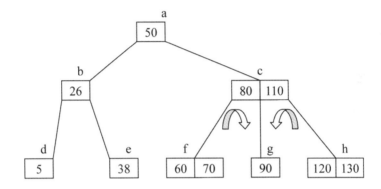

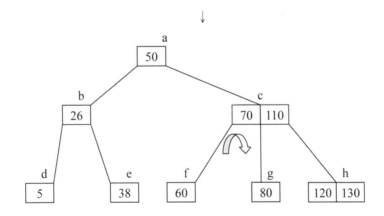

2. 刪除樹葉時，若3-node節點的子階之鍵值只剩1個，則將3-node降為2-node。如下圖，不管是刪除60、110或130，則將70或120下降，使3-node降為2-node。例如刪除110，則120降下，讓節點c從3-node變成2-node。

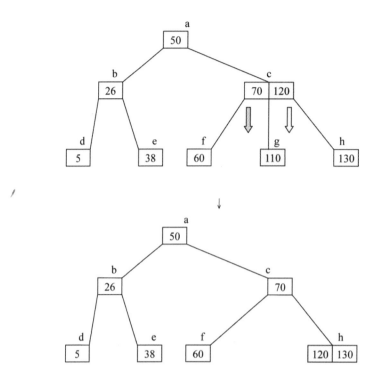

3. 刪除樹葉時，若3-node節點的子階之鍵值只剩1個，且也都是2-node，則查看其父階之兄弟節點是否還有3-node；若有，旋轉後將兄弟階轉換成剩2-node。如下圖，刪除56，則75下降，50也跟著下降，40上升，節點b將3-node變成2-node，而節點g之鍵值43與75結合成同一節點。

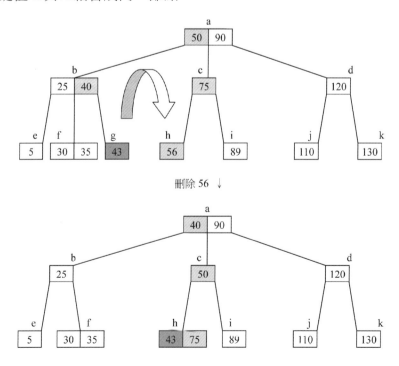

4. 刪除樹葉時，若整個父階的子階的鍵值只剩1個，而且都是2-node，若父階之兄弟也均為2-node，則看祖父階是否為3-node，若是則讓祖父階3-node降成2-node。如圖，要刪除110，則將120下降，與130在同一個節點k，且90也下降，與50在同一個節點c。

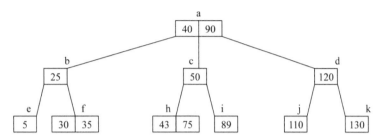

刪除 110 ↓

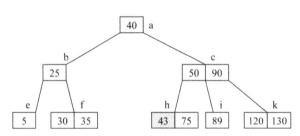

5. 刪除樹根時，使用旋轉概念，若還有兩個鍵值，就減少剩一個鍵值，若只剩一鍵值，則旋轉後將3-node轉成2-node，假設全部剩2-node，將三階合併成兩階。以此類推。如圖，刪除50，旋轉時要結合子節點及子孫節點來交換。將70下降，60上升至根節點。

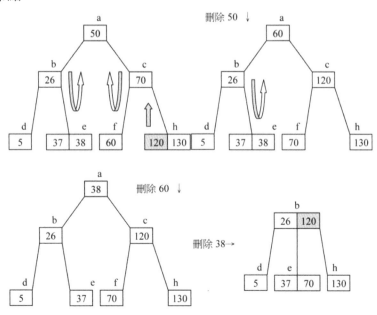

6. 刪除內部節點的樹根時，若只是刪除內部節點，則只需考慮父節點與子節點的狀況。如圖，若要刪除節點c之鍵值70，因為子節點h之鍵值還有兩個，此時只需將子節點之一個鍵值120上升至父節點c即可。

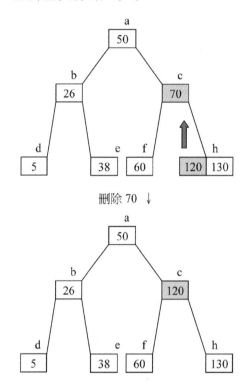

刪除 70 ↓

範|例|練|習

如圖為2-3樹，請刪除鍵值70。

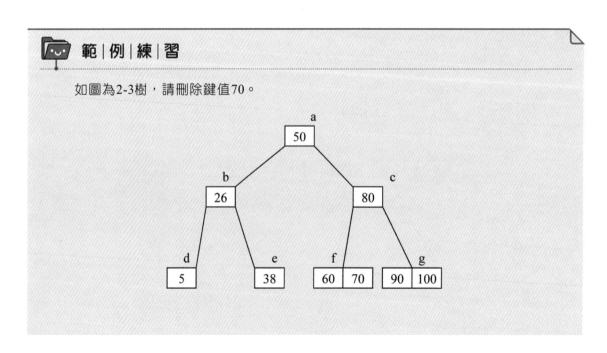

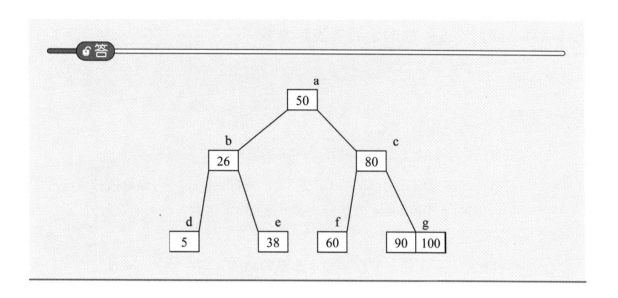

如圖為2-3樹，請刪除鍵值80。

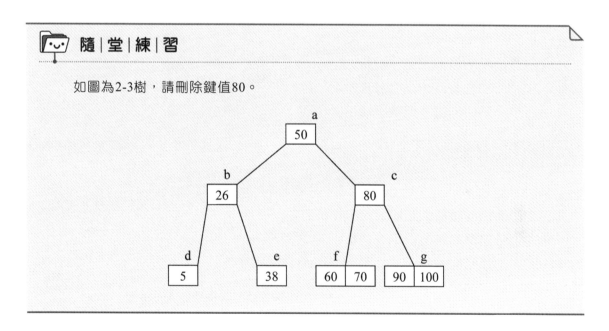

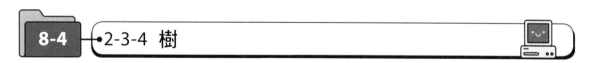

8-4 • 2-3-4 樹

　　2-3-4樹(Two-three-four Tree)亦是一種高度平衡搜尋樹（由B樹所發展出的一個特例，B樹將於後續章節說明），2-3-4樹的節點鍵值可以多到3個；因此，可使搜尋樹的高度更加降低，更加快搜尋效率。讓我們來看看以下說明。

8-4-1 關於 2-3-4 樹的定義與表示方式

我們可以從定義、以及表示方式來探討2-3-4樹。

（一）定義

2-3-4樹可以是空集合或滿足下列條件的搜尋樹：

1. 每一個節點可以存放1個、2個或3個鍵值，除了樹葉外，存放1個鍵值分支度一定是2，稱為2-node，存放2個鍵值的分支度一定是3，稱為3-node，存放3個鍵值的分支度一定是4，稱為4-node。

2. 2-node必須有左、右兩個子節點，左子節點的鍵值一定小於2-node的鍵值，右子節點的鍵值一定大於2-node的鍵值。

3. 3-node必須有左、中、右三個子節點，假設3-node的鍵值為lk與rk，則：
   (1) lk<rk。
   (2) 左子節點的鍵值一定小於lk。
   (3) 中子節點的鍵值一定介於lk與rk之間。
   (4) 右子節點的鍵值一定大於rk。

4. 4-node必須有左、左中、右中、右四個子節點，假設4-node的鍵值為lk、mk與rk，則：
   (1) lk<mk<rk。
   (2) 左子節點的鍵值一定小於lk。
   (3) 左中子節點的鍵值一定介於lk與mk之間。
   (4) 右中子節點的鍵值一定介於mk與rk之間。
   (5) 右子節點的鍵值一定大於rk。

5. 樹中的所有樹葉節點都必須在同一階度。

由定義可知，所謂2-3-4樹，其實就是每一個節點有2個分支、3個分支或4個分支的高度平衡樹，我們並將分支度為2的節點稱2-node，分支度為3的節點稱為3-node，分支度為4的節點稱為4-node。因為2-3-4樹有1個、2個、3個鍵值的高度平衡樹；所以，它的搜尋效率比AVL樹高，且插入、刪除鍵值比較精簡，其時間複雜度為O(log n)。下圖即為一棵2-3-4樹。

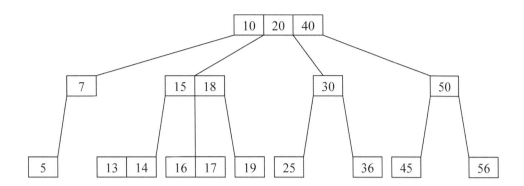

（二）表示方式

若使用鏈結串列存放2-3-4樹的資料，其結構如下，其中lk、mk與rk分別為鍵值，llink、lmlink、rmlink、rlink分別為左、左中、右中、右鏈結。

llink	lk	lmlink	mk	rmlink	rk	rlink

採用虛擬碼表示2-3-4樹的節點結構，宣告方式如下：

```
typedef struct node{
    struct node *llink ;
    char lk ;
    struct node *lmlink ;
    char mk ;
    struct node *rmlink ;
    char rk ;
    struct node *rlink ;
}two34node ;
```

📝 8-4-2　插入鍵值

2-3-4樹的新增或插入鍵值時，其作法與2-3樹一樣，所以可以參考2-3樹的新增、或插入鍵值說明。除了2-3-4樹的任一節點可以有3個鍵值之外，其中要特別注意的部分，就是當超過三個鍵值時，其鍵值上升方式是參照第二個鍵值來上升，也就是，如果鍵值有1、2、3、4四個鍵值時，則將鍵值2上升。

以下我們來看一些範例：

要插入一個鍵值110時：如下圖，因為110大於40，所以將鍵值110放在節點e，造成節點e超過三個鍵值，鍵值排序後(43/50/61/110)，第二個值為50，上提至a節點，並將43、61及110分裂成為兩個節點，此時，節點a也超過三個鍵值，鍵值排序後(10/20/40/50)，第二個值為20上提，並將10、40及50分裂成為兩個節點，步驟如下所示。

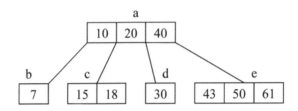

步驟一： 將110插入至節點e，造成節點e的鍵值超過3個，必須分裂。

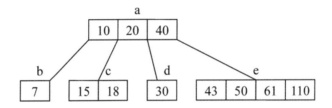

步驟二： 將節點e之鍵值50提升，將節點e拆成兩個節點e與e1。

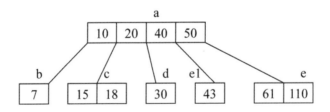

步驟三： 鍵值50提升至節點a，造成節點a的鍵值超過3個，必須分裂。

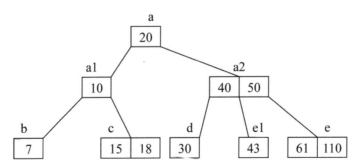

步驟四： 將節點a之鍵值20提升，將節點a拆成節點a、a1與a2。

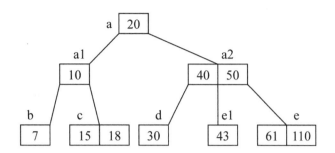

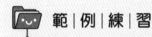

如圖為2-3-4樹，請插入鍵值70。

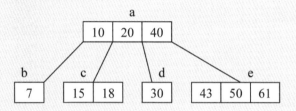

🔒答

1. 插入鍵值 70。因為 70 大於 61，所以將鍵值 70 放在節點 e。

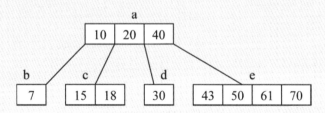

2. 節點 e 超過四個鍵值，鍵值排序後(43/50/61/70)，第二個值為 50，上提至 a 節點。

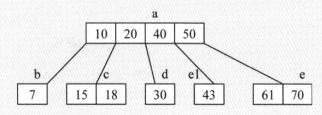

3. 此時，節點 a 也超過四個鍵值，鍵值排序後(10/20/40/50)，第二個值為 20 上提，並將 10、40 及 50 分裂成為兩個節點。

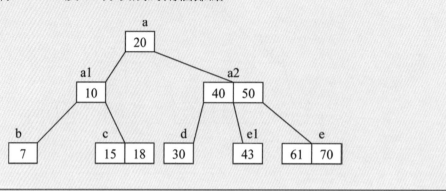

隨|堂|練|習

如圖為2-3-4樹，請插入鍵值41。

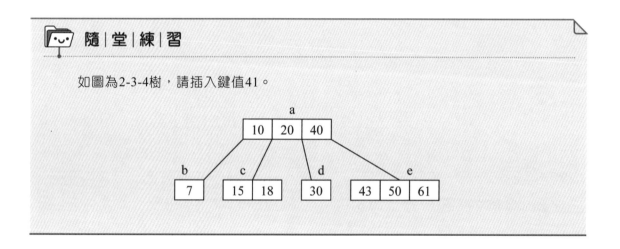

8-4-3　刪除鍵值

2-3-4樹的刪除鍵值，其作法與2-3樹一樣，所以可以參考2-3樹的刪除鍵值說明。其基本原則是使用旋轉概念，有兩個鍵值轉成一個鍵值，若剩一個鍵值，就將 3-node轉成2-node，若剩2-node，就將父階由3階轉成兩階等概念來處理。以下我們來看一些範例：

如下圖，刪除鍵值7，則鍵值10降下來，鍵值15提升上去。

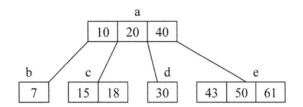

再刪除鍵值10，則將4-node降為3-node。

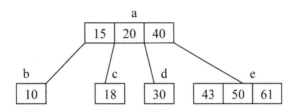

刪除鍵值10，鍵值15降下來與節點c合併，將4-node降為3-node，

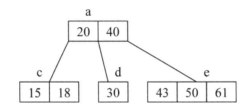

範|例|練|習

如圖為2-3-4樹，請刪除鍵值30。

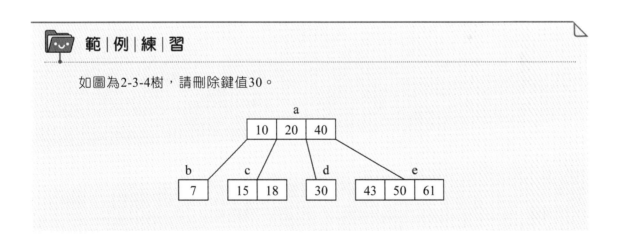

答

1. 刪除鍵值 30。

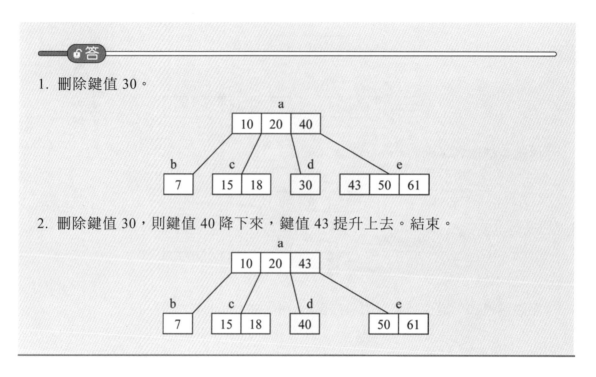

2. 刪除鍵值 30，則鍵值 40 降下來，鍵值 43 提升上去。結束。

隨│堂│練│習

如圖為2-3-4樹，請刪除鍵值7。

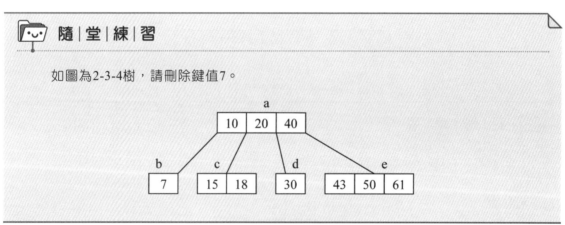

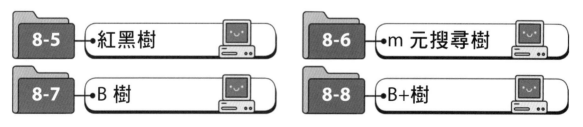

8-5	紅黑樹
8-6	m 元搜尋樹
8-7	B 樹
8-8	B+樹

8-5 節 ~ 8-8 節請參照 QR Code

作業 II

1. 如圖所示2-3 Tree中，insert 60後成為：

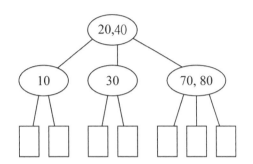

(A)
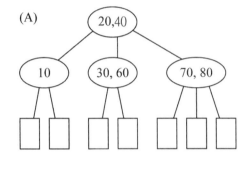

(B)
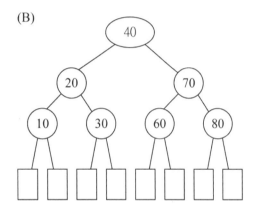

(C)
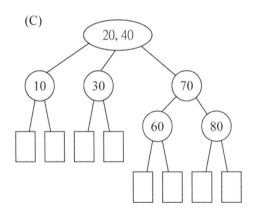

(D)
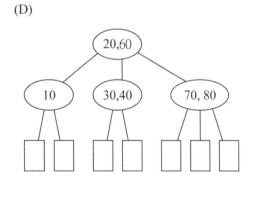

2. 下列有關Red-Black Tree的敘述，何者錯誤？(A)Red-Black Tree可視為AVL-Tree，的變形 (B)自Root到所有External Notes上，Black-Links的數目相同 (C)自Root到任一個External Notes的path中，沒有連續的RedLink (D) Tree的高度為O(logn)。

3. 如圖所示的AVL-Tree中插入(Insert)Apr後的AVL-Tree為：

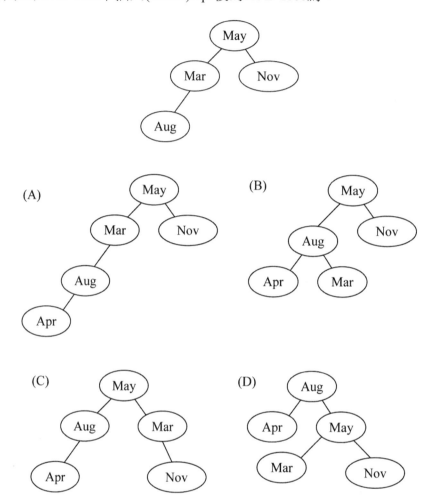

4. 請回答下列問題：

(1) 請指出下列樹(Tree)中，哪些是AVL樹(AVL Tree)。

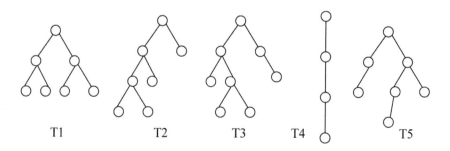

(2) 下列是關於AVL樹的敘述，請判定每個敘述之真偽。

    (a) AVL樹是有序樹(Ordered Tree)。

(b) AVL樹是有根樹(Rooted Tree)。

(c) 插入(Insert)一個新的節點(Node)進入一顆具有n個節點的AVL樹並維持AVL樹的性質可在O(logn)時間完成。

(d) 從一顆具有n個節點的AVL樹中刪除(Delete)某一個節點，並維持AVL樹的性質可在O(logn)時間完成。

(e) 從一顆具有n個節點的AVL樹中尋找某一項資料可在O(logn)時間完成。

5. (1) 如何界定一個B Tree？
   (2) 在什麼狀況之下，使用一般的B Tree做Tree的搜尋和增刪，要比AVL Tree的性能佳？

6. 本題是有關於AVL-樹，請回答下列的問題：
   (1) 高度為4的AVL-樹，最少的節點數目是多少？（規定樹根在level 1）
   (2) 高度為4的AVL-樹，最多的節點數目是多少？（規定樹根在level 1）
   (3) n個任意資料所建立出來的AVL-樹，其高度大約是多少？請以Big-Oh表示。
   (4) 加入一個新資料於有n個節點的AVL-樹中，所需要的時間複雜度是多少？請以Big-Oh表示。

7. 請解釋下列名詞：B-Tree。

8. (1) 由下圖中的二元搜尋樹(Binary Search Tree)，請寫出我們要找到節點數字363，所會經過的其他節點。
   (2) 假如我們在某一個二元搜尋樹內有1~999的數字，並且要搜尋的數字是363 。下列哪一個序列不可能是要檢驗節點的序列？
      1. 2、252、401、398、330、344、397、363
      2. 924、220、911、244、898、258、362、363
      3. 925、202、911、240、912、245、363
      4. 2、399、387、219、266、382、381、298、363

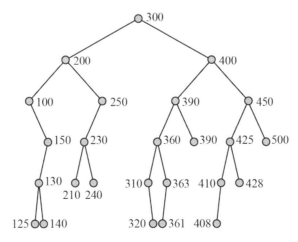

9. 依序插入10, 33, 44, 8, 24, 30, 21, 17 建立一棵AVL Tree，逐步畫出建立過程。

10. 有訊息及其出現機率如下表所示，請畫出Huffman Coding Tree，並加以編碼。

訊息	m1	m2	m3	m4	m5	m6
出現機率	0.40	0.30	0.10	0.10	0.06	0.04

11. 霍夫曼碼(Huffman Code)是一種依照字母出現的頻率決定編碼的不定長二進位編碼法(Variable-Length Binary Code)。

    (1) 說明霍夫曼碼的編碼與解碼原理。

    (2) 假設字母集為{甲、乙、丙、丁、戊、己}，個別字母出現頻率如下表。
    請填寫每個字母的霍夫曼碼。

字母	甲	乙	丙	丁	戊	己
出現頻率	45	13	12	16	9	5
霍夫曼碼						

12. 假設我們要對一組訊息 AAAAABBCCCDDDDE 進行二進位數的編碼(Code)。

    (1) 若每個字元編碼為相等長度，則此訊息進行編碼後，最少需多少位元？

    (2) 若每個字元編碼為可變長度，則此訊息進行編碼後，最少需多少位元？

CHAPTER

09

🖱 圖形結構

DATA STRUCTURE

THEORY AND PRACTICE

資料結構具有線性與非線性結構，圖形結構(Graph)就是屬於非線性結構的代表，圖形結構主要討論頂點（Nodes或Vertices）與頂點之間是否相連（Arcs或Edges）所構成之各種關係。圖形(Graph)理論起源於西元1736年，數學家尤拉(Eular)為了解決柯尼斯堡七橋問題(Seven Bridges of Königsberg)，而提出來的一種資料結構，而樹狀結構其實是圖形結構的一個特例。本章將說明圖形結構的概念、定義、種類、巡訪與搜尋法，以及圖形的應用等，讀者完成學習此章節，應具備採用圖形結構進行路徑分析的能力。

9-1 圖形結構的概念

　　為了建構讀者對圖形結構的充分認識，首先介紹圖形結構的定義與其歷史，並且說明圖形結構的表示方式及其巡訪方法；進一步，針對圖形結構的各種應用加以陳述並舉例，包括最小成本擴張樹、最短距離、拓樸排序與AOE網路等應用案例。

9-1-1 圖形結構的歷史

　　有一條河流穿越過德國柯尼斯堡(Königsberg)城市內，城市中的兩座小島座落於此河川中，共有七座橋跨越河川連通這兩座小島。是否可以從城市的某處的某座橋開始行走，穿越這兩座小島，且必須不重複的走完這七座橋並回到出發點？這一個問題似乎困惑著生活在這個城市的許多居民。數學家尤拉(Euler)於1736年證明出無法一次走完這七座橋，且回到出發點而不重複，這就是著名的尤拉問題，也稱為一筆畫問題(Eulerian Graph)。研究結果顯示，若要讓尤拉問題成立的話，必須每個頂點具備偶數的分支度，此稱為尤拉循環或尤拉迴路(Eulerian Cycle)。

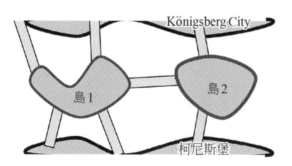
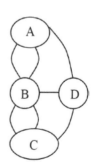

說明尤拉問題的細節前，讓我們來認識以下名詞：

1. **尤拉問題(Eulerian Graph)**：從某一地區出發，是否可以經過七座橋的每一座橋樑恰好一次，然後回到原來的出發點。

2. **尤拉路徑(Euler Path)**：在一個有限圖形中，走過每一個邊(Edge)且恰巧一次的路徑稱為尤拉路徑。尤拉路徑允許起始點與終點可以不同。

3. **尤拉迴路(Eulerian Cycle)**：在一個有限圖形中，走過每一個邊且恰巧一次後並回到起始點之路徑稱為尤拉迴路。

4. **尤拉圖(Eulerian Graph)**：當一有限圖具備尤拉迴路，可以稱此圖為尤拉圖。

 範|例|練|習

如圖所示，該圖形是否為尤拉圖，說明其理由。

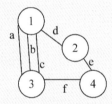

是。

因為圖中頂點 1~4 的分支度均為偶數，且從任一點開始走，走過每一個邊僅一次，最後還是可以回到原點。

例如： 頂點1經由（a邊）到頂點3，再經由（b邊）到頂點1，

再經由（c邊）到頂點3，再經由（f邊）到頂點4，

再經由（e邊）到頂點2，再經由（d邊）又回到頂點1。

📁 隨|堂|練|習

如圖所示，該圖形是否為尤拉圖，說明其理由。若不是，應該如何改善，繪圖說明之。

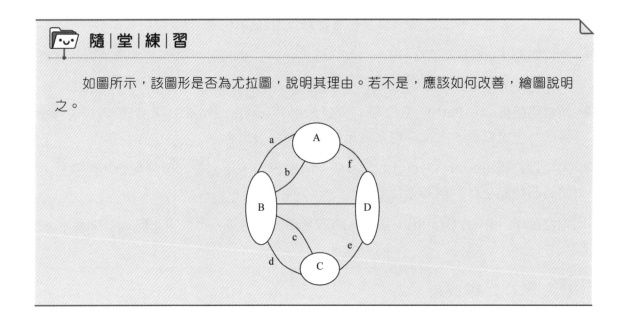

💡9-1-2 圖形的定義

圖形(Graph)是指由點（Nodes或Vertices）和邊（Arcs或Edges）所組成的有限集合，其中點也稱為頂點(Vertices)或節點(Nodes)，而每一個邊會連結兩個頂點。邊可以具有方向性，也可以無方向性。因此，我們定義圖形如下。

圖形G= (V, E) 是由V(G) 和E(G)所組成。其中：

1. V(G)是一個有限且非空的集合，代表頂點(Vertex)。

2. E(G)亦是屬於一個有限集合，代表邊(Edge)。

如下圖，即可稱為一圖形。左圖的邊不具備方向性，右圖的邊則具有方向性（即含箭頭的線段）。

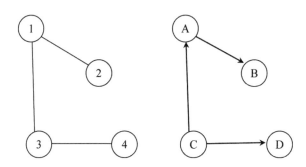

9-1-3 圖形結構的種類

一般來說，我們可以將圖形分為兩種，包括無向圖形(Undirected Graph)和有向圖形(Directed Graph)。

1. **無方向圖形**：或稱無向圖形，在邊上沒有箭頭者。也就是所有的頂點都使用線段來連結的圖形稱之。如上頁左圖。

2. **有方向圖形**：或稱有向圖形，在邊上有箭頭者。也就是所有的頂點都使用射線來連結的圖形稱之。如上頁右圖。

另外，還有一些圖形，我們在此一併說明，包括：

1. **加權圖形(Weighted Graph)**：圖形的邊加上權重值，稱之加權圖形；如圖G3。

2. **連通圖形(Connected Graph)**：在無向圖中，任意頂點均為連通時，即稱之連通圖形；如圖G1及G2。在有向圖中，有強連通圖(Strongly Connected Graph)及弱連通圖(Weakly Connected Graph)之分。強連通圖是指對於任何一對頂點都有方向指向自己的邊，就稱為強連通圖。如圖G6。反之，不一定有指向自己之射線的邊，即為弱連通圖。如圖G3。

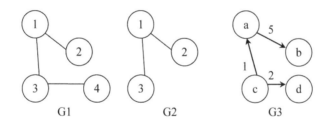

G1　　　　　　G2　　　　　　G3

3. **自身迴圈(Self Loop)圖形**：當圖形的頂點有指向自己的邊，稱之自身迴圈圖形；如圖G5。

4. **多重圖形(Multigraph)**：假使兩個頂點間，有多條相同的邊，此稱之為多重圖形；如圖G4。

5. **簡單圖形(Simple Graph)**：不包含自身迴圈圖形以及多重圖形的圖形稱之；如圖G1、G2。

6. **子圖(Subgraph)**：若圖形b之頂點與邊都包含在圖形a內，我們可以稱圖形b是圖形a之子圖。如圖G2即為圖G1之子圖。

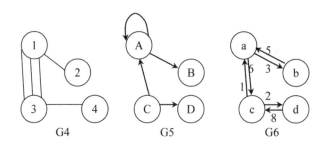

G4　　　　　　G5　　　　　　G6

9-1-4　圖形結構的名詞

（一）頂點與邊的名詞

1. **頂點(Vertex)**：在圖形中的圓圈或節點稱之。

2. **邊(Edge)**：在圖形中，每個頂點之間的連線稱之。

3. **相鄰(Adjacent)**：在圖形中兩個頂點有邊(V1, V2)相連，我們稱頂點V1與頂點V2是相鄰。

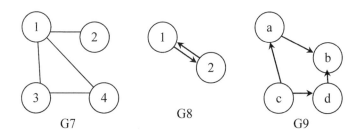

G7　　　　　　G8　　　　　　G9

（二）分支度的名詞

1. **分支度(Degree)**：附著在頂點的邊數。例如圖G7之頂點1之分支度為3。若為有方向圖形，則其分支度為內分支度與外分支度之和。例如圖G9之頂點a之分支度為2。其中，「內分支度」和「外分支度」是針對有方向圖形而言。

2. **進入分支度(In-degree)**：又稱內分支度。頂點V的內分支度是指以V為終點（即箭頭指向頂點V）的邊數；例如，圖G9之頂點b之進入分支度為2。

3. **出去分支度(Out-degree)**：又稱外分支度。頂點V的外分支度是以V為起點的邊數。例如圖G9之頂點c之出去分支度為2。

（三）路徑的名詞

1. **路徑(Path)**：是指在圖形中，相鄰的頂點所連結的邊所組成的集合。例如圖G7之路徑2143。

2. **長度(Length)**：路徑長度是指該路徑上所有邊的數目。例如圖G7之路徑2143的長度為3。

3. **連通(Connected)**：在一個圖形中，如果有一條路徑從V1至V2，則V1與V2是連通的。

4. **連通單元(Connected Component)**：或稱單元(Component)，是指圖形中最大的連通子圖(Maximal Connected Subgraph)。也就是圖形中，所有具有相連的頂點集合。

5. **簡單路徑(Simple Path)**：除了頭尾頂點可以相同之外，其餘的頂點皆為不相同的點，不可重複出現，其所構成之路徑，稱之簡單路徑。例如圖G7路徑2, 1, 4, 3以及路徑1, 3, 4, 1是簡單路徑，其中後者1為終點與起點，所以可以重複；但是，圖G7路徑2, 1, 4, 1，不是簡單路徑，其中1並非為終點與起點，然而1卻出現 2次。

6. **循環(Cycle)**：是指在一條簡單路徑上，頭尾頂點皆相同者，可稱之循環，如圖G7簡單路徑1, 4, 3, 1或圖G8簡單路徑1, 2, 1。

📁 範│例│練│習

如圖所示，請問：

1. 請寫出此圖的集合，包括頂點V(G)與邊E(G)集合。
2. 此圖示屬於哪種圖（可複選）？有向圖、無向圖、加權圖、連通圖、自身迴圈(self Loop)圖形、多重圖形(Multigraph)、簡單圖形(Simple Graph)。
3. 請畫出任意該圖之子圖2個。

4. 請寫出頂點2到頂點3之路徑。

5. 請寫出各頂點之分支度。

6 請寫出與頂點3相鄰之頂點。

7. 頂點2與頂點4是否連通。

答

1. V(G)={1,2,3,4}。E(G)={(1, 2), (1,3), (3, 4)}。

2. 無向圖、連通圖、簡單圖形。

3.

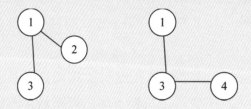

4. 頂點 2 到頂點 3 之路徑為 (2, 1, 3)。

5. 頂點 1：2 個分支度。頂點 2：1 個分支度。
   頂點 3：2 個分支度。頂點 4：1 個分支度。

6. 與頂點 3 相鄰之頂點為 1 與 4。

7. 頂點 2 與頂點 4 是連通。

隨|堂|練|習

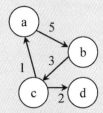

如圖所示，請問：

1. 請寫出此圖的集合，包括頂點V(G)與邊E(G)集合。

2. 此圖示屬於哪種圖（可複選）？有向圖、無向圖、加權圖、連通圖、自身迴圈(Self Loop)圖形、多重圖形(Multigraph)、簡單圖形(Simple Graph)。

3. 請畫出任意該圖之子圖2個。

4. 請寫出頂點a到頂點d之所有路徑。

5. 請寫出各頂點之分支度（包括入與出分支度）。

6. 請寫出任意一個循環。

9-2 圖形的表示法

　　了解圖形的基本概念之後，我們還須了解如何將圖形的各節點資料及相鄰情況紀錄在電腦記憶體或資料庫中，此議題稱為圖形的表示方法。圖形表示法可以分為兩種方式，一為相鄰矩陣法(Adjacency Matrix)，另一為相鄰串列(Adjacency List)。相鄰矩陣法是將每一個頂點與其他頂點相鄰之結果記錄在一個二維矩陣中；而相鄰串列則是運用串列之概念，如使用鏈結串列，將相鄰之結果記錄起來。

　　這兩種方式皆會因圖形之種類不同，如加權圖形、有向圖形及無向圖形，而有不同的記錄方式。

9-2-1 相鄰矩陣

　　相鄰矩陣(Adjacency Matrix)的表示方式是將圖形中的n個頂點，以一個n × n的二維矩陣來表示，其中矩陣中的每一元素Vij可表示為頂點i到頂點j的邊的狀態，Vji則表示為頂點j到頂點i的邊的狀態，包括如下結果：

1. 在有向圖或無向圖中，若Vij（或Vji）= 1，表示頂點i（或j）到頂點j（或i）有一條邊(Vi, Vj)（或指邊(Vj, Vi)）連結。若Vij（或Vji）= 0時，表示頂點i（或j）到頂點j（或i）沒有邊存在。

2. 在有向圖或無向圖當中，當邊有權重（形成一加權圖形），若Vij（或Vji）=加權值，則表示頂點i（或j）到頂點j（或i）有一條邊(Vi, Vj)（或指邊(Vj, Vi)）連結。若頂點i（或j）到頂點j（或i）沒有邊存在，則Vij（或Vji）= +∞。

3. 在簡單圖形中，對角線的元素均為0。在無向圖形中，相鄰矩陣一定是對稱矩陣。在有向圖中，相鄰矩陣表示法的各列上的值的加總表示各頂點之出分支度，各行上的值的加總表示各頂點之入分支度。

無向圖表示法

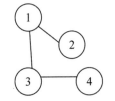

	1	2	3	4
1	0	1	1	0
2	1	0	0	0
3	1	0	0	1
4	0	0	1	0

有向圖表示法

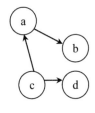

	a	b	c	d
a	0	1	0	0
b	0	0	0	0
c	1	0	0	1
d	0	0	0	0

加權圖表示法

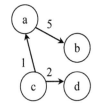

	a	b	c	d
a	0	5	∞	∞
b	∞	0	∞	∞
c	1	∞	0	2
d	∞	∞	∞	0

相鄰矩陣的表示方式之優缺點包括：

1. 實作容易：可以直接使用二維陣列來存放，實作相當容易。這是相鄰矩陣的最大優點。

2. 可能浪費空間：當頂點多邊較少時，容易形成稀疏矩陣，浪費空間。

3. 可能浪費計算時間：實作時，稀疏矩陣亦浪費計算時間，時間複雜度為$O(n^2)$。

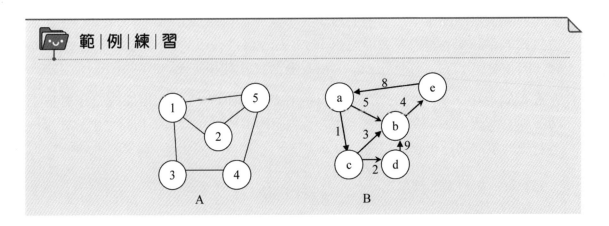

範|例|練|習

1. 如上圖所示，請寫出圖A與圖B之相鄰矩陣表示法。
2. 如下表相鄰矩陣，請問：
   (1) 頂點c之入支度以及出支度分別為何？
   (2) 有幾個頂點與幾個邊？
   (3) 頂點c與頂點d是否相連？
   (4) 此圖形為何？

	a	b	c	d
a	0	1	1	0
b	0	0	0	1
c	0	1	0	0
d	0	0	1	0

答

1. 圖 A 之相鄰矩陣表示法

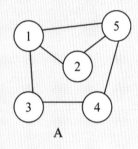

	1	2	3	4	5
1	0	1	1	0	1
2	1	0	0	0	1
3	1	0	0	1	0
4	0	0	1	0	1
5	1	1	0	1	0

A

圖 B 之相鄰矩陣表示法

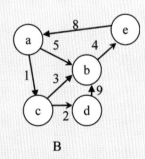

	a	b	c	d	e
a	0	5	1	0	0
b	0	0	0	0	4
c	0	3	0	2	0
d	0	9	0	0	0
e	8	0	0	0	0

B

2. (1) 在相鄰矩陣表示法中，列為出支度，行為入支度，所以頂點 c 有 1 個出
   支度，2 個入支度。
   (2) 共有 4 個頂點，5 個邊。
   (3) 有，從頂點 d 到頂點 c。

(4) 圖形如下：

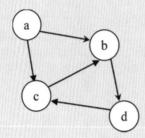

	a	b	c	d
a	0	1	1	0
b	0	0	0	1
c	0	1	0	0
d	0	0	1	0

隨|堂|練|習

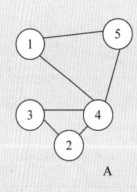

A

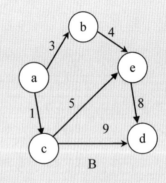

B

1. 如上圖所示，請寫出圖A與圖B之相鄰矩陣表示法。

2. 如下表相鄰矩陣，請問：

   (1) 頂點c之入支度以及出支度分別為何？

   (2) 有幾個頂點與幾個邊？

   (3) 頂點c與頂點d是否相連？

   (4) 此圖形為何？

	a	b	c	d	e
a	0	1	1	0	0
b	0	0	0	0	1
c	0	1	0	1	0
d	1	0	0	0	1
e	0	0	1	0	0

9-2-2　相鄰串列

為了解決圖形表示方式使用相鄰矩陣(Adjacency Matrix)方式儲存，而構成稀疏矩陣(Sparse Matrix)時，所造成的記憶體空間上的浪費；因而，採用相鄰串列(Adjacency List)做為圖形表示方式，將可避免因稀疏矩陣而浪費記憶體的問題。

相鄰串列表示方式是將圖形中的n個頂點(n>0)皆採用鏈結串列的方式產生n個串列首，而每個頂點連接其他頂點的記錄由該些頂點後面的鏈結節點來表示；若無連接其他頂點，則串列首之鏈結欄則記錄為null。

圖形中的n個頂點分別藉由n個鏈結串列來表示，其中某一個鏈結串列i的各節點(Node)分別代表與圖形的其他頂點(Vertex)之相鄰關係；而每一個鏈結串列皆有一個指標(Pointer)指向下一節點。當圖形為加權圖形時，必須再加上一個存放加權值的欄位，以供加權圖形使用。

圖形之資料結構宣告方式如下：

```
/*宣告 graph _node  是圖的節點*/
typedef struct node{
    char vdata; /*節點的資料欄位*/
    int weight; /*節點的權重欄位，若非加權圖形可省略*/
    struct node *vlink; /*節點的鏈結欄位*/
}graph_node;
/*宣告 graph _pointer  是指向節點的指標*/
graph _node *graph _pointer;
```

無向圖表示法

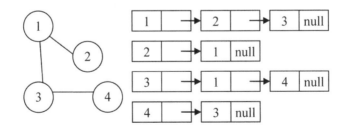

有向圖表示法

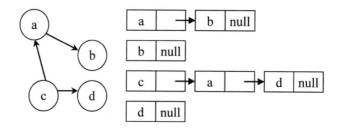

加權圖表示法

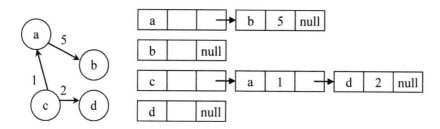

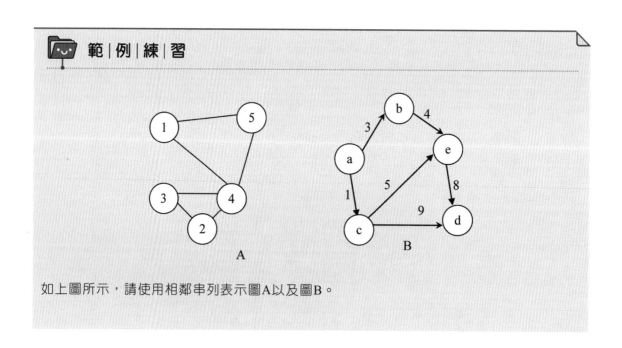

範│例│練│習

如上圖所示，請使用相鄰串列表示圖A以及圖B。

圖 A 之相鄰串列表示法

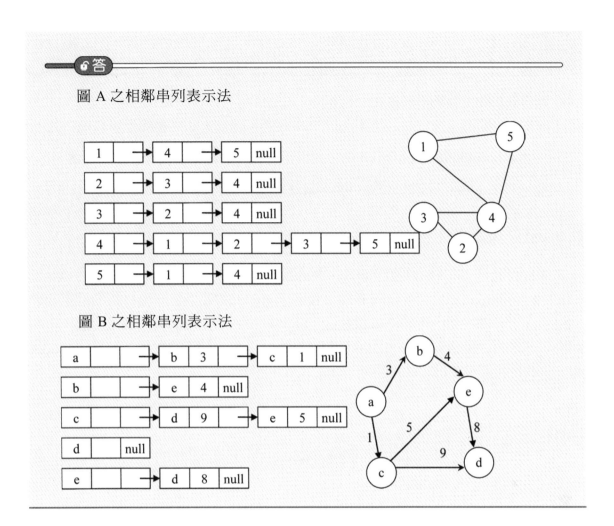

圖 B 之相鄰串列表示法

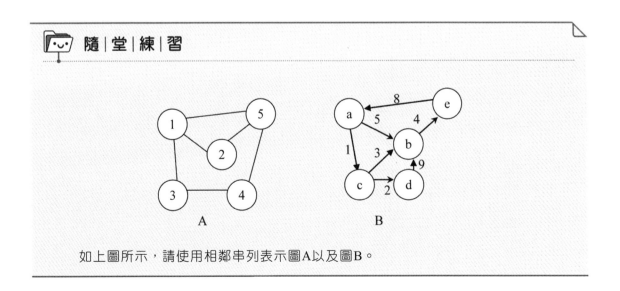

A

B

如上圖所示，請使用相鄰串列表示圖A以及圖B。

9-3 圖形的巡訪方法

無向圖形G=(V, E)中，存在一頂點V，找出所有可以從頂點V走到其他頂點的方法即稱為圖形追蹤或稱圖形巡訪(Graph Traversal)。巡訪方法主要有以下兩種方式：

1. 深先搜尋(Depth First Search; DFS)，或稱深度優先搜尋，即先深後廣搜尋法。

2. 廣先搜尋(Breadth First Search; BFS)，或稱廣度優先搜尋，即先廣後深搜尋法。

9-3-1 深度優先搜尋法

深度優先搜尋(DFS)的搜尋方式，會先找一個節點作為入口的起點；然後，選擇其中一個連結之節點開始進行拜訪；接著，再以此節點為主，選擇所有連結節點中的其中之一個節點，再往下繼續拜訪；直到無法再深入拜訪時，即退回到上一個節點，然後再以該節點為主，找另一個尚未拜訪過的連結節點以往下拜訪，如此反覆一直到所有節點都已經被拜訪過，才完成此圖形結構的巡訪。

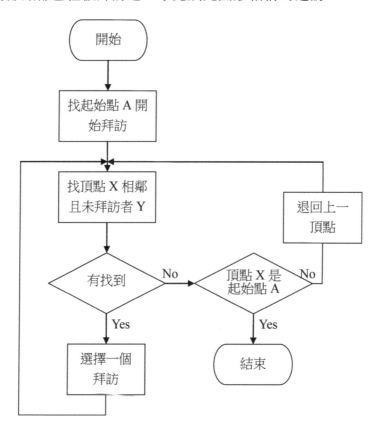

深度優先搜尋法，其演算法如下：

```
演算法名稱：DFS(node, chk)
輸入：node =rootnode, chk=1
輸出：
Begin
    var Childnode, Fathernode
    If chk=1 then            // chk=1 表示尚未拜訪,需要拜訪
        call Visit(node)        //拜訪輸入頂點
    end If
    Childnode←call Find_adj(node)    //尋找頂點 X 的相鄰未拜訪節點一個
    If Childnode is not null then    //假如有要拜訪之節點
        chk =1
        call DFS(Childnode, chk)    //再繼續 DFS 作法
    else
        If Childnode<> rootnode then //如果頂點 X 不是起點,回上節點
            chk =0        //使用父節點跑 DFS 就不需拜訪父節點（因為已拜訪）
            call DFS(Fathernode, chk)
        end If
    end If
end
```

深度優先搜尋可以使用堆疊的方式進行實作，如下圖所示。首先，將起始節點推入堆疊(Push)，接著，彈出(Pop)該節點之後，緊接著，再將該彈出節點相鄰連接且尚未拜訪過的相鄰節點推入堆疊(Push)；彈出該些節點時，必須判斷該彈出節點是否已經拜訪過；如此反覆執行，直到堆疊已空後才結束搜尋。

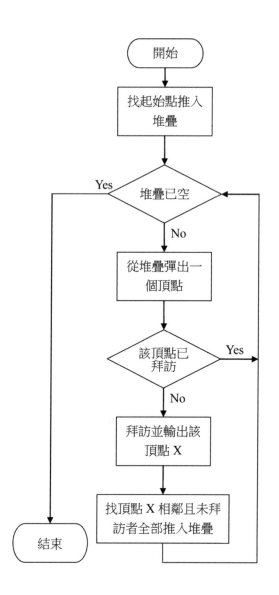

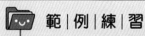

範|例|練|習

1. 如下圖，從頂點1開始，請使用DFS來執行圖形走訪。

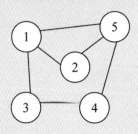

2. 同上圖，請使用堆疊法來處理DFS。

答

1. (1) 從頂點開始後與頂點 1 相鄰且未拜訪者有頂點 2，頂點 3 及頂點 5。選擇一個頂點 2 進行深度走訪。

   (2) 再從頂點 2 開始，與頂點 2 相鄰且未拜訪者有頂點 5。對頂點 5 進行深度走訪。

   (3) 再從頂點 5 開始，與頂點 5 相鄰且未拜訪者有頂點 4。對頂點 4 進行深度走訪。

   (4) 再從頂點 4 開始，與頂點 4 相鄰且未拜訪者有頂點 3。對頂點 3 進行深度走訪。

   (5) 再從頂點 3 開始，與頂點 3 相鄰且未拜訪者已無。退回頂點 4、5、2、1，均無其他點未被拜訪。結束。

   (6) 結果為 1,2,5,4,3。

2.

順序	彈出	推入頂點	堆疊結果（底－頂）	輸出	說明
0		1	1		從頂點1開始推入。
1	1	5,3,2	5,3,2	1	頂點1彈出，放入輸出，找頂點1之相鄰點且未拜訪者(2,3,5)推入。
2	2	5	5,3,5	1,2	頂點2彈出，放入輸出，找頂點2之相鄰點且未拜訪者(5)推入。
3	5	4	5,3,4	1,2,5	頂點5彈出，放入輸出，找頂點5之相鄰點且未拜訪者(4)推入。
4	4	3	5,3,3	1,2,5,4	頂點4彈出，放入輸出，找頂點4之相鄰點且未拜訪者(3)推入。
5	3	無	5,3	1,2,5,4,3	頂點3彈出，放入輸出，找頂點3之相鄰點且未拜訪者推入，無推入者。
6	3（不輸出）	無	5	1,2,5,4,3	頂點3彈出，已拜訪過不用輸出。
7	5（不輸出）	無	空	1,2,5,4,3	頂點5彈出，已拜訪過不用輸出。堆疊已空，結束。

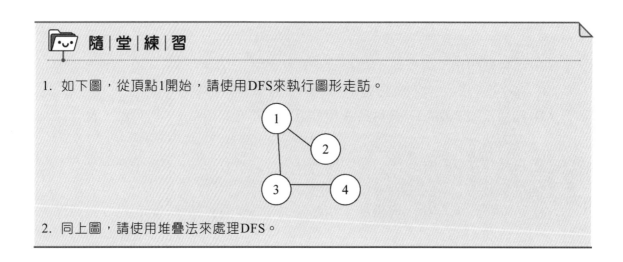

隨｜堂｜練｜習

1. 如下圖，從頂點1開始，請使用DFS來執行圖形走訪。

2. 同上圖，請使用堆疊法來處理DFS。

9-3-2　廣度優先搜尋法

　　廣度優先搜尋(Breadth First Search; BFS)的拜訪方式，是以某一個頂點為起點先行拜訪，拜訪完畢後，再找與此起點相鄰且未拜訪過的頂點，當成一個集合；進一步，針對集合內之所有頂點再一一拜訪；再尋找此集合所有頂點的相鄰且未拜訪過的頂點，當成一個集合進行拜訪；如此反覆進行，直到全部頂點拜訪完畢為止。

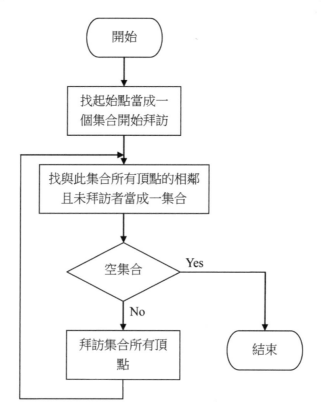

廣度優先搜尋法，其演算法如下：

演算法名稱：BFS (set[])
輸入：set [headnode]
輸出：無。
Begin
   call Visit(set [])   //拜訪集合內所有頂點
   set []←call Find_adj(set [])   //尋找與該頂點相鄰尚未拜訪過的節點
   If set[] is not null then   //假如有尚未拜訪之節點
      call BFS (set [])   //則再繼續 BFS 作法
   end If
end

廣度優先搜尋可以使用佇列的方式來實作。首先，將起始節點（頂點）加入 (Add) 佇列，然後刪除 (Del) 節點，再將與該刪除 (Del) 節點連接而尚未拜訪過之相鄰節點給予加入 (Add) 佇列。刪除 (Del) 節點時，須判斷該刪除 (Del) 節點是否已拜訪過；如此反覆執行，直到佇列已空後則結束搜尋。

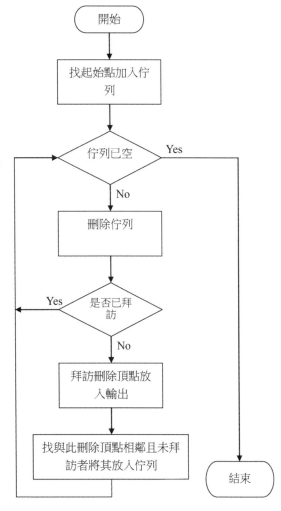

📁 範|例|練|習

1. 如下圖，從頂點1開始，請使用BFS(Breadth First Search)來執行圖形走訪。

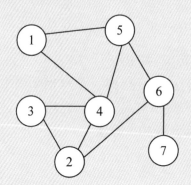

2. 同上圖，請使用堆疊法來處理BFS。

🔓答

1. (1) 從頂點 1 開始，檢查與頂點 1 相鄰且未拜訪過的頂點有頂點 4 及頂點 5。

   (2) 針對頂點 4 及頂點 5 進行拜訪。然後，再找頂點 4 及頂點 5 的相鄰且未拜訪過的頂點；其中，頂點 4 有頂點 2 及頂點 3；頂點 5 有頂點 6。

   (3) 針對頂點 2、頂點 3 及頂點 6 進行拜訪。然後，再找頂點 2、頂點 3 及頂點 6 的相鄰且未拜訪過的頂點。頂點 2 及頂點 3 都無；頂點 6 則有頂點 7 尚未拜訪。

   (4) 再針對頂點 7 進行拜訪。然後，再找頂點 7 的相鄰且未拜訪過的頂點，已無。結束。

   (5) 結果為 1, 4, 5, 2, 3, 6, 7。

2.

順序	刪除	加入頂點	佇列結果（前─後）	輸出	說明
0		1	1		從頂點1開始加入。
1	1	4,5	4, 5	1	頂點1刪除，放入輸出，找頂點1之相鄰點且未拜訪者(4,5)加入佇列。

順序	刪除	加入頂點	佇列結果（前－後）	輸出	說明
2	4	2, 3	5, 2, 3	1,4	頂點4刪除，放入輸出，找頂點2之相鄰點且未拜訪者(2, 3)加入佇列。
3	5	6	2, 3, 6	1,4,5	頂點5刪除，放入輸出，找頂點5之相鄰點且未拜訪者(6)加入佇列。
4	2	3	3, 6, 3, 6	1,4,5,2	頂點2刪除，放入輸出，找頂點2之相鄰點且未拜訪者(3,6)加入佇列。
5	3	無	6, 3, 6	1,4,5,2,3	頂點3刪除，放入輸出，找頂點3之相鄰點且未拜訪者加入佇列。無加入者。
6	6	7	3, 6, 7	1,4,5,2,3,6	頂點6刪除，放入輸出，找頂點6之相鄰點且未拜訪者(7)加入佇列。
7	3（不輸出）	無	6, 7	1,4,5,2,3,6	頂點3刪除，已拜訪過不用輸出。
8	6（不輸出）	無	7	1,4,5,2,3,6	頂點6刪除，已拜訪過不用輸出。
9	7	無	空	1,4,5,2,3,6,7	頂點7刪除，放入輸出，找頂點7之相鄰點且未拜訪者加入佇列。無加入者。佇列已空，結束。

隨|堂|練|習

1. 如下圖，從頂點1開始，請使用BFS來執行圖形走訪。

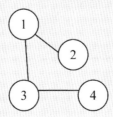

2. 同上圖，請使用堆疊法來處理BFS。

9-4　圖形的應用

在本章節提出四種圖形應用供讀者參考，包括最小成本擴張樹(Minimum Cost Spanning Tree)、最短路徑(Shortest Path)、拓樸排序(Topological Sort)和臨界路徑(Critical Path)等等。

9-4-1　擴張樹與最小成本擴張樹

擴張樹(Spanning Tree; ST)又稱花費樹或展開樹，其目的是以最少的邊數(Edges)來連接圖中所有的頂點而不產生循環(Cycle)的子圖(Subgraph)。因此，我們可以定義擴張樹ST為：

1. ST是一個連通圖G的子圖。

2. ST包含連通圖G的所有頂點。

3. ST是一棵樹，亦是一個沒有循環的連通圖。

相同節點的擴張樹之形式不只一種，只要不產生循環，且將所有節點均連通即可。如圖Ga、Gb、Gc所示皆為擴張樹。

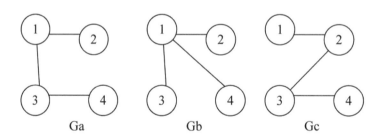

我們可以運用擴張樹的概念，以最少邊來連接圖形的所有頂點。我們知道使用DFS或BFS必能拜訪圖形中所有的頂點。因此，實作擴張樹可以使用DFS或BFS進行巡訪。若將一個擴張樹的邊再加上權重(Weight)，以權重來表示邊的成本或距離等關係強度時，則我們期許所找到的擴張樹的所有權重總和為最小，像這樣權重總和最小的擴張樹，稱為最小成本擴張樹(Minimum-cost Spanning Tree; MST)或最小花費生成樹。所以，最小成本擴張樹是在擴張樹中，尋找權重總和最小之連通圖。

求MST的方法常見有三種，包括：1.Kruskal演算法：以邊為主。2.Prim演算法：以集合為主。3.Sollin演算法：以頂點為主。

（一）Kruskal 演算法

　　Kruskal演算法一般又稱K氏法，其做法主要是以邊為主，也就是每次都以圖形中最小權重的邊優先考慮；若此權重最小的邊加入後不會造成迴路，即進行加入，直到構成所找到的邊的數量為該圖的頂點數量減1為止。其步驟如下：

1. 尋找尚未被選取的邊的權重最小者。

2. 判斷該邊加入是否會造成循環；若會，則捨棄選取該邊，並回到步驟1。

3. 加入該邊後，並判斷所有加入的邊數是否大於頂點數-1；若否，則回到步驟1，否則結束尋找。

　　Kruskal演算法如下：

```
演算法名稱：Kruskal ()
輸入：
輸出：無。
Begin
    Var num, V, index, Edges[]
    While num<V-1 do do        //被選取的邊數要小於頂點數減 1
        index←call selectedge()    //選取一個邊，剩餘未被選且權重最小者
        If cycle(index)=0 then    //被選的邊不會構成循環
            addedge(index)        //符合條件者加入
            num← num+1            //記錄已被選取的邊之數量
        else
            Edges[index].selected←false   //不符合條件者，排除被選取
        end If
    end While
end
```

範|例|練|習

如圖,請使用K氏法(Kruskal)找出最小成本擴張樹。

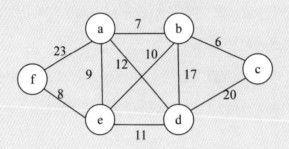

🔓答

　　Kruskal 演算法,以邊為主,找邊的成本最小者,但被選到的頂點不可造成迴圈。

1. 找成本最小者,6 最小,故選擇成本 6 將頂點 b、c 連結。

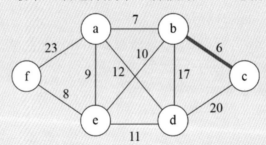

2. 找剩餘連線成本最小者,7 最小,故選擇成本 7 將頂點 a、b 連結。

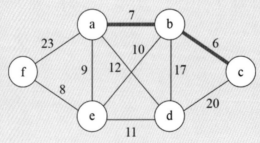

3. 找剩餘連線成本最小者，8 最小，故選擇成本 8 將頂點 e、f 連結。

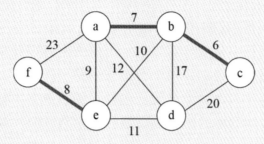

4. 找剩餘連線成本最小者，9 最小，故選擇成本 9 將頂點 a、e 連結。

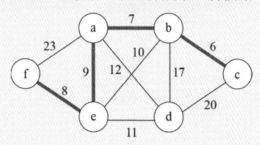

5. 找剩餘連線成本最小者，10 最小，選擇 10 會成迴圈；所以改選 11，選擇成本 11 將頂點 e、d 連結。圖形中的所有頂點皆已連接，結果如圖。

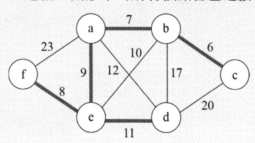

📁 隨|堂|練|習

如圖，請使用K氏法(Kruskal)找出最小成本擴張樹。

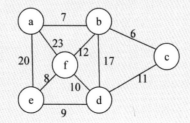

（二）Prim 演算法

Prim演算法一般又稱P氏法，它的做法主要是以集合為主；首先，先選取一個起始頂點，然後，以此頂點當成一個集合，再優先考慮以此集合相連的邊當中權重最小的邊；若此權重最小的邊加入後不會造成迴路，即進行加入；加入後，再以相連的頂點形成一個集合，再優先考慮與此集合相連的邊當中權重最小的邊，重複如此運作，直到構成所找到的邊的數量為該圖的頂點數量–1（減一）為止。其步驟如下：

1. 任意選取該圖中的一個頂點，視為起始頂點，並組成一個集合。

2. 與此集合相連的邊當中，尋找權重最小且尚未被選取的邊；判斷該邊加入後是否會造成循環；若會產生循環，則捨棄選取該邊，回到步驟2。

3. 加入該邊後，並判斷所有加入的邊之數量是否大於頂點數量–1（減一）；若否，則以被選取的邊所相連的頂點形成一個集合回到步驟2，否則結束尋找。

範│例│練│習

如圖，請使用P氏法(Prim)找出最小成本擴張樹。

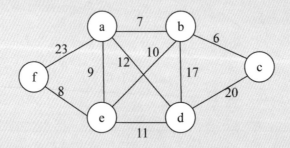

答

Prim 演算法，以集合為主，尋找與集合連結之邊的成本最小者；但被選到的頂點不可產生迴圈。

1. 選取該圖中頂點 a 為起始點，並組成一個以頂點 a 為主的集合；尋找與集合連結之邊的成本（有 7、9、12、23）最小者；其中 7 最小，故選擇成本 7 將頂點 a、b 連結。

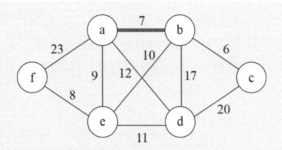

2. 以頂點 a、b 為集合，尋找與集合連結之邊的成本（有 6、9、10、12、17、23）最小者；其中 6 最小，故選擇成本 6 將頂點 b、c 連結。

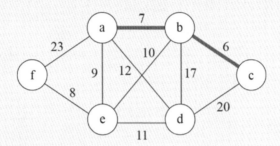

3. 以頂點 a、b、c 為集合，尋找與集合連結之邊的成本（有 9、10、12、17、20、23）最小者；其中 9 最小，故選擇成本 9 將頂點 a、e 連結。

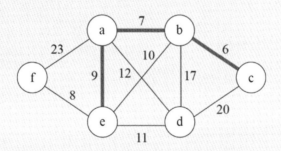

4. 以頂點 a、b、c、e 為集合，尋找與集合連結之邊的成本（有 8、10、11、12、17、20、23）最小者；其中 8 最小，故選擇成本 8 將頂點 f、e 連結。

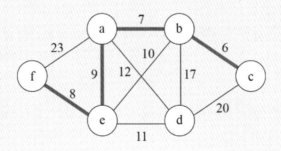

5. 以頂點 a、b、c、e、f 為集合，尋找與集合連結之邊的成本（有 10、11、12、17、20、23）最小者；其中 10 最小，但是選擇 10 會成迴圈，故改選 11；選擇成本 11，將頂點 e、d 連結。圖形中的所有頂點皆已連接，結果如圖。

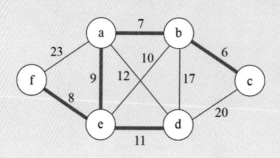

隨│堂│練│習

如圖，請使用P氏法找出最小成本擴張樹。

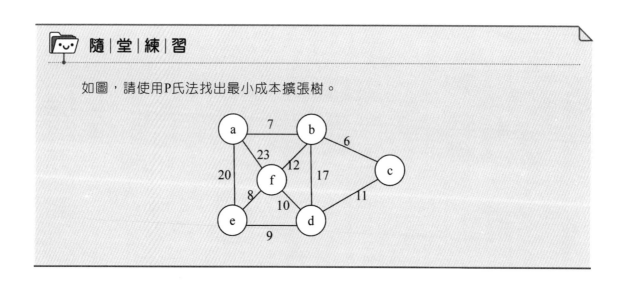

（三）Sollin 演算法

Sollin演算法主要是以頂點為主，尋找與各頂點相連的最小權重的邊加入；加入後，再檢查加入的邊是否等於頂點數減1，若所加入的邊之數量不足，則再繼續尋找未被選入且可以形成連通圖的最小權重的邊加入，以完成最小成本擴張樹。其步驟如下：

1. 檢查每一個頂點所相連之最小權重的邊，然後選擇之；若有不同頂點選到相同的邊，則只須選一次即可。

2. 上述步驟選完後，若已選擇的邊之數量尚未達到該圖的頂點數量減1，則再繼續
找未被選入且可以形成連通圖的最小權重的邊加入，以完成最小成本擴張樹。

📁 範|例|練|習

如圖，請使用Sollin演算法找出最小成本擴張樹。

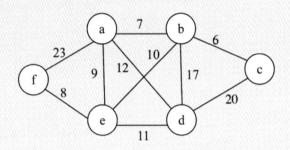

🔓答

Sollin 演算法，以頂點為主，尋找圖中與每一頂點連結之邊的成本最小
者，但被選到的頂點不可造成迴圈。

1. 假設以頂點 a 當起始點，選擇與頂點 a 相連的邊（有 7、9、12、23），其中
7 為最小成本，故選擇成本 7 將頂點 a、b 連結。

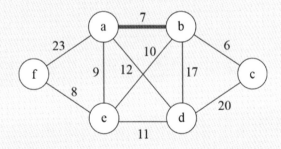

2. 選擇與頂點 b 相連的邊（有 6、7、10、17）最小成本，6 最小，故選擇成
本 6 將頂點 b、c 連結。

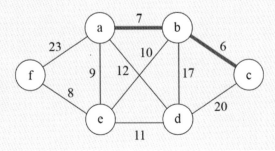

3. 選擇與頂點 c 相連的邊（有 6、20）最小成本，6 最小，故選擇成本 6 將頂點 b、c 連結。（若有不同頂點選到相同的邊，亦可僅選一次，如成本 6 的邊）

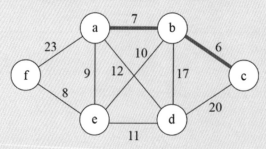

4. 選擇與頂點 d 相連的邊（有 11、12、17、20）最小成本，11 最小，故選擇成本 11 將頂點 e、d 連結。

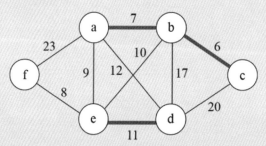

5. 選擇與頂點 e 相連的邊（有 8、9、10、11）最小成本，8 最小，故選擇成本 8 將頂點 e、f 連結。

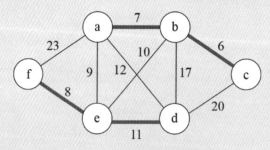

6. 選擇與頂點 f 相連的邊（有 8、23）最小成本，8 最小，故選擇成本 8 將頂點 e、f 連結。

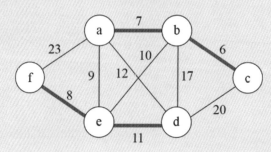

7. 如上圖，6 個頂點只有選 4 個邊，我們將頂點 a、b、c 視為一集合，頂點 d、e、f 視為另一集合，與這兩個集合相鄰的邊（有 9、10、12、17、20、23）最小成本者為 9，故選擇成本 9 將兩集合連接起來。圖形中的所有頂點皆已連接，結果如圖。

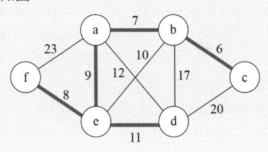

📁 隨|堂|練|習

如圖，請使用Sollin演算法找出最小成本擴張樹。

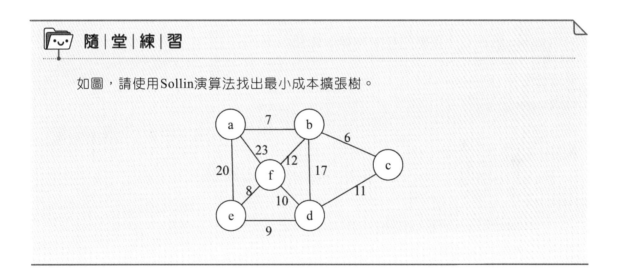

🦷9-4-2　最短路徑

　　最短路徑(Shortest Path)之規劃其目的在於尋找圖中兩頂點之間的最短距離（或是最低成本），就是指在圖形中頂點與頂點之間可通行的最小捷徑。在這邊我們關心的議題包括「單一頂點的最短路徑」，以及「任意兩頂點的最短路徑」。有時候頂點與頂點間並未有直接相連路徑，因此，在這邊所謂的頂點與頂點的路徑，亦包括經由其他頂點再到目標頂點的路徑。

（一）單一頂點的最短路徑

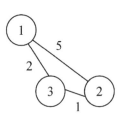

單一頂點的最短路徑著重於某個頂點到其他所有頂點的最短路徑，例如，某甲地至其他地點最短的路徑是如何，這裡所談論的不只是直接到達，即使經由其他地點，再到達目標地所構成的總和路徑距離最短（或成本最小）時，亦符合條件。例如，v1到v2距離為5，如果你能找到另一點v3，使得v1到v3再到v2的距離小於5，亦符合所謂最短路徑；也就是，假設v1 到v3距離為2，v3再到v2距離為1，則v1經由v3再到v2的距離變為3，小於5，可得v1到v2最短距離實際為3而非5。在此，我們使用著名的Dijkstra演算法來求解某個頂點到其它頂點的最短路徑。

使用Dijkstra演算法求取某個頂點到其他頂點的最短路徑：每次都要從尚未選擇的頂點中選擇距離最短者ns，然後檢查有沒有其他尚未選擇的頂點j因行經ns而使距離變短，如此重複N-1次，直到找出第N-1個頂點的最短路徑，整個演算法才宣告結束。

Dijkstra處理單一頂點的最短路徑演算法如下：

```
演算法名稱：Dijkstra(start)
輸入：start
輸出：無。
Begin
    var i, j, ns, N, distance[], selected[], preselected[], data[][]
    For i←0 to N-1 step 1 do
        distance[i] ← data[start][i]
        selected[i] ← 0
        preselected[i] ← vs
    end For
    selected[start] ← 1
    For i←0 to N-2 step 1 do
        ns ← call selectshortest()
        selected[ns] ← 1
        For j←0 to N-1 step 1 do
            If selected[j] = 0 and distance[j] > distance[ns] + data[ns][j] then
                distance[j] ← distance[ns] + data[ns][j]
                preselected[j] ← ns
```

```
            end If
        end For
    end For
end
```

範|例|練|習

如圖,請使用Dijkstra演算法,找出頂點1到各點之最短距離。

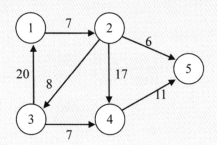

🔓答

1. 先找頂點 1 到各點之直達距離。

步驟	驛站點	路徑	V1	V2	V3	V4	V5
1		1	-	7	∞	∞	∞

2. 再從頂點到各點中距離最小的路徑的頂點 2 當成驛站,檢查頂點 1 經由驛站到各點之距離是否能有更短的路徑。結果如下:

步驟	驛站點	路徑	V1	V2	V3	V4	V5
1		1	-	7	∞	∞	∞
2	V2	1,2	-	-	15	24	13

3. 再從頂點到各點中距離最小的路徑的頂點 5 當成驛站,檢查頂點 1 經由驛站到各點之距離是否能有更短的路徑。結果如下:

步驟	驛站點	路徑	V1	V2	V3	V4	V5
1		1	-	7	∞	∞	∞
2	V2	1,2	-	-	15	24	13
3	V5	1,2,5	-	-	15	24	-

4. 再從頂點到各點中距離最小的路徑的頂點 3 當成驛站，檢查頂點 1 經由驛站到各點之距離是否能有更短的路徑。結果如下：

步驟	驛站點	路徑	V1	V2	V3	V4	V5
1		1	-	7	∞	∞	∞
2	V2	1,2	-	-	15	24	13
3	V5	1,2,5	-	-	15	24	-
4	V3	1,2,3	-	-	-	22	-
5	V4	1,2,3,4	-	-	-	-	-

5. 結果：

頂點 1 到頂點 2 的最短距離為 7。

頂點 1 到頂點 3 的最短距離為 15（經由頂點 2）。

頂點 1 到頂點 4 的最短距離為 22（經由頂點 2,3）。

頂點 1 到頂點 5 的最短距離為 13（經由頂點 2）。

 隨|堂|練|習

請設計一個程式，實作Dijkstra演算法來解決最短路徑。

（二）任意兩個頂點的最短距離

任意兩個頂點的最短距離顧名思義就是要知道任意一點與其他頂點的兩兩距離是多少。而這裡的兩兩距離亦包括經由某一頂點，間接到目標頂點的距離是否更小；也就是求兩兩距離並不一定只可以找直達路徑，也可以經由某一點再到目標頂點之距離求解。任意兩個頂點的最短距離有兩種解法：

方法一： 分別以加權圖形的每個頂點做為起始頂點執行Dijkstra演算法。

方法二： 使用Floyd演算法，其步驟如下：

1. 從$result^0[i][j]$開始，$result^0[i][j]$表示為原始問題之相鄰矩陣data [i][j]。

2. 檢查每一點經由第k點節點到其他各點是否可使距離縮短，若有縮短，更新$result^k[i][j]$。$1 \leq k \leq N$，N為節點數。也就是找：

$$result^k [i][j] = min\{ result^{k-1}[i][j], result^{k-1}[i][k] + result^{k-1}[k][j]\} \text{ 。}$$

3. 重複步驟2，以求出$result^1$、$result^2$、...、$result^N$的結果。

4. $result^N$結果即為所求。

　　Floyd處理任意兩個頂點的最短距離演算法如下：

```
演算法名稱：Floyd()
輸入：
輸出：無。
Begin
    var i, j, k, N, result[][], data[][]
    For i←0 to N-1 step 1 do
        For j←0 to N-1 step 1 do
            result[i][j]←data[i][j]
        end For
    end For
    For k←0 to N-1 step 1 do
        For i←0 to N-1 step 1 do
            For j←0 to N-1 step 1 do
                If result[i][j]>result[i][k]+result[k][j] then
                    result[i][j]←result[i][k]+result[k][j]
                end If
            end For
        end For
    end For
end
```

範│例│練│習

如圖，請使用Floyd演算法，找出任意兩點之最短距離。

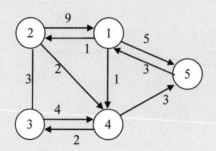

答

1. 先列出所求圖形之相鄰矩陣。

A^0	1	2	3	4	5
1	0	1	∞	1	5
2	9	0	3	2	∞
3	∞	∞	0	4	∞
4	∞	∞	2	0	3
5	3	∞	∞	∞	0

2. 依據 A^0 為基準，列出各點經由頂點 1 到其他點的相鄰矩陣。

A^1	1	2	3	4	5
1	0	1	∞	1	5
2	9	0	3	2	9+5=14
3	∞	∞	0	4	∞
4	∞	∞	2	0	3
5	3	3+1=4	∞	3+1=4	0

3. 依據 A^1 為基準，列出各點經由頂點 2 到其他點的相鄰矩陣。

A^2	1	2	3	4	5
1	0	1	1+3=4	1	5
2	9	0	3	2	9+5=14
3	∞	∞	0	4	∞
4	∞	∞	2	0	3
5	3	3+1=4	4+3=7	3+1=4	0

4. 依據 A^2 為基準，列出各點經由頂點 3 到其他點的相鄰矩陣。

A^3	1	2	3	4	5
1	0	1	1+3=4	1	5
2	9	0	3	2	9+5=14
3	∞	∞	0	4	∞
4	∞	∞	2	0	3
5	3	3+1=4	4+3=7	3+1=4	0

5. 依據 A^3 為基準，列出各點經由頂點 4 到其他點的相鄰矩陣。

A^4	1	2	3	4	5
1	0	1	1+2=3	1	1+3=4
2	9	0	3	2	2+3=5
3	∞	∞	0	4	4+3=7
4	∞	∞	2	0	3
5	3	3+1=4	4+2=6	3+1=4	0

6. 依據 A^4 為基準，列出各點經由頂點 5 到其他點的相鄰矩陣。

A^5	1	2	3	4	5
1	0	1	1+2=3	1	1+3=4
2	5+3=8	0	3	2	2+3=5
3	7+3=10	7+4=11	0	4	4+3=7
4	3+3=6	3+4=7	2	0	3
5	3	3+1=4	4+2=6	3+1=4	0

7. 結果如下表：

	1	2	3	4	5
1	0	1	3（經由4）	1	4（經由4）
2	8（經由4,5）	0	3	2	5（經由4）
3	10（經由4,5）	11（經由4,5,1）	0	4	7（經由4）
4	6（經由5）	7（經由5,1）	2	0	3
5	3	4（經由1）	6（經由1,4）	4（經由1）	0

 隨|堂|練|習

請設計一個程式，實作Floyd演算法以求任意兩點最短路徑。

🔖9-4-3 拓樸排序及 AOV 網路

拓樸(Topology)原意為地貌，而拓樸學主要在於探討圖形於連續性變化中的變形現象。因此，我們把拓樸排序定義為圖形結構在連續變化的活動中，如何安排其活動順序，即為拓樸排序。而安排後的結果，即為拓樸順序(Topological Order)。我們可以運用有向圖形來描述某工作任務的細項活動及其發生的先後順序，這也是一種拓樸概念。本單元所要探討的問題，就是如何安排像這樣的工作活動及其拓樸順序。

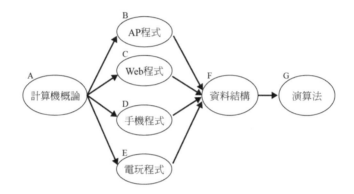

如圖為有向圖形，用以表示修習課程的先後順序，我們以頂點A-G表示工作項目，以邊表示工作的先後關係，我們將這種有向圖稱為頂點工作網路（Activity On Vertex Network; AOV網路）。AOV網路必須沒有迴路或循環，否則將失去其意義。相關名詞定義如下：

1. **前行者(Predecessor)**：在頂點之前的全部頂點皆為前行者，如頂點A、B、C、D、E、F均為頂點G之前行者。

2. **立即前行者(Immediate Predecessor)**：與該頂點相連之前一個頂點稱立即前行者，如頂點F為頂點G之立即前行者。

3. **後繼者(Successor)**：在頂點之後的全部頂點皆為後繼者，如頂點B、C、D、E、F、G皆為頂點A之後繼者。

4. **立即後繼者(Immediate Successor)**：與該頂點相連之後一個頂點稱立即後繼者，如頂點G為頂點F之立即後繼者。

AOV網路的運作方式是任何一個工作頂點必須等待讓所有立即前行者的工作全部完成後，才可以執行該工作頂點。因此，透過觀察圖中的修課順序為A→B→C→D→E→F→G，此順序即為拓樸順序；拓樸順序也可為A→C→B→D→E→F→G；換句話說，AOV網路的拓樸順序並非固定或唯一，安排規劃AOV網路的順序即稱為拓樸排序。

　　拓樸排序(Topological Sorting)的處理方式是每次都尋找沒有立即前行者的工作頂點作為優先排序對象，若同時有多個工作頂點沒有立即前行者，則這些工作頂點均可優先選擇作排序。再將被選擇的工作頂點從AOV網路中刪除掉，再重複找尋沒有立即前行者的工作頂點，如此反覆進行，直到工作頂點皆被刪除為止。這些前後被刪除的工作頂點的刪除順序，即成為拓樸順序。其執行步驟如下：

1. 計算每個頂點之進入分支度。

2. 選擇入分支度為0且未被選擇過之頂點。

3. 選擇後將其出分支度之邊刪除。

4. 重複1~3步驟，直到所有頂點均輸出完畢。

　　拓樸排序演算法如下：

```
演算法名稱：topologysort()
輸入：
輸出：Topological Order。
Begin
    var i, j, ns, N, indegree[], selected[], result[][]
    For i←0 to N-1 step 1 do
        For j←0 to N-1 step 1 do
            If result [i][j]=1 then
                indegree[j]←indegree[j]+1
            end If
        end For
    end For
    For i←0 to N-1 step 1 do
        Vx←call selectvertex()    // selectvertex 選擇無前行者之頂點
        PRINT(Vx)    // PRINT 螢幕顯示 Topological Order
        selected[ns]←1
        For j←0 to N-1 step 1 do
            If result [ns][j]=1 then
                result [ns][j]←0
                indegree[j]←indegree[j]-1
            end If
```

```
        end For
    end For
end
```

範|例|練|習

如圖所示,請找出拓樸順序。

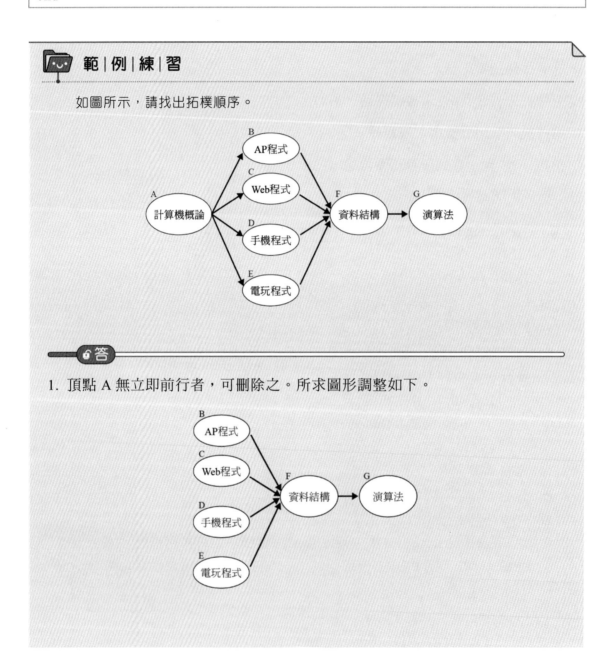

答

1. 頂點 A 無立即前行者,可刪除之。所求圖形調整如下。

2. 頂點 B、C、D、E 皆無立即前行者，選擇頂點 B 刪除之。所求圖形調整如下。

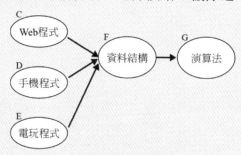

3. 頂點 C、D、E 皆無立即前行者，選擇頂點 C 刪除之。所求圖形調整如下。

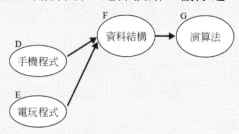

4. 頂點 D、E 皆無立即前行者，選擇頂點 D 刪除之。所求圖形調整如下。

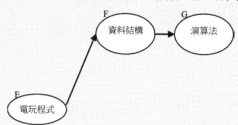

5. 頂點 E 無立即前行者，選擇頂點 E 刪除之。所求圖形調整如下。

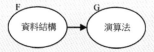

6. 頂點 F 無立即前行者，選擇頂點 F 刪除之。所求圖形調整如下。

7. 頂點 G 無立即前行者，選擇頂點 G 刪除之。最後將刪除順列出，即為拓樸順序。

A→B→C→D→E→F→G

隨|堂|練|習

如圖所示，請找出拓樸順序。

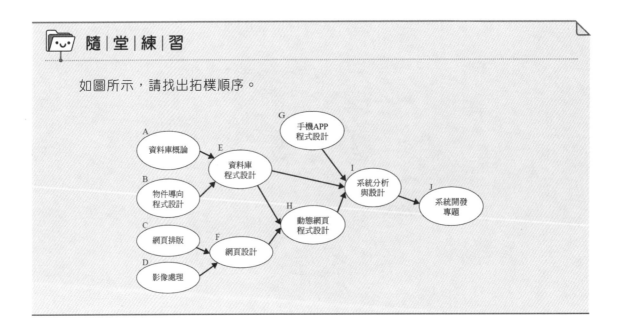

9-4-4　AOE 網路及關鍵路徑

前一小節提到AOV網路是指以頂點表示工作項目，以邊表示工作的先後關係，相反的，若以AOV網路的邊來表示某種活動，而頂點表示狀態，則稱此網路為AOE網路(Activity On Edge Network)。

AOE網路經常用來做為計畫績效評估工具，如計畫評核術(Project Evaluation and Review Technique; PERT)以及關鍵路徑法(Critical Path Method; CPM)；其中，關鍵路徑法就是本單元要談的議題。

關鍵路徑(Critical Path)指在一個專案中的最長路徑或花費最多資源的瓶頸路徑。專案網路圖當中關鍵路徑若能完成，表示整個專案才可能順利結束。因此，在專案管理、或系統分析學科中，這是一個相當受關心的議題。在學習AOE網路議題前，須先釐清幾個相關名詞：

1. **最早開始時間**：所謂最早開始時間，是指在AOE網路當中，該任務可以執行的最早時間。一般來說，若立即前行者有多個任務，我們必須將立即前行者的任務全部完成後，才能執行當下的任務，只要有一個立即前行者的任務尚未完成，當下任務將無法進行。因此，當下任務最早可執行的時間，必須依賴所有立即前行者當中，任務時間最長者；所以，最早開始時間就是尋找立即前行者任務時間最長者。

2. **最晚開始時間**：所謂最晚開始時間，是指在AOE網路當中，該任務最晚必須執行的時間，若無法在此時間以前開始，將無法完成所有後續的任務。最晚開始時間的計算方式是從AOE網路的最後面任務往前推算，當某一個頂點後方（立即後繼者）有數個任務時，從後方往前推算時必須依據最小的時間做為最晚開始時間。因為，從最後完成任務的時間往前推算的任務時間皆表示無任何寬裕時間；所以，多個任務中，若有要求較早的時間就要執行（最小的時間），就必須遵從，否則一旦延誤，該任務之後的任務將陸續延誤。因此，最晚開始時間就是尋找所有立即後繼者的開始任務時間最小者。

採用關鍵路徑法(CPM)管控專案具有許多特點，包括：1.透過關鍵路徑分析能辨認出專案中最重要的工作任務，也就是最需要嚴加管控的重要任務；因為，若關鍵路徑上的任何工作任務的開始時間一旦延誤，或花費的時間比預期還長，則將影響整個專案的進程。2.透過關鍵路徑分析，有助於找出缺乏效率的工作任務；將所發現之缺乏效率的工作任務，採取相對應改善措施，以縮短該些任務的執行時間，則有助於提升專案的整體效率。

求解臨界路徑的步驟如下：

1. 先找拓樸順序。

2. 依照拓樸順序計算各頂點的最早開始時間，若有多方進入，找最大值。

3. 依照反拓樸順序計算各頂點的最晚開始時間，若有多方出去，則找各方工作開始時間的最小值。

4. 找臨界路徑：尋找「最早開始時間=最晚開始時間」的任務節點。

範|例|練|習

求關鍵路徑。

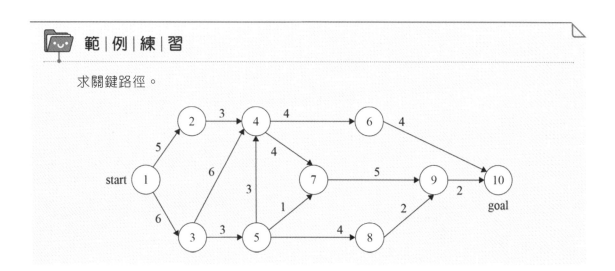

答

1. 先找拓樸順序。並在每一個頂點預留兩個位置，包括上方位置填入最早開始時間，下方位置填入最晚開始時間。

2. 在各頂點所預留的位置上，填入最早開始時間與最晚開始時間。

　　其中，最早開始時間（由最前端的 Start 節點，往後推算），當有多方進入，找最大值。最晚開始時間（由最後端的 Goal 節點，往前推算），當有多方出去，則找各方工作開始時間的最小值。彙整完成之最早開始時間以及最晚開始時間，填入於下方圖中。

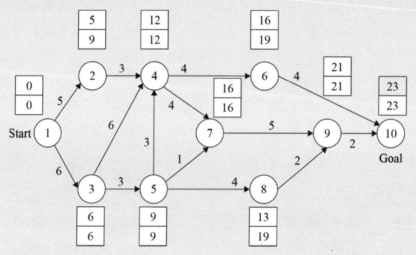

3. 找關鍵路徑：尋找「最早開始時間=最晚開始時間」之節點、該些節點所連接成的路徑，即為關鍵路徑。

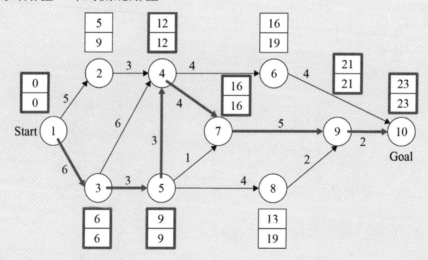

4. 結果，關鍵路徑為 1-3-5-4-7-9-10。

隨|堂|練|習

1. 求關鍵路徑。

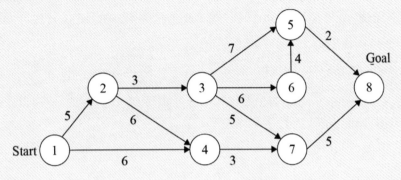

2. 求關鍵路徑。

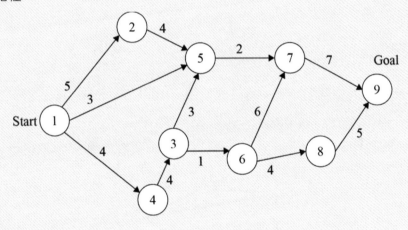

3. 求關鍵路徑。

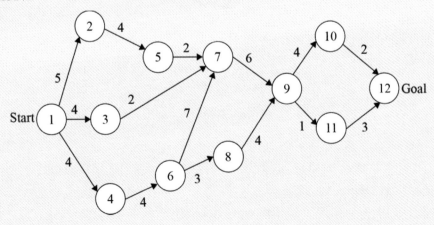

<作業 III>

1. 請回答下列問題：

   (1) 何謂二元搜尋(Binary Search Tree)？

   (2) 設計一個演算法(Algorithm)，當輸入n個元素時，能建立一最小高度的二元搜尋樹。

2. 圖形節點巡訪(Graph Traversals)

   從V0出發，請以depth first方式巡訪，如有兩種以上選擇時，請以節點數較小者優先。請列出節點訪問之順序。

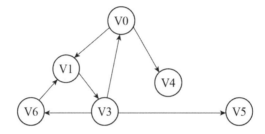

3. 試解釋資料結構的相關名詞：先廣後深擴張樹(BFS Spanning Tree)

4. 圖(Graph)的表示法(Graph Representation)

   (1) 以下面的無向圖(Undirected Graph)為例，說明圖的鄰接串列(Adjacency List)表示法。

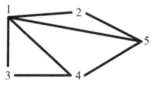

   (2) 以下面的有向圖(Directed Graph)為例，說明圖的鄰接矩陣(Adjacency Matrix)表示法。

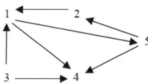

   (3) 給一n個節點(Vertex)的有向圖G 的鄰接矩陣，請問計算圖G的一個節點的出分支度(Out Degree)的時間複雜度為何？

   (4) 給找關鍵路徑：尋找「最早開始時間=最晚開始時間」之節點、該些節點所連接成的路徑，即為關鍵路徑。一n個節點(Vertex)的有向圖G的鄰接矩陣，請簡述判斷圖G是否連通(Connected)的演算法。

排 序

DATA STRUCTURE

THEORY AND PRACTICE

前幾章節的內容著重於如何將線性與非線性結構資料存放於記憶體中。在本章節裡,我們將介紹如何對這些資料進行排序(Sorting),以利資料的後續處理。實務上,資料處理過程中經常需要排序資料,但是如何對資料進行適當、有效的排序,並提升排列效率,將是本章所重視的議題。

10-1 排序的概念

在日常生活中,經常可觀察到排序的行為。例如,在國際社會上,比較哪些國家最富強;商場上,哪些企業最具競爭力,又是求職者的最愛;親屬之間輩分的排序,長輩、晚輩、年紀大小等;在學校,學生成績高低的排序等。然而,如何進行排序?有哪些排序的技術或方法?何種排序方法的效率最高?透過本章的說明,讀者將能充分認識並理解排序的重要知識。

10-1-1 排序的意義與種類

在定義的資料集合中,依據所指定之鍵值,將該資料集合中的資料進行由大到小或由小到大之排列,稱之排序。其目的在於彙整零散資料,提升資料搜尋(Searching)或資料比對(Matching)的效率。當排序資料由小到大排列時,稱之為遞增(Ascending)排序;當排序資料由大到小排列時,稱之為遞減(Decending)排序。

排序的方式有很多種,本章將針對常用的排序方法進行說明。包括有:選擇排序(Selection Sort)、插入排序(Insertion Sort)、氣泡排序(Bubble Sort)、謝爾排序(Shell Sort)、快速排序(Quick Sort)、合併排序(Merge Sort)、基數排序(Radix Sort)、二元樹排序(Binary Tree Sort)以及堆積排序(Heap Sort)等方式進行說明。

10-1-2 排序的分類

不同的排序方法有不同特性,我們將排序方法根據資料存放位置、排序後鍵值相對位置、排序的效率以及排序是否依鍵值等特徵進行分類,說明如下:

(一)根據資料的存放位置

1. **內部排序(Internal Sorting)**:可以將資料一次讀進記憶體的排序方式稱為內部排序。例如,選擇排序、插入排序、氣泡排序、快速排序、堆積排序、基數排序,皆屬之。

2. **外部排序(External Sorting)**：必須依賴外部輔助記憶體來進行排序後，再讀取放進記憶體的方式稱為外部排序。例如，合併排序。

（二）根據排序後鍵值相同之資料的相對位置是否改變

1. **穩定排序(Stable Sorting)**：如果數列裡面有鍵值相等而必須做排序，當使用排序方法對資料作排序後，相同的鍵值的相對位置並不會受到變動的排序方式稱為穩定排序。（如下圖兩個數字6的次序保持一致）。一般來說，若僅是短距離的兩兩交換者，基本都屬穩定排序法。例如，泡沫排序(Bubble Sort)、插入排序(Insertion Sort)、計數排序(Counting Sort)、合併排序(Merge Sort)以及基數排序(Radix Sort)等。

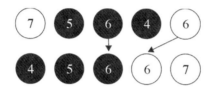

2. **不穩定排序(Unstable Sorting)**：當相等鍵值經過排序後，造成相對位置改變時，稱為不穩定排序（如下圖兩個數字6的次序已經對調）。一般來說，若鍵值採取遠距離交換的排序策略，大多屬於不穩定排序。例如，選擇排序(Selection Sort)、謝爾排序(Shell Sort)、堆積排序(Heap Sort)以及快速排序(Quick Sort)等。

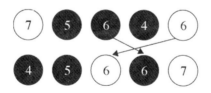

　　排序演算法若是穩定的，首先基於一個鍵值進行排序，然後再參照另一個鍵值排序；第一個鍵排序的結果依然供第二個鍵值排序所參考。就像是訂房網站的搜尋，先按飯店的星等（五星級、四星級、…）進行排序，再逐次依據房價高低排序，星等相同的飯店房價順序高低排序時，並不打亂或改變原本飯店星等的順序。然而，不穩定排序演算法可能會因為排序飯店房價而改變飯店星等的相對次序。有些應用並不受排序穩定性與否而影響結果，例如，僅參照一個排序鍵值，而且該鍵值為整數，相同大小的整數數字其次序的先後順序並不會影響結果的呈現。

（三）根據排序的效率

1. **簡單排序**：指運用簡單的兩兩交換或單純的一一比較來進行排序，稱為簡單排序。例如，選擇排序、插入排序、氣泡排序。

2. **高等排序**：指運用較複雜的方式（如在數列左、右兩邊，同時分別進行排序），或是為了提升排序效率而採用特殊方式進行排序（例如，合併排序以及堆積排序等）。

（四） 根據排序是否依鍵值來分

1. **比較排序(Comparative Sort)**：如果排序的方式是參考鍵值進行比較時，稱為比較排序。大部分的排序都是依據此方式進行排序，例如，選擇排序、插入排序、氣泡排序、快速排序、合併排序以及堆積排序等。

2. **分配排序(Distributive Sort)**：如果把鍵值拆成數個部分後，再依據各部分分別進行排序時，則稱為分配排序（例如，基數排序等）。

📖 10-1-3　各種排序的比較

　　針對各種排序的特徵進行比較，包括：時間複雜度、相同鍵值相對位置是否改變等，比較結果如下表：

排序方式	最佳狀況	最差狀況	平均狀況	空間複雜度	穩定度
選擇排序	$O(n^2)$			$O(1)$	否
插入排序	$O(n)$	$O(n^2)$	$O(n^2)$	$O(1)$	是
氣泡排序	$O(n^2)$			$O(1)$	是
快速排序	$O(n\log_2 n)$	$O(n^2)$	$O(n\log_2 n)$	$O(\log_2 n) \sim O(n)$	否
合併排序	$O(n\log_2 n)$			$O(n)$	是
基數排序	$O(n\log_r m)$（r為基數、m為最大資料）			$O(rn)$	是
謝爾排序	$O(n\log_2 n) \sim O(n^2)$			$O(1)$	否
二元樹排序	$O(n\log_2 n)$	$O(n^2)$	$O(n\log_2 n)$	$O(n)$	是
堆積排序	$O(n\log_2 n)$			$O(1)$	否

10-2 排序的方法

資料排序方法的種類非常多，若您上網Google搜尋一下，就會發現各式各樣的資料排序方法，充滿著創新與創意。在本單元，我們將針對七種排序方法進行說明，讓讀者具備排序方法的基本知識。

10-2-1 選擇排序

選擇排序(Selection Sort)的主要策略是從要排序的數列中，優先尋找出數列內的最小（大）值；然後，使之與第一個位置交換，再從剩餘的數列中，找出剩餘數列的最小（大）值；然後，再將剩餘數列的最小（大）值與剩餘數列的第一個位置交換；如此，返複數次，直到數列都已排序完成為止。因此，選擇排序屬不穩定排序，時間複雜度為O(n^2)。

例如有一數列：27, 19, 6, 31, 13, 4；若採用遞增(Ascending)排序，程序如下：

剩餘數列（黃色底為準備交換）					
27	19	6	31	13	4

(1)從上表數列中挑選最小值4，並與第一值27交換，結果如下：

已排序	剩餘數列				
4	19	6	31	13	27

(2) 從上表剩餘數列中挑選最小值6，並與剩餘數列之第一值19交換，結果如下：

已排序		剩餘數列			
4	6	19	31	13	27

(3) 從上表剩餘數列中挑選最小值13，並與剩餘數列之第一值19交換，結果如下：

已排序			剩餘數列		
4	6	13	31	19	27

(4) 從上表剩餘數列中挑選最小值19，並與剩餘數列之第一值31交換，結果如下：

已排序				剩餘數列	
4	6	13	19	31	27

(5) 從上表剩餘數列中挑選最小值27，並與剩餘數列之第一值31交換，結果如下：

已排序					剩餘數列
4	6	13	19	27	31

選擇排序的演算法如下：

演算法名稱：Selection_Sort (list[], n)
輸入：list[], n
輸出：
Begin
    var i, j, min
    For i←0 to n-2 step 1 do
        min←i
        For j←i+1 to n-1 step 1 do
            If list[j]< list[min] then
                min←j
            end If
        end For
        SWAP list[i], list[min]//SWAP 是互換
    end For
end

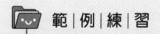

範|例|練|習

若未排序的資料為11, 17, 23, *11, 27, 19, 6, 31, 13, 4，請使用選擇排序法排序，以遞增(Ascending)排序，寫出其排序過程及結果。

答

未排序數列									
11	17	23	*11	27	19	6	31	13	4

第1次： 在上表未排序數列中找到數字4最小，並與一個值11交換，結果如下：

已排序	未排序數列							
4	17	23	*11	27	19	6	31	13	*11*

第2次： 在上表未排序數列中找到數字6最小，並與未排序數列的第一個值17
交換，結果如下：

已排序		未排序數列						
4	**6**	23	*11	27	19	*17*	31	13	11

第3次： 在上表未排序數列中找到數字*11最小，並與未排序數列的第一個值
23交換，結果如下：

已排序			未排序數列					
4	6	***11***	*23*	27	19	17	31	13	11

第4次： 在上表未排序數列中找到數字11最小，並與未排序數列的第一個值23
交換，結果如下：

已排序				未排序數列				
4	6	*11	*11*	27	19	17	31	13	*23*

第5次： 在未排序數列中找到數字13最小，並與未排序數列的第一個值27交
換，結果如下：

已排序					未排序數列			
4	6	*11	11	*13*	19	17	31	*27*	23

第6次： 在未排序數列中找到數字17最小，並與未排序數列的第一個值19交
換，結果如下：

已排序						未排序數列		
4	6	*11	11	13	*17*	*19*	31	27	23

第7次： 在未排序數列中找到數字19最小，並與未排序數列的第一個值19交
換，結果如下：

已排序							未排序數列	
4	6	*11	11	13	17	*19*	31	27	23

第8次： 在未排序數列中找到數字23最小，並與未排序數列的第一個值31交換，結果如下：

已排序								未排序數列	
4	6	*11	11	13	17	19	*23*	27	*31*

第9次： 在未排序數列中找到數字27最小，並與未排序數列的第一個值27交換，結果如下：

已排序								未排序數列
4	6	*11	11	13	17	19	23	*27*	31

第10次： 在未排序數列中找到數字31最小，並與未排序數列的第一個值31交換，結果如下：

已排序									
4	6	*11	11	13	17	19	23	27	*31*

 隨|堂|練|習

請設計一支程式，實作選擇排序，並分析其時間複雜度。

📑10-2-2　氣泡排序

氣泡排序(Bubble Sort)法採用互換(Exchange)策略的排序機制，其關鍵作法是將相鄰的兩個資料互相比較，根據遞增或遞減的條件來決定相鄰的兩個資料是否須互相交換，反覆如此以完成排序。基本上，數列中若有m個資料，則必須比較m-1個回合；每回合交換完成後，就完成剩餘數的最後一個數的排序，且每個回合還要比較剩餘數n的n-1次。比較時，將不符合指定順序者互換其值，從左往右逐一比較互換；若為遞增排序，您會發現較大的值會一直往右移動；若為遞減排序，您會發現較小的值會一直往右移動；如同氣泡一般，較輕的氣泡會一直往上移動。因此，此種排序方式，便稱為氣泡排序法。

例如有一數列：27, 19, 31, 4；若採用遞增(Ascending)排序，其中，4個數必須做3回合，每一回合必須做剩餘數列的n-1次兩兩交換。因採用遞增排序，將較大值放在右邊；所以，當左邊比右邊大時必須交換，程序如下：

第一回合：

原始資料，準備交換	27	19	31	4
第一次（27與19）交換結果	19	27	31	4
第二次（27與31）交換結果	19	27	31	4
第三次（31與4）交換結果	19	27	4	31

第二回合：

準備交換	19	27	4	31
第一次（19與27）交換結果	19	27	4	31
第二次（27與4）交換結果	19	4	27	31

第三回合：

準備交換	19	4	27	31
第一次（19與4）交換結果	4	19	27	31

氣泡排序的演算法如下（遞增排序）：

```
演算法名稱：Bubble_Sort (list[], n)
輸入：list[], n
輸出：
Begin
    var i, j
    For i←n-1 to 1 step -1 do
        For j←0 to j<i step 1 do
            If list[j]> list[j+1] then
                SWAP list[j], list[j+1]     // SWAP 互換
            end If
        end For
    end For
end
```

範|例|練|習

若未排序的資料為11, 17, 23, *11, 27, 19, 6, 31, 13, 4，請使用氣泡排序法進行遞增排序，並說明其排序過程及結果。

答

第 1 回合：

原始資料，準備交換	11	17	23	*11	27	19	6	31	13	4
第1次（11與17）交換結果	11	17	23	*11	27	19	6	31	13	4
第2次（17與23）交換結果	11	17	23	*11	27	19	6	31	13	4
第3次（23與*11）交換結果	11	17	*11	23	27	19	6	31	13	4
第4次（23與27）交換結果	11	17	*11	23	27	19	6	31	13	4
第5次（27與19）交換結果	11	17	*11	23	19	27	6	31	13	4
第6次（27與6）交換結果	11	17	*11	23	19	6	27	31	13	4
第7次（27與31）交換結果	11	17	*11	23	19	6	27	31	13	4
第8次（31與13）交換結果	11	17	*11	23	19	6	27	13	31	4
第9次（31與4）交換結果	11	17	*11	23	19	6	27	13	4	31

第 2 回合：

原始資料，準備交換	11	17	*11	23	19	6	27	13	4	31
第1次（11與17）交換結果	11	17	*11	23	19	6	27	13	4	31
第2次（17與*11）交換結果	11	*11	17	23	19	6	27	13	4	31
第3次（17與23）交換結果	11	*11	17	23	19	6	27	13	4	31
第4次（23與19）交換結果	11	*11	17	19	23	6	27	13	4	31
第5次（23與6）交換結果	11	*11	17	19	6	23	27	13	4	31
第6次（23與27）交換結果	11	*11	17	19	6	23	27	13	4	31
第7次（27與13）交換結果	11	*11	17	19	6	23	13	27	4	31
第8次（27與4）交換結果	11	*11	17	19	6	23	13	4	27	31

第 3 回合：

原始資料，準備交換	11	*11	17	19	6	23	13	4	27	31
第1次（11與*11）交換結果	11	*11	17	19	6	23	13	4	27	31
第2次（*11與17）交換結果	11	*11	17	19	6	23	13	4	27	31
第3次（17與19）交換結果	11	*11	17	19	6	23	13	4	27	31

第4次（19與6）交換結果	11	*11	17	6	19	23	13	4	27	31
第5次（19與23）交換結果	11	*11	17	6	19	23	13	4	27	31
第6次（23與13）交換結果	11	*11	17	6	19	13	23	4	27	31
第7次（23與4)交換結果	11	*11	17	6	19	13	4	23	27	31

第 4 回合：

原始資料，準備交換	11	*11	17	6	19	13	4	23	27	31
第1次（11與*11）交換結果	11	*11	17	6	19	13	4	23	27	31
第2次（*11與17）交換結果	11	*11	17	6	19	13	4	23	27	31
第3次（17與6）交換結果	11	*11	6	17	19	13	4	23	27	31
第4次（17與19）交換結果	11	*11	6	17	19	13	4	23	27	31
第5次（19與13）交換結果	11	*11	6	17	13	19	4	23	27	31
第6次（19與4）交換結果	11	*11	6	17	13	4	19	23	27	31

第 5 回合：

原始資料，準備交換	11	*11	6	17	13	4	19	23	27	31
第1次（11與*11）交換結果	11	*11	6	17	13	4	19	23	27	31
第2次（*11與6）交換結果	11	6	*11	17	13	4	19	23	27	31
第3次（*11與17）交換結果	11	6	*11	17	13	4	19	23	27	31
第4次（17與13）交換結果	11	6	*11	13	17	4	19	23	27	31
第5次（17與4）交換結果	11	6	*11	13	4	17	19	23	27	31

第 6 回合：

原始資料，準備交換	11	6	*11	13	4	17	19	23	27	31
第1次（11與6）交換結果	6	11	*11	13	4	17	19	23	27	31
第2次（11與*11）交換結果	6	11	*11	13	4	17	19	23	27	31
第3次（*11與13）交換結果	6	11	*11	13	4	17	19	23	27	31
第4次（13與4）交換結果	6	11	*11	4	13	17	19	23	27	31

第 7 回合：

原始資料，準備交換	6	11	*11	4	13	17	19	23	27	31
第1次（6與11）交換結果	6	11	*11	4	13	17	19	23	27	31
第2次（11與*11）交換結果	6	11	*11	4	13	17	19	23	27	31
第3次（*11與4）交換結果	6	11	4	*11	13	17	19	23	27	31

第 8 回合：

原始資料，準備交換	6	11	4	*11	13	17	19	23	27	31
第1次（6與11）交換結果	6	11	4	*11	13	17	19	23	27	31
第2次（11與4）交換結果	6	4	11	*11	13	17	19	23	27	31

第 9 回合：

| 原始資料，準備交換 | 6 | 4 | 11 | *11 | 13 | 17 | 19 | 23 | 27 | 31 |
| 第1次（6與4）交換結果 | 4 | 6 | 11 | *11 | 13 | 17 | 19 | 23 | 27 | 31 |

隨|堂|練|習

請設計一支程式，實作氣泡排序，並請分析其複雜度。

10-2-3 插入排序

插入排序(Insertion Sort)是將預計排序但尚未完成排序之數列，逐一取出來放入已經排序的數列中之相對適當位置。如同，玩撲克牌，將拿到的那一張撲克牌，插入到手中已排序好的撲克牌內。因此，此種排序方法稱之為插入排序。

例如有一數列：27,19,31,25；若將其採用遞增(Ascending)排序，則先將第二個數字（即19）當成是要插入的值，而將第一個值（即27）視為已排序過的數列進行排序，程序如下：

步驟一： 比較19是否有比已排序過的數列的最後一個值27小，若是則將27往後移動，之後已排序過的數列已無資料，再將19放在第一個位置。

說明	預計插入值	數列			
	取出19，原位置空下來	27		31	25
27往後移動後結果	19		27	31	25
19放入27前面位置		19	27	31	25

步驟二： 比較31是否有比已排序過的數列的最後一個值27小；若無，則結束比對，
則31不需移動。

說明	預計插入值	數列			
	取出31，原位置空下來	19	27		25
31放回		19	27	31	25

步驟三： 比較25是否有比已排序過的數列的最後一個值31小；若是，則將31往後移
動，再往前檢查是否有比27小；若是，則將27往後移動，再往前檢查是否
有比19小；若否，則結束比對，最後將25放入19後面的位置。

說明	預計插入值	數列			
	取出25，原位置空下來	19	27	31	
31往後移動後結果	25	19	27		31
27往後移動後結果	25	19		27	31
25放入19後面		19	25	27	31

插入排序的演算法如下：

```
演算法名稱：Insertion_Sort (list[], n)
輸入：list[], n
輸出：
Begin
    var i, j, instn
    For i←1 to n-1 step 1 do
        instn←list[i]
        For j←i-1 to 0 step -1 do
            If instn < list[j] then
                list[j+1] ← list[j]
            else
                exit For
            end If
        end For
        list[j+1]= instn
    end For
end
```

範|例|練|習

若未排序的資料為11, 17, 23, *11, 27, 19, 6, 31, 13, 4，請使用插入排序法以遞增 (Ascending)排序，寫出其排序過程及結果。

🔒答

步驟一： 比較17是否有比已排序過的數列的最後一個值11小，若否，則結束 比對，則17不需移動。

說明	預計插入值	數列								
	取出17，原位置空下來	11		23	*11	27	19	6	31	13	4
17放回		11	17	23	*11	27	19	6	31	13	4

步驟二： 比較23是否有比已排序過的數列的最後一個值17小，若否，則結束 比對，則23不需移動。

說明	預計插入值	數列								
	取出23，原位置空下來	11	17		*11	27	19	6	31	13	4
23放回		11	17	23	*11	27	19	6	31	13	4

步驟三： 比較*11是否有比已排序過的數列的最後一個值23小，若是，則將23 往後移動，再往前檢查是否有比17小，若是，則將17往後移動；再 往前檢查是否有比11小，若否，則結束比對，最後將*11放入11後面 的位置。

說明	數列									
取出*11，原位置空下來	11	17	23		27	19	6	31	13	4
23往後移動後結果	11	17		23	27	19	6	31	13	4
17往後移動後結果	11		17	23	27	19	6	31	13	4
*11插入	11	*11	17	23	27	19	6	31	13	4

步驟四： 比較27是否有比已排序過的數列的最後一個值23小，若否，則結束 比對，則27不需移動。

說明	數列									
取出27，原位置空下來	11	*11	17	23		19	6	31	13	4
27放回	11	*11	17	23	27	19	6	31	13	4

步驟五： 比較19是否有比已排序過的數列的最後一個值27小，若是，則將27
往後移動，再往前檢查是否有比23小，若是，則將23往後移動；再
往前檢查是否有比17小，若否，則結束比對，最後將19放入17後面
的位置。

說明	數列								
取出19，原位置空下來	11	*11	17	23	27		6	31	13	4
27往後移動後結果	11	*11	17	23		27	6	31	13	4
23往後移動後結果	11	*11	17		23	27	6	31	13	4
19插入	11	*11	17	19	23	27	6	31	13	4

步驟六： 比較6是否有比已排序過的數列的最後一個值27小，若是，則將27往
後移動，再往前檢查是否有比23小，若是，則將23往後移動，再往
前檢查是否有比19小，若是，則將19往後移動，再往前檢查是否有
比17小，若是，則將17往後移動；再往前檢查是否有比*11小，若
是，則將*11往後移動，再往前檢查是否有比11小，若是，則將11往
後移動；已無資料，則結束比對，最後將 6放入最前面的位置。

說明	數列								
取出6，原位置空下來	11	*11	17	19	23	27		31	13	4
27往後移動後結果	11	*11	17	19	23		27	31	13	4
23往後移動後結果	11	*11	17	19		23	27	31	13	4
19往後移動後結果	11	*11	17		19	23	27	31	13	4
17往後移動後結果	11	*11		17	19	23	27	31	13	4
*11往後移動後結果	11		*11	17	19	23	27	31	13	4
11往後移動後結果		11	*11	17	19	23	27	31	13	4
6放入最前面的位置	6	11	*11	17	19	23	27	31	13	4

步驟七： 比較31是否有比已排序過的數列的最後一個值27小，若否，則結束
比對，則31不需移動。

說明	數列								
取出31，原位置空下來	6	11	*11	17	19	23	27		13	4
31放回	6	11	*11	17	19	23	27	31	13	4

步驟八： 比較13是否有比已排序過的數列的最後一個值31小，若是，則將31
往後移動；再往前檢查是否有比27小，若是，則將27往後移動；再

往前檢查是否有比23小，若是，則將23往後移動；再往前檢查是否有比19小，若是，則將19往後移動；再往前檢查是否有比17小，若是，則將17往後移動；再往前檢查是否有比*11小，若否，則結束比對，最後將13放入*11後面的位置。

說明	數列									
取出13，原位置空下來	6	11	*11	17	19	23	27	31		4
31往後移動後結果	6	11	*11	17	19	23	27		31	4
27往後移動後結果	6	11	*11	17	19	23		27	31	4
23往後移動後結果	6	11	*11	17	19		23	27	31	4
19往後移動後結果	6	11	*11	17		19	23	27	31	4
17往後移動後結果	6	11	*11		17	19	23	27	31	4
13插入	6	11	*11	13	17	19	23	27	31	4

步驟九： 比較4是否有比已排序過的數列的最後一個值31小，若是，則將31往後移動；再往前檢查是否有比27小，若是，則將27往後移動；再往前檢查是否有比23小，若是，則將23往後移動；再往前檢查是否有比19小，若是，則將19往後移動；再往前檢查是否有比17小，若是，則將17往後移動；再往前檢查是否有比13小，若是，則將13往後移動；再往前檢查是否有比*11小，若是，則將*11往後移動；再往前檢查是否有比11小，若是，則將11往後移動；再往前檢查是否有比6小，若是，則將6往後移動，已無資料，則結束比對，最後將4放入最前面的位置。

說明	數列									
取出4，原位置空下來	6	11	*11	13	17	19	23	27	31	
31往後移動後結果	6	11	*11	13	17	19	23	27		31
27往後移動後結果	6	11	*11	13	17	19	23		27	31
23往後移動後結果	6	11	*11	13	17	19		23	27	31
19往後移動後結果	6	11	*11	13	17		19	23	27	31
17往後移動後結果	6	11	*11	13		17	19	23	27	31
13往後移動後結果	6	11	*11		13	17	19	23	27	31
*11往後移動後結果	6	11		*11	13	17	19	23	27	31
11往後移動後結果	6		11	*11	13	17	19	23	27	31
6往後移動後結果		6	11	*11	13	17	19	23	27	31
4插入	4	6	11	*11	13	17	19	23	27	31

隨|堂|練|習

請設計一支程式，實作插入排序，並請分析其複雜度。

10-2-4　快速排序

快速排序(Quick Sort)採取分群的策略，將未排序的數列以第一筆資料當成基準值將數列分成大、小兩堆；若為遞增排序，數列的左半部的資料值會較小，右半部的資料值會較大；完成後，再依據前述方式分別將這兩堆，再各別分成大小兩堆（形成四堆），如此反覆直到排序完成。

若為遞增排序，則快速排序步驟如下：

1. 若數列第一個數的索引值小於最後一個索引值時，執行第二步驟，否則結束。
   （若數列最左邊索引值=最右邊索引值，表示該數列只有一個數，則結束）

2. 首先以數列最左邊的數當作pivot。

3. 分別從數列之最左邊往右邊找大於pivot的數，並從右邊往左邊找小於pivot的數。
   說明：若為遞增排序，理論上，數列中靠近左邊的數，在數列中應該都是較小的值，另外，靠近右邊的數，在數列中都是比較大的值。我們以數列最左邊的數當基準pivot，假如從左邊找，若找到比pivot大的值就不符合遞增排序，從右邊找，若找到比pivot小的值也不符合遞增排序。

pivot　　　較小　　　　　　　　　　　　　　　　較大

[0]	[1]	[2]	[3]	[4]	[5]	[6]	[7]	[8]	[9]
11	17	23	44	17	19	6	31	13	4

4. 判定是否交錯，若無，則將兩邊找到的值交換。若交錯，則停止交換，則將小於pivot的值與pivot交換。
   說明：交錯判斷－從左邊找的數的索引位置，應小於從右邊找的數的索引位置，若從左往右找的數的索引值大於從右往左所找到的數的索引值，則我們判定為交錯。

5. 交換後以pivot為基準，分割成左右獨立兩個數列。

6. 針對每一個獨立數列，再回到步驟1各別執行。

例如有一數列：15, 13, 20, 10, 22, 9, 30，使用快速排序法以遞增排序說明如下：

首先以數列最左邊的數15當作pivot	數列						
本範例為遞增排序，所以從左邊往右邊找，要找大於pivot的數；從右邊往左邊找，要找小於pivot的數。因此，從左邊往右邊找，可以找到20>15；從右邊往左邊找，可以找到9<15；兩數值之位置沒有交錯，可交換。	15	13	20	10	22	9	30
再繼續檢查，從左邊往右邊找，可以找到22>15；從右邊往左邊找，可以找到10<15，但兩數值之位置已交錯，不須交換（若找到的結果有交錯，就結束交換及結束尋找）。 交錯判斷：22為左邊堆的值>15，10為右邊堆的值<15，但是22在陣列之索引為4，10的索引值為3，4>3，故判定交錯。	15	13	9	10	22	20	30
當遇到兩數值位置已交錯而不須交換後，就將pivot與剛剛找到的最後一個小於pivot的值交換，即10與15交換，結果如右。	10	13	9	15	22	20	30
然後，採用剛剛的pivot值15，分割成左、右兩段數列。因此，左邊數列之最左邊的數10為左邊數列的pivot；右邊數列中之22為右數列之pivot。	10	13	9		22	20	30
左邊數列處理： 左邊數列10為pivot，13>10，9<10，已交錯，不交換。	10	9	13				
再將剛剛找到的小於pivot的值9與pivot交換。結果如右。	9	10	13				
以剛剛之pivot的值10，分割成左右兩段數列。左右各剩一數，結束。	9		13				
右邊數列處理： 右邊22為pivot，30>22，20<30，但已交錯，不交換。					22	20	30
同理，將pivot與20交換，結果如右。					20	22	30
以剛剛之pivot的值22，分割成左右兩段數列。左右各剩一數，結束。					20		30
彙整上述流程結果，快速排序法之遞增排序結果，如右。	9	10	13	15	20	22	30

快速排序的演算法如下：

```
演算法名稱：Quick_Sort (list[], l, r)
輸入：list[], l, r
輸出：
Begin
    var i, j, pivot
```

```
If l<r then
    i←l
    j←r+1
    pivot = list[l]
    Do
        Do
            i←i+1
        While list[i]< pivot
        Do
            j←j-1
        While list[j]> pivot
        If i<j then
            SWAP list[i], list[j]    // SWAP 交換
        end If
    While i<j
    SWAP list[l], list[j]    // SWAP 交換
    Quick_Sort (list, l, j-1)
    Quick_Sort (list, j+1, r)
end If
end
```

範|例|練|習

若未排序的資料為11, 17, 23, *11, 27, 19, 6, 31, 13, 4，請使用快速排序法排序以遞增排序方式，說明其排序過程及結果。

答

最左邊的數11為pivot	數列									
從左邊向右邊找17>11，從右邊向左邊找4<11，兩數值之位置沒有交錯，可交換。	11	17	23	*11	27	19	6	31	13	4
再繼續檢查，23>11，6<11，兩數值之位置沒有交錯，可交換。	11	4	23	*11	27	19	6	31	13	17
再繼續找，27>11，6<11，因為交錯，不交換。	11	4	6	*11	27	19	23	31	13	17
將pivot與6交換，結果如右。	6	4	11	*11	27	19	23	31	13	17

最左邊的數11為pivot			數列							
分割成兩段數列,左邊6為pivot。	6	4		*11	27	19	23	31	13	17
左邊數列處理: 左邊找不到比6大,但右邊找到4<6,故不用交換;因找到4比 pivot 6小,故交換之。	4	6								
右邊數列處理: 右邊數列*11為pivot,找到大於*11者,27>*11;但沒找到比*11小的值,故不交換。也因沒找到比pivot小的值,所以也不與pivot交換;此時,須分裂,只分成右邊數列,沒有左邊數列。				*11	27	19	23	31	13	17
右邊數列27為pivot,31>27,9<27,兩數值之位置沒有交錯,可交換。					27	19	23	31	13	17
繼續找,31>27,13<27,因為交錯,不交換。					27	19	23	17	13	31
將pivot 27與小於pivot的值13交換,結果如右。					13	19	23	17	27	31
分割成兩段,右邊數列只有一個數,不處理快速排序。左邊數列13為pivot。					13	19	23	17		31
左邊數列處理: 從左邊向右邊找19>13,從右邊向左邊找,找不到比pivot 13小的值,故不交換。再以pivot為基準作分割成左、右兩數列。分割後,右數列尚須進一步處理,左數列僅一值13無須再處理。					13	19	23	17		
右邊數列處理: 右邊數列19為pivot,23>19,17<19,兩數值之位置沒有交錯,可交換。						19	23	17		
繼續找(23>19,17<19),會產生交錯,不交換。						19	17	23		
將pivot與17交換,結果如右。						17	19	23		
以19分割左右兩邊數列,且各數列都剩一個數值,結束。						17		23		
最後結果。	4	6	11	*11	13	17	19	23	27	31

 隨|堂|練|習

請設計一支程式,實作快速排序,並分析其時間複雜度。

🗂10-2-5　合併排序

　　合併排序(Merge Sort)的基本概念是將兩個已排序的數列合併成一個已排序數列，因此，若只有一個未排序的數列要運用合併排序來排序，就必須先將該未排序數列持續分割成兩個數列，持續分割到無法分割為止（每一個數列只剩一個資料）。然後再依據合併排序將兩兩數列依分割的反方向作合併排序，直到完全排序為止。

　　合併排序的作法是從兩個已排序的數列中，先取出第一個數列的第一個資料，對應於第二個數列的第一個資料進行比較；若是遞增排序，則挑比較小的資料（假設是第一個數列內之資料）放入已合併排序的數列中，剩下的那個資料再與第一個數列的第二個資料作比較（也就是哪一個數列的資料被放入合併排序的數列中，該數列就再挑一個資料來與剩餘的資料比較大小），如此反覆進行，直到欲合併的兩個數列都已合併完成為止。

　合併排序之步驟如下：

1. 比較欲合併的兩個數列目前的第一筆資料，將較小（大）的那個資料加入於已合併的數列中，並將該較小（大）資料從原本數列中刪除掉。

2. 重複步驟1，直到欲合併的兩個數列之一變成空集合。

3. 再將另一個尚未變成空集合之數列的所有資料加入到已合併的數列中。

　　例如有一數列：15, 13, 20, 10, 22, 9, 30, 3，使用合併排序以遞增排序方式，其作法就是先將數列持續分成兩堆；然後，再沿原先的分堆程序，反向進行排序及合併，最後完成所有數列排序作業。

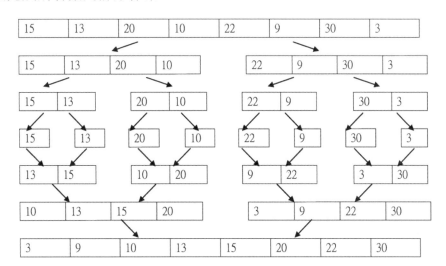

合併排序的演算法如下：

```
演算法名稱：Merge_Sort (list[], temp[], l, r)
輸入：list[], temp[], l, r
輸出：
Begin
    var middle, i, j, k, n
    If l<r then
        middle←(l+r)/2
        Merge_Sort (list, temp, l, middle)
        Merge_Sort (list, temp, middle +1, r)
        i←l
        j←middle +1
        k=l
        n=r-l+1
        While i<= middle && j<=r do
            If list[i]<= list[j] then
                temp [k++]←list[j++]
            end If
        end While
        While i<= middle do
            temp [k++]←list[i++]
        end While
        While j<= r do
            temp [k++]←list[j++]
        end While
        For i←0 to n-1 step 1 do
            list[r]←temp [r]
            r=r-1
        end For
    end If
end
```

範|例|練|習

若未排序的資料為11, 17, 23, *11, 27, 19, 6, 31, 13, 4，請使用合併排序法以遞增排序方式，說明其排序過程及結果。

答

說明	數列
原數列。	11, 17, 23, *11, 27, 19, 6, 31, 13, 4
將原數列，先分割成兩組。	[11, 17, 23, *11, 27],[19, 6, 31, 13, 4]
用遞迴方式，會先處理一組再行分割成兩組。	[11, 17], [23, *11, 27],[19, 6, 31, 13, 4]
再用遞迴方式，再處理一組[11, 17]先行分割成兩組。	[11], [17], [23, *11, 27],[19, 6, 31, 13, 4]
等待有一邊分割者都是單一一個時[11], [17]，就回頭執行合併。	[11, 17], [23, *11, 27],[19, 6, 31, 13, 4]
一邊分割且合併後，再處理另一半[23, *11, 27]做分割。	[11, 17], [23], [*11, 27],[19, 6, 31, 13, 4]
再一次分割到都是單一一個。[23], [*11], [27]	[11, 17], [23], [*11], [27],[19, 6, 31, 13, 4]
都是單一後，就開始合併。[23], [*11, 27]	[11, 17], [23], [*11, 27],[19, 6, 31, 13, 4]
再合併一次。[*11, 23, 27]	[11, 17], [*11, 23, 27],[19, 6, 31, 13, 4]
再合併一次。[11, *11, 17, 23, 27]	[11, *11, 17, 23, 27],[19, 6, 31, 13, 4]
左邊合併完成後，再處理右邊，先行分割[19, 6], [31, 13, 4]	[11, *11, 17, 23, 27],[19, 6], [31, 13, 4]
再針對一組做分割。[19], [6]。	[11, *11, 17, 23, 27],[19], [6], [31, 13, 4]
已到兩組都只有一個，就處理兩組合併。[6, 19]	[11, *11, 17, 23, 27],[6, 19], [31, 13, 4]
分割另一組[31], [13, 4]	[11, *11, 17, 23, 27],[6, 19], [31], [13, 4]
再分割至兩組都是單一一個。[13],[4]	[11, *11, 17, 23, 27],[6, 19], [31], [13],[4]
再合併。[4,13]	[11, *11, 17, 23, 27],[6, 19], [31], [4,13]
再合併。[4,13,31]	[11, *11, 17, 23, 27],[6, 19], [4,13,31]
再行合併。[4, 6, 13, 19, 31]	[11, *11, 17, 23, 27],[4, 6, 13, 19, 31]
最後全部作合併。4, 6, 11, *11, 13, 17, 19, 23, 27, 31	4, 6, 11, *11, 13, 17, 19, 23, 27, 31

隨|堂|練|習

請設計一程式，實作合併排序，並請分析其時間複雜度。

10-2-6 基數排序

基數排序(Radix Sort)針對每一個資料具有多個鍵值的排序問題進行處理。例如，123可以被拆成1、2及3等3個鍵值，撲克牌的5♣可以拆成5及♣等2個鍵值。因此，基數排序先依照第一個鍵值完成排序後，再依據第二個鍵值進行排序，直到完成所有鍵值的排序為止。但是，對於123來說，是要先比較百位數1呢，還是要先比較個位數3呢？一般來說，我們將從高位（百位數1）排到低位（個位數3）的比較方式稱為最高有效位數優先排序(Most Significant Digit First)，簡稱MSD排序；從低位排到高位的比較方式稱為最低有效位數優先排序(Least Significant Digit First)，簡稱LSD排序。採用幾個例子說明基數排序的方法，分別敘述如下。

例如，有一數列：315, 113, 120, 110, 314, 519, 330, 523，使用基數排序的MSD來排序，則先將百位數排序並分群，在分好的各群裡再依據十位數來排序及分群；最後，採用同樣方式依據個位數來分群。

MSD：原始資料	315	113	120	110	314	519	330	523
依百位數排序並將相同百位數分成一群	113, 120, 110			315, 314, 330			519, 523	
在同一群裡，再依據十位數作排序後再分群	113, 110		120	315, 314		330	519	523
最後在同一群裡，再依據個位數作排序後再分群	110	113	120	314	315	330	519	523

若使用基數排序的LSD來排序，則先將個位數依序排序。之後，再依據不改變其相對順序的情況下以十位數來排序。同理，再依據前面之順序，在不改變其相對順序的情況下以個位數來排序。

LSD：原始資料	315	113	120	110	314	519	330	523
依據個位數，數字小的在前面則往前移動，數字大的在後面則往後移動。	120	110	330	113	523	314	315	519

再依據前面順序，並依據十位數字大小移動前後順序。十位數字小的往前移動。	110	113	314	315	519	120	523	330
再依據前面順序，並依據百位數字大小移動前後順序。百位數字小的往前移動。	110	113	120	314	315	330	519	523

撰寫程式時，其執行步驟如下：

1. 提供0~9的陣列，然後將個位數字抓出，分別放入相對應的陣列中。例如321，抓出個位數1，放入陣列[1]。其中將數字抓出來的方式，可將資料除以要取出的位數n的10的n–1次方，然後再除以10取餘數，例如321，要取百位數3，則321/100取整數為3，然後3%10=3，要取出十位數2，則321/10取整數為32，然後32%10=2，要取個位數1，則321/1=321，然後321%10=1。

[0]	[1]	[2]	**[3]**	**[4]**	**[5]**	[6]	[7]	[8]	**[9]**
120 **110** **330**			113 523	314	315				519

2. 再將上面表格依序建立新的數列順序放入暫存陣列中。例如上表依序為120, 110, 330, 113, 523, 314, 315, 519。

120	110	330	113	523	314	315	519

3. 再依據新建立之順序為基準，回到步驟一，陸續抓取十位數、百位數等之數字重複步驟一、步驟二作處理。

依據新順序作十位數處理。

[0]	**[1]**	**[2]**	**[3]**	[4]	[5]	[6]	[7]	[8]	[9]
	110 113 314 315 519	120 523	330						

對十位數處理後之新順序。

| 110 | 113 | 314 | 315 | 519 | 120 | 523 | 330 |

依據新順序對百位數處理，若無百位數，則放入陣列[0]。

[0]	[1]	[2]	[3]	[4]	[5]	[6]	[7]	[8]	[9]
	110		**314**		**519**				
	113		**315**		**523**				
	120		**330**						

對百位數處理後之新順序。

| 110 | 113 | 120 | 314 | 315 | 330 | 519 | 523 |

基數排序的演算法如下：

```
演算法名稱：Radix_Sort (list[], size, maxdigits)
輸入：list[],size
輸出：NONE
Begin
    var n, bucket[], slot[], i, m, j, k
    For n←0 to maxdigits -1 step 1 do
        bucket [10][size]←{0}
        slot [size] ←{0}
        For i←0 to size step 1 do
            m←(list[i]/(10^n))%10
            bucket [m][ slot [m]]←list[i]
            slot [m] ←slot [m]+1
        end For
        k←0
        For i←0 to 10 step 1 do
            For j←0 to size step 1 do
                If bucket [i][j]<>0 then
                    list[k]←bucket [i][j]
                    k←k+1
                end If
            end For
        end For
    end For
end
```

範|例|練|習

若未排序的資料為11, 17, 23, *11, 27, 19, 6, 31, 13, 4，請使用基數排序法之MSD及LSD作遞增排序，並寫出其排序過程及結果。

🔓答

MSD：原始資料	11	17	23	*11	27	19	6	31	13	4
依十位數排序並將相同十位數分成一堆	6, 4		11, 17, *11, 19, 13					23, 27		31
最後在同一堆裡，再依據個位數作排序後再分堆	**4**	**6**	**11**	***11**	**13**	**17**	**19**	**23**	**27**	**31**

LSD：原始資料	11	17	23	*11	27	19	6	31	13	4
依據個位數，數字小的在前面則往前移動，數字大的在後面則往後移動。	**11**	***11**	**31**	**23**	**13**	**4**	6	**17**	**27**	**19**
再依據前面順序，並依據十位數字大小移動前後順序。十位數字小的往前移動。	4	6	**11**	***11**	**13**	**17**	**19**	23	27	**31**

 隨|堂|練|習

請設計一支程式，實作基數排序，並請分析其時間複雜度。

🔖10-2-7 謝爾排序

謝爾排序(Shell Sort)是插入排序的改良版，其先將數列依據間隔n/2作分組，然後各組以插入排序方式預作排序，再縮小間隔以前一間隔除以2，即(n/2)/2的方式作分組，然後再以插入排序方式作排序。如此持續進行，以完成最後之排序作業。

例如有一數列：15, 13, 20, 10, 22, 9, 30, 3，使用謝爾排序以遞增排序方式，說明如下：

1. 上面數列n=8，所以n/2=4，也就是每隔4個的數當成同組，以插入排序方式作同組排序，也就是15與22作排序，13與9作排序，20與30作排序，10與3作排序，結果如下：

15	9	20	**3**	22	*13*	30	**10**

2. 再將步驟1的n/2=4的結果再除以2，也就是4/2=2，也就是每隔2個的數當成同組，以插入排序方式作同組排序，也就是15、20、22與30作排序，9、3、13與10作排序，結果如下：

15	3	20	9	22	*10*	30	*13*

3. 再將步驟2的4/2=2的結果再除以2，也就是2/2=1，也就是每隔1個的數當成同組，以插入排序方式作同組排序，也就是15、3、20、9、22、10、30與13作排序，結果如下：

3	9	10	13	15	20	22	30

謝爾排序的演算法如下：

```
演算法名稱：Shell_Sort (list[], n)
輸入：list[], n
輸出：
Begin
    var shl=n/2, i, tmp
    While shl >0 do
        For i←shl to n-1 step 1 do
            tmp←list[i]
            For j←i to shl step –shl do
                If tmp < list[j- shl] then
                    list[j] ← list[j- shl]
                end If
            end For
            list[j]= tmp
        end For
        shl = shl / 2
    cnd While
end
```

範｜例｜練｜習

　　若未排序的資料為11, 17, 23, *11, 27, 19, 6, 31, 13, 4，請使用謝爾排序法，並以遞增排序方式，說明其排序過程及結果。

答

1. 上面數列 n=10，所以 n/2=5，也就是每隔 5 個的數當成同組，以插入排序方式作同組排序，也就是，11 與 19 作排序，17 與 6 作排序，23 與 31 作排序，*11 與 13 作排序，27 與 4 作排序，結果如下：

11	*6*	23	***11**	4	19	*17*	31	**13**	27

2. 再將步驟 1 的 n/2=5 的結果再除以 2，也就是 5/2=2，也就是每隔 2 個的數當成同組；以插入排序方式進行同組排序，也就是 11、23、4、17 與 13 作排序，6、*11、19、31 與 27 作排序，結果如下：

4	*6*	11	**11*	13	*19*	17	*27*	23	*31*

3. 再將步驟 2 的 5/2=2 的結果再除以 2，也就是 2/2=1，也就是每隔 1 個的數當成同組，以插入排序方式進行同組排序，也就是 4、6、11、*11、13、19、17、27、23 與 31 作排序，結果如下：

4	6	11	*11	13	17	19	23	27	31

隨｜堂｜練｜習

　　請設計一支程式，實作謝爾排序，並請分析其時間複雜度。

10-3 二元樹排序

　　二元樹排序(Binary Tree Sort)的概念是先將數列建構成二元搜尋樹，再對此二元樹作中序走訪，便可產生遞增的排序方式。因為一般二元樹不允許有相同鍵值，因此，使用二元樹排序時，若遇到有相同鍵值，就將該鍵值移往右子樹，以維持穩定排序的特質。二元搜尋樹的建構與二元樹之中序走訪方法請參考樹狀結構相關章節說明，此處不再贅述。

範|例|練|習

　　若未排序的資料為11, 17, 23, *11, 27, 19, 6, 31, 13, 4，請使用二元樹排序法排序，並說明其排序過程及結果。

答

1. 先建構成二元搜尋樹。

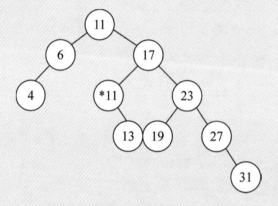

2. 對上述之二元搜尋樹進行中序走訪，結果如下：
　　4、6、11、*11、13、17、19、23、27、31。

隨|堂|練|習

　　請設計一支程式，實作二元樹排序，並請分析其時間複雜度。

10-4 堆積排序

　　堆積排序(Heap Sort)的作法若採用遞減（增）排序，則先將數列建構成最大（小）堆積，然後運用最大（小）堆積節點刪除的方式，將刪除的節點依序放入陣列，並不斷重複最大（小）堆積節點刪除的過程，直到最大（小）堆積樹變成空樹為止。最大（小）堆積樹的建構與節點刪除方法請參考樹狀結構章節說明，此處不再贅述。

範|例|練|習

　　若未排序的資料為11, 17, 23, *11, 27, 19, 6, 31, 13, 4，請使用堆積排序法做遞減排序，並說明其排序過程及結果。

答

1. 先建立完整二元樹→再依據最後一個樹葉節點的父節點，檢查該父節點之而子節點的最大值與父節點比較，是否大於父節點，若是，交換，持續重複此作法，直到調整完而完成一棵最大堆積樹。

完整二元樹

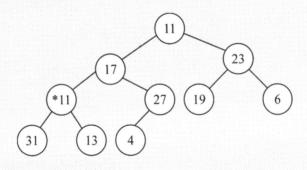

　　先看最後一個樹葉節點之父節點 27，其子節點 4 沒有大於父節點 27，故不換，再檢查節點*11，其最大子節點 31 大於*11，所以交換。

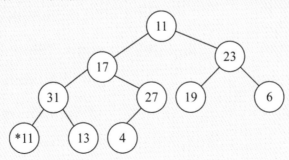

31 又大於父節點 17，故交換

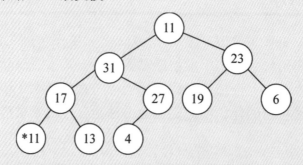

31 又大於父節點 11，故再交換

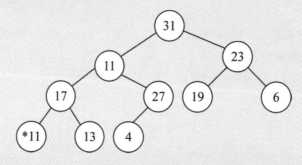

交換下來的 11，右小於最大子節點 27，故再交換。如此已完成最大堆積樹。

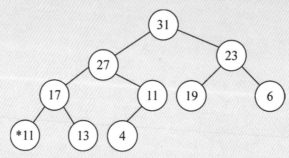

2. 使用最大堆積樹進行樹根節點刪除，刪除方式為將樹根刪除後，再運用最後一個樹葉節點 V 來取代被刪除的節點；然後，再依據調整成最大堆積樹的步驟來進行處理。

首先刪除 31，然後將 4 換成樹根，再調整成最大堆積樹（如下左圖）。

再刪除 27，然後再將 4 換成樹根，再調整成最大堆積樹（如下右圖）。

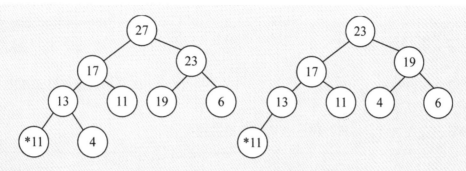

再刪除 23，然後再將 *11 換成樹根，再調整成最大堆積樹（如下左圖）。

再刪除 19，然後再將 6 換成樹根，再調整成最大堆積樹（如下右圖）。

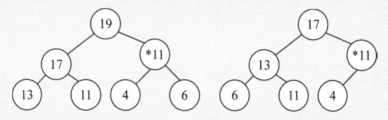

再刪除 17，然後再將 4 換成樹根，再調整成最大堆積樹（如下左圖）。

再刪除 13，然後再將 4 換成樹根，再調整成最大堆積樹（如下右圖）。

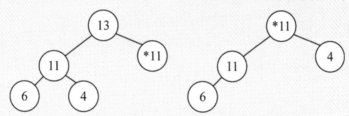

再刪除 *11，然後再將 6 換成樹根，再調整成最大堆積樹（如下左圖）。

再刪除 11，然後再將 4 換成樹根，再調整成最大堆積樹（如下右圖）。

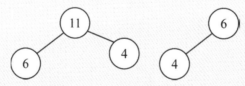

再刪除6，然後再將4換成樹根，再調整成最大堆積樹（如下圖）。

再刪除4，已成空樹，結束。遞減排序結果為31、27、23、19、17、13、*11、11、6、4。

④

🗂 隨|堂|練|習

1. 若未排序的資料為11, 17, 23, *11, 27, 19, 6, 31, 13, 4，請使用堆積排序法做遞增排序，並說明其排序過程及結果。

2. 請設計一支程式實作堆積排序，並請分析其複雜度。

程式實作演練

程式實作演練雙數題
請參照 QR Code

Java 範例包含兩部分，單數題範例以實體文本方式呈現，強化基礎程式實作能力；雙數題範例存放於雲端，供進階延伸學習參考。（全書適用）

範例 1

Sort_10_1.java程式透過一個靜態整數類型陣列num，並存放值，並設計一選擇排序演算法selection_sort()。此選擇排序演算法（即selection_sort()）採用雙層for迴圈，利用陣列num之索引值取得陣列元素後，再用if找出最小值並相互交換以進行遞增方式排序。主方法的執行，首先呼叫selection_sort()以執行選擇排序演算法，隨即以陣列巡訪逐一列印排序後的結果。

Sort_10_1.java

```java
public class Sort_10_1 {
    static int[] num = { 100, -77, 88, 66, 22, 11, 55, 44, 33, 22, 111, 0, -11 };
    public static void main(String[] arg) {
        selection_sort(); // 執行選擇排序演算法
        for (int i : num) {
            System.out.print(i + " "); // 列印排序後的結果
        }
    }

    public static void selection_sort() { // 選擇排序演算法
        for (int i = 0; i < num.length - 1; i++) {
            int min = i;
            for (int j = i + 1; j < num.length; j++) {
                if (num[j] < num[min]) // 找出數列內的最小值
                    min = j;
            }
            if (i != min) { // 找出數列內的最小值，然後與指定位置（未排序的第一
筆）進行交換
                int temp = num[i];
```

```
                num[i] = num[min];
                num[min] = temp;
            }
        }
    }
}
```

程式的執行結果，如下：

```
-77 -11 0 11 22 22 33 44 55 66 88 100 111
```

Q 範例 3

程式Sort_10_3.java首先宣告靜態的整數陣列num，並放入100, -77, 88, 66, 22, 11, 55, 44, 33, 22, 111, 0, -11到陣列num中；另設計一方法insertion_sort()用來排序陣列資料元素的順序，該方法採用插入排序演算法將整數數值以遞增方式排列。

主方法main()首先透過for迴圈將未排序前的陣列資料巡訪並列印出來，接著呼叫插入排序演算法（即insertion_sort()），將陣列元素進行遞增排序，並存回原陣列；隨即，再次透過for迴圈將排序法執行後的陣列資料元素巡訪與列印。

Sort_10_3.java

```java
public class Sort_10_3 {
    static int num[] = { 100, -77, 88, 66, 22, 11, 55, 44, 33, 22, 111, 0, -11 };
    public static void main(String [] args){
        System.out.print("The original elements without sorting: ");
        for(int i : num){
            System.out.print(i + " "); //未排序前的陣列資料巡訪與列印
        }
        insertion_sort(); //呼叫插入排序演算法
        System.out.println();
        System.out.print("The sorting result using Insertion sorting algorithm: ");
        for(int i : num){
            System.out.print(i + " "); //插入排序演算法執行後的陣列資料巡訪與列印
```

```
        }
    }
    public static void insertion_sort(){ //插入排序演算法
        for(int i = 1; i < num.length; i++){
            int temp = num[i]; //紀錄目前要插入的值
            int datum = i - 1; //插入值的前一筆資料為基準點
            while(datum > -1 && temp < num[datum]){ //尋找比插入值更小的值，
                num[datum+1] = num[datum];          //否則值往後推
                datum--;
            }
            num[datum+1] = temp; //datum 因不符合 while 而跳出，所以 datum 前一
筆為最後符合的值，插入
        }
    }
}
```

程式的執行結果，如下：

```
The original elements without sorting:100 -77 88 66 22 11 55 44 33 22 111 0 -11
The sorting result using Insertion sorting algorithm: -77 -11 0 11 22 22 33 44 55 66 88
100 111
```

作業 III

1. 快速排序法(Quick Sort)是利用分割(Partitioning)技術，以遞迴方式進行排序的一種高等排序方法。請回答下列的問題。
   (1) 說明分割技術的一般做法。
   (2) 快速排序法的最壞情況(Worst Case)需要O (n2)的時間，有一種改進方法可避免發生最壞情況，請說明這個改進做法。

2. 堆積排序(Heap Sort)
   (1) 堆積排序將堆積樹(Heap Tree)用一個陣列(Array)A儲存。陣列的指標(Index)從1~N。請說明堆積樹的根(Root)在陣列中的位置。請說明陣列A第i個位置A[i]所儲存的堆積樹節點的左子節點(Left Child)、右子節點(Right Child)以及父節點(Parent)各自在陣列A中的位置。
   (2) 在Max-堆積樹中，除了根節點外，每一個節點所儲存的數小於或等於其父節點所儲存的數。假設陣列A儲存一個十個節點的Max-堆積樹。陣列A 中的數字從第一個位置到第10個位置所存數字依序為16, 14, 10, 8, 7, 9, 3, 2, 4, 1。請畫出陣列A所儲存的堆積樹以及各節點所儲存的數。
   (3) 請以盡量接近程式語言虛擬碼描述如何將一個不符合Max－堆積樹性質的陣列轉換成符合Max－堆積樹性質的陣列。請分析你的演算法的時間複雜度。

3. 所謂「穩定」(Stable)的排序方法是指相同鍵值的資料，經過排序後仍然保持原來的相對次序說明在什麼情況下會需要穩定的排序方法？

4. 原數列44, 33, 22, 55, 77, 22*, 11, 66 經排序後成為11, 22*, 22, 33, 44, 55, 66, 77，請問採用什麼排序方法？請說明您推定的理由。

CHAPTER

11

搜 尋

DATA STRUCTURE
THEORY AND PRACTICE

在前面各章節所探討的議題，大部分著重於如何將資料放在記憶體，以配合演算法的運作，讓程式效率提升。本單元將介紹如何取用這些資料，如何運用不同的演算法將特定的資料尋找出來使用。

11-1 搜尋的概念

實際應用在大量的資料分布的場合裡，要找尋某些重要或特定的資料是常有的事。尤其，當資料放在記憶體內，我們無法用肉眼觀察，如果沒有適當的搜尋(Searching)方法，不但容易錯過了一些重要線索，也可能因此而找不到所需資料。另外，為了找尋正確的資訊，其搜尋效率也是一個關鍵因素。因此，如何運用適當方法尋找資料，在資料搜尋的過程中顯得相當重要。

11-1-1　搜尋的意義

搜尋(Searching)是在指定的資料集合範圍內，尋找特定的鍵值。一般會考慮兩個面向，第一個面向是搜尋的範圍內容，是已經排序過的資料，抑或是一堆沒有次序的資料；第二個面向是該運用何種搜尋方法以提升搜尋效率。

11-1-2　搜尋的種類

搜尋的種類可依照資料的有序性分為兩種，一種是循序搜尋(Sequential Search)，另一種為非循序搜尋(Nonsequential Search)。

1. **循序搜尋**：又稱線性搜尋(Linear Search)，從字面上的意思可知，其將所要搜尋的資料，從頭到尾，一筆一筆的尋找，直到找到資料或搜尋完所有資料為止。這種方式的好處是不需要事先排序，缺點是所需時間可能較長。

2. **非循序搜尋**：又稱非線性搜尋(Nonlinear Search)，顧名思義，其搜尋過程並非依據資料順序，而是依據特定搜尋方法進行搜尋。這種方式的優點通常可以提升搜尋資料效率，然而，這些被搜尋的資料集合必須事先進行排序。

若依據資料量之多寡來分，可將搜尋分為內部搜尋(Internal Search)與外部搜尋(External Search)兩種。

1. **內部搜尋**：所謂內部搜尋就是將所要搜尋的資料一次載入到記憶體內作搜尋。此種方式具有搜尋效率較高的優點，然而可搜尋的資料集合之數量受限於記憶體容量為其缺點。

2. **外部搜尋**：外部搜尋必須藉由外部輔助記憶體，協助處理存放所要搜尋的資料集合，才能順利完成搜尋作業。此方式具有可以處理大量的搜尋資料集合之優點，然而搜尋效率較低為其缺點。

　　若根據資料是否須事先排序分類，可將搜尋分為不須事先排序搜尋與須事先排序搜尋兩種。

1. **不須事先排序搜尋**：表示所要搜尋之資料，不須先做排序就可直接作搜尋；例如，循序搜尋法。

2. **須事先排序搜尋**：所要搜尋的資料，必須先完成排序後才可以進行搜尋；否則，將無法使用此種搜尋方式。例如，二分搜尋法、內插搜尋法等。

11-1-3　各種搜尋的比較

　　針對各種搜尋的時間複雜度的情境比較，整理如下表。

排序方式	最佳狀況	最差狀況	平均狀況
循序搜尋	O(1)	O(n)	O(n)
二分搜尋	O(1)	O($\log_2 n$)	O($\log_2 n$)
內插搜尋	O(1)	O(n)	O(n)
費氏搜尋	O(1)	O($\log_2 n$)	O($\log_2 n$)
雜湊法	O(1)	O(1)	O(1)

11-2　搜尋的方法

　　常見的搜尋方法包括：循序搜尋(Sequential Search)、二分搜尋法(Binary Search)、內插搜尋法(Interpolation Search)、費氏搜尋法(Fibonacci Search)、二元搜尋樹(Binary Search Tree)以及雜湊搜尋法(Hashing Search)等。

11-2-1　循序搜尋

循序搜尋(Sequential Search)，也稱為線性搜尋法(Linear Search)，其基本概念就是將已知的數列，從第一筆到最後一筆資料，逐一尋找，直到找到目標值為止。（如果目標值在數列當中）

從1~10一筆一筆比對尋找

1	2	3	4	5	6	7	8	9	10

例如，有一串數列1~10共10個數（不需要先行排序），若要搜尋目標值8，則直接從1開始取出，與目標值8作比較，若不相等，再取出下一筆資料2，再與目標值8作比較，若又不相等，再取出下一筆資料3，再與目標值8作比較，如此，直到找到與目標值8相等的數，表示比對成功，此時便可結束此次搜尋比對。若找完數列中所有資料後還是無法找到目標值，則顯示「找不到資料」，然後結束此次搜尋比對。其演算法如下：

```
演算法名稱：Sequential _Search(list[], n, key)
輸入：list[], n, key
輸出：i
Begin
    var i
    For i←0 to n-1 step1 do
        If list[i] = key then
            return i
        end If
    end For
    return -1
end
```

範|例|練|習

請以循序搜尋法在A[]={53, 12, 41, 63, 19, 23, 40, 36}中搜尋63，並說明每一次的比較過程。

答

1. 抓取第 1 筆資料 53：與 63 比較，53 ≠ 63，再找下一筆。

2. 抓取第 2 筆資料 12：與 63 比較，12 ≠ 63，再找下一筆。

3. 抓取第 3 筆資料 41：與 63 比較，41 ≠ 63，再找下一筆。

4. 抓取第 4 筆資料 63：與 63 比較，63 = 63，找到目標，搜尋結束。

隨|堂|練|習

1. 請以循序搜尋法在A[]={53, 12, 41, 63, 19, 23, 40, 36}中搜尋37，並說明每一次的比較過程。

2. 請您使用您熟悉的程式語言，實作循序搜尋法的程式，並請分析其時間複雜度。

11-2-2 二分搜尋

二分搜尋(Binary Search)或稱二元搜尋，其利用已經排列好之數列，反覆擷取該數列之中間值來與目標值進行比較，檢查是否符合目標值；若不符合，則捨棄不包含目標值的一半，再以相同方式搜尋剩下那一半的數列資料；如此反覆處理，直到找到目標值為止（如果目標值在數列當中）。

每次都抓取中間值比對

1	2	3	4	5	6	7	8	9	10

例如，有一串已經排序好的數列1~10共10個數，若要搜尋目標值8，則直接抓取1~10的中間數5，然後與目標值8作比較，若不相等，則將1~5這一半捨棄，然後再從6~10這些剩餘數列中，再抓取中間值8；然後，再與目標值8比較，結果相等，表示搜尋比對成功，此時便可結束此次搜尋比對。

由上可知，二分搜尋有下列特性：

1. 數列必須已排列好（依據鍵值排列好）。

2. 每次皆參考已排列好資料的中間值（中間鍵值）來與目標值（目標鍵值）進行搜尋比對。

3. 比對不成功，捨棄另一半已排列好但不包含目標值（目標鍵值）的資料。

其演算法如下：

```
演算法名稱：Binary_Search (list[], n, key)
輸入：list[], n, key
輸出：m
Begin
    var l←0 , r←n-1 , m
    While l<= r do
        m←( l + r ) / 2
        If key = list [m] then
            return m
        end If
        If key > list[m] then
            l←m+1
        else
            r←m-1
        end If
    end While
    return -1
end
```

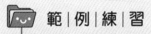
範|例|練|習

請以二分搜尋法在A[]={1, 3, 5, 7, 9, 11, 13, 15}中搜尋11，並說明每一次的比較過程。

答

假如 A[]是放入 0~7 的陣列當中，即 A[0]~A[7]。

A[0]	A[1]	A[2]	A[3]	A[4]	A[5]	A[6]	A[7]
1	3	5	7	9	11	13	15

1. 抓取 A[0]~A[7]中間值(0+7)/2≒3，即 A[3]=7：與 11 比較，7≠11，捨棄 A[0]~A[3]，再找下一筆。

2. 抓取 A[4]~A[7]中間值(4+7)/2≒5，即 A[5]=11：與 11 比較，11 = 11，找到目標，搜尋結束。

隨|堂|練|習

1. 請以二分搜尋法在A[]={1, 3, 5, 7, 9, 11, 13, 15}中搜尋10，並說明每一次的比較過程。

2. 請您使用您熟悉的程式語言，實作二分搜尋法的程式，並請分析其時間複雜度。

⚙11-2-3　內插搜尋

內插搜尋法(Interpolation Search)類似於二分搜尋法，然而，其更積極的利用目標值的數值大小進行預估目標值在數列裡大概的相對位置比例，藉此加快尋求目標值的效率。換句話說，二分搜尋法是找尋中間值來與目標值比較，而內插搜尋法是運用目標值在數列的比例位置，找出離目標值較近的鍵值來與目標值做比較，期許能減少搜尋次數。

目標值在數列裡的位置比例為多少，可以使用內插公式來計算。內插公式如下：

假設數列起始索引為I_{low}，終止索引為I_{upper}，目標值為value，則目標值索引位置Index的內插公式為：

$$\frac{list\left[I_{upper}\right]-list\left[I_{low}\right]}{I_{upper}-I_{low}}=\frac{value-list\left[I_{low}\right]}{Index-I_{low}}$$

$$Index = I_{low} + \frac{\left(value-list\left[I_{low}\right]\right)*\left(I_{upper}-I_{low}\right)}{list\left[I_{upper}\right]-list\left[I_{low}\right]}$$

A[0]	A[1]	A[2]	A[3]	A[4]	A[5]	A[6]	A[7]	A[8]	A[9]
1	2	3	4	5	6	7	8	9	10

例如，有一串已經排序好的數列1~10共10個數，放入索引從0~9之陣列中（即 $I_{low}=0$，$I_{upper}=9$），若要搜尋目標值為8(value)，則運用內插公式可求得要搜尋的目標值索引位置可能是0+(8-1)*(9-0)/(10-1)=63/9=7，也就是目標值可能是A[7]=8；然後，將A[7]=8再與要搜尋的目標值8作比較，若不相等，則將不符合的一半捨棄，然後再從剩餘數列中，再用內插公式尋找可能的目標值位置，然後再與目標值作比較，重複此作法，直到完成搜尋目標值為止（如果要搜尋的目標值已在數列裡面）。

當資料分布均勻時，內插搜尋法的搜尋效率將會優於二分搜尋法。由上可知，內插搜尋法有下列特性：

1. 數列必須事先已排列好（依據鍵值排列好）。

2. 反覆運用內插公式，預測目標值在數列內之相對比例位置；然後挑出該值來與目標值（目標鍵值）做比對。

3. 比對不成功，捨棄另一半不包含目標值（目標鍵值）的資料。

其演算法如下：

```
演算法名稱：Interpolation_Search (list[], n, key)
輸入：list[], n, key
輸出：m
Begin
    var l←0 , r←n-1, x, m
    While l <= r do
        If list[r] - list[l] <> 0 then
            x ← ( key - list[l] ) / ( list[r] - list[l] )
        else
            x ← 0
        end If
        m ← l + x * ( r - l )
        If key = list[m] then
            return m
        end If
```

```
        If key > list[m] then
            l = m + 1
        else
            r = m - 1
        end If
    end While
    return -1
end
```

 範│例│練│習

請以內插搜尋法在A[]={1, 3, 5, 7, 9, 11, 13, 15}中搜尋11，並說明每一次的比較過程。

 答

假如 A[]是放入 0~7 的陣列當中，即 A[0]~A[7]。

A[0]	A[1]	A[2]	A[3]	A[4]	A[5]	A[6]	A[7]
1	3	5	7	9	11	13	15

1. 運用內插公式抓取 A[0]~A[7]比例位置 0+(11–1)*(7–0)/(15–1)=70/14=5，即 A[5]=11：與 11 比較，11 = 11，找到目標，搜尋結束。

 隨│堂│練│習

1. 請以內插搜尋法在A[]={1, 3, 5, 7, 9, 11, 13, 15}中搜尋10，並說明每一次的比較過程。
2. 請您使用您熟悉的程式語言，實作內插搜尋法的程式，並請分析其時間複雜度。

11-2-4 費氏搜尋

費氏搜尋(Fibonacci Search)或稱之費伯納西搜尋法，亦是由二元搜尋法所改良的方法。其概念是運用費氏數列來決定下一個數的搜尋位置，所以使用費氏搜尋法計算搜尋目標時，不必使用乘法或除法為其優點；因此，採用費氏搜尋法搜尋資料需要事先排序。

費氏搜尋法就是指在整個搜尋範圍list[low]和list[upper]之間有n個鍵值，其中n=F[k]−1。首先我們可運用n= F[k]−1公式來找到k值，然後再用k值來計算搜尋目標值的位置m=low+F[k−1]−1，之後比較list[m]是否與目標值key相同，若是，則完成搜尋，若不是，則縮小範圍，使之運用縮小範圍之n值來重新計算k值，之後再找出m值來比較list[m]是否等於key。其中，F[k−1]就是費伯納西數列，也就是，運用費氏數列來決定下一個數的搜尋位置。

F[0]	F[1]	F[2]	F[3]	F[4]	F[5]	F[6]	F[7]	F[8]	...
0	1	1	2	3	5	8	13	21	...

費氏搜尋法的作法為運用費氏數列（如上表）F[i]= F[i−1]+ F[i−2]，其中，F[0]=0，F[1]=1，i≥2，計算n= F[k]−1中的k值，然後就可以得到搜尋目標值的位置m值，然後判斷是否list[m]=key。此時會有三種結果：

1. key=list[m]，搜尋成功。

2. key<list[m]，搜尋值list[m]太大，故留下list[low]到list[m-1]的範圍。

3. key>list[m]，搜尋值list[m]太小，故留下list[m+1]到list[upper]的範圍。

list	[0]	[1]	[2]	[3]	[4]	[5]	[6]	[7]	[8]	[9]	[10]	[11]
	1	2	3	4	5	6	7	8	9	10	11	12

舉例，假設有一串數列1~12，我們要搜尋7這個數字。搜尋步驟，如下：

首先，可以由n= F[k] -1（其中，n=12, n=F[k]-1, 所以12=13-1= F[7] -1）得知12=13-1= F[7] -1，也就是k=7。

再利用k=7來計算m= low+F[k-1]-1=0+ F[7-1]-1=0+8-1=7，即得到m=7。

然後，比較list[7]=8是否等於搜尋目標值7；結果不等於，且list[7]=8大於目標值7；所以，搜尋範圍縮小成list[0]到list [6]之間，也就是n值會縮小成7 (0~6)。

再來n=7=8-1= F[6] -1，即採k=6計算m= low+F[k-1]-1=0+ F[6-1]-1=0+5-1=4，即得到m=4。

然後，比較list[4]=5是否等於搜尋目標值7，結果不等於，且list[4]=5小於目標值7；所以，搜尋範圍縮小成list[5]到list [6]之間。

再來n=2=3-1= F[4] -1，即採k=4計算m= low+F[k-1]-1=5+2-1=6，然後比較list[6]=7是否等於搜尋目標值7，結果7=7，結束搜尋。

其演算法如下：

```
演算法名稱：Fibonacci Search (list[], n, key, k)
輸入：list[], n, key
輸出：m
Begin
    var l←0 , r←n-1, i, F[]
    For i ← n to i < F[k] - 1 step 1 do
        list[i]←list[n-1]
    end For
    While l <= r do
        m←l + F[k-1] - 1
        If list[m] = key then
            If m < n then
                return m
            else
                return n-1
            end If
        end If
        If key < list[m] then
            r ← m - 1
            k ← k - 1
        else
            L=m+1
            K=K-2
        end If
```

```
        end While
        return -1
end
```

範 | 例 | 練 | 習

請以費氏搜尋法在A[]={1, 3, 5, 7, 9, 11, 13}中搜尋11，並說明每一次的比較過程。

 答

1. 將數列 A[]放入陣列中，如下格式內。

A	[0]	[1]	[2]	[3]	[4]	[5]	[6]
	1	3	5	7	9	11	13

其中，n=7（即 0~6，共 7 個）。

2. 由下表及公式 n= F[k]−1 可知：

   7=8−1=F[6]−1= F[k]−1，也就是 k=6。

F[0]	F[1]	F[2]	F[3]	F[4]	F[5]	F[6]	F[7]	F[8]	...
0	1	1	2	3	5	8	13	21	...

3. 再依據 m= low+F[k−1]−1，來求 m 值（m 為可能的目標值的陣列索引位置）。

   因為陣列是 0-6，所以 low=0。

   所以 m=0+ F[6−1]−1=0+ F[5]−1=0+5−1=4。

   也就是 A[m]=A[4]=9。

4. 找 A[m]是否等於目標值 11。

   A[m]=A[4]=9 小於目標值 11，因此範圍可縮小至 A[5]~A[6] 。

5. 此時，n=2。

   n= F[k]−1。

   2=3−1= F[4]−1。

   k=4。

   m= low+F[k−1]−1。

   low=5。

   m=5+ F[4−1]−1=5+2−1=6。

   A[6]=13 大於目標值 11，因此範圍縮小至 A[5] 。

6. 此時，n=1。

n= F[k]−1。

1=2−1= F[3]−1。

k=3。

m= low+F[k−1]−1。

low=5。

m=5+ F[3−1]−1=5+1−1=5。

A[5]=11 等於目標值 11。

結束。

隨|堂|練|習

1. 請以費氏搜尋法在A[]={1, 3, 5, 7, 9, 11, 13, 15}中搜尋10，並說明每一次的比較過程。

2. 請您使用您熟悉的程式語言，實作費氏搜尋法的程式，並請分析其時間複雜度。

11-2-5　二元搜尋樹

　　利用二元搜尋樹(Binary Search Tree)搜尋資料亦是一種方便快速的方法，但是要運用此方式，必須要先將資料建構成二元搜尋樹；然後，才可以依據此二元搜尋樹進行資料搜尋。

　　二元搜尋樹搜尋鍵值的演算法，如下所述。

　　當要搜尋key，應從二元搜尋樹的根節點開始進行比較，處理方式依據下述條件：

1. key=節點鍵值，則搜尋成功後結束；否則進入下一步驟。

2. 若key<節點鍵值，則往左邊子樹，若key>節點鍵值，則往右邊子樹。

3. 若對應的llink=null或rlink =null，則搜尋失敗，否則回到步驟1。

範|例|練|習

如圖，請寫出搜尋20之過程。

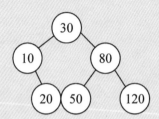

答

搜尋鍵值 20 的過程如下：

第一次比較：20 和鍵值 30 做比較，20<30，往左子樹搜尋。

第二次比較：20 和鍵值 10 做比較，20>10，往右子樹搜尋。

第三次比較：20 和鍵值 20 做比較，20=20，搜尋成功。

 隨|堂|練|習

如圖，請寫出搜尋50之過程。

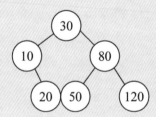

11-3 雜湊法

前面章節所談論的循序搜尋、二元搜尋或內插搜尋等等搜尋方式，皆是藉由鍵值的比較來進行搜尋，這些方法的搜尋效率都是取決於鍵值的比較次數，而在本單元內，我們將介紹另一種完全不同於鍵值比較的搜尋方式，也就是雜湊法。

11-3-1 雜湊法及相關名詞

雜湊法(Hashing)將所要搜尋的資料運用特別設計的規則有系統的放入指定位置，隨後，若有需要搜尋某一筆資料，再運用此種特別設計的規則取出；運用這種機制可提升搜尋效率。首先，我們來了解雜湊法的定義。

（一）定義

雜湊法(Hashing)根據特別設計的數學函式，將所要的資料（鍵值）有系統的放入記憶體內，然後再經過該數學函式，讓我們可以輕易的搜尋到所要的資料（鍵值）。也就是說，雜湊法的操作方式就是將所有資料的鍵值經由數學函式轉換成位址(Key-to-address)，之後再把資料存放在表格所對應的位址裡；因此，我們便可以依據我們規劃的位址輕易的找尋資料，其中，該數學函式，將之稱為雜湊函數(Hash Function)，而資料所存放的表格，稱為雜湊表(Hash Table)。記錄所轉換的位址，必須要在雜湊表內的範圍，因此當存放鍵值與搜尋時，都能有一定的對應方式可遵循。

（二）相關名詞

序	相關名詞	功用說明
1	雜湊函數(Hash Function)	將資料轉換成位址的一種函數
2	雜湊表(Hash Table)	雜湊函式計算出鍵(Key)與值(Value)所對應的位置，而建立雜湊表格，以對應存放資料於記憶體空間
3	桶子(Bucket)	雜湊表中存放資料的位址
4	槽(Slot)	桶子內的儲存區稱之為槽。每一個槽可以存放一個記錄。一個桶子裡可能有好幾個槽
5	碰撞(Collision)	當不同的資料卻被換成相同位址時，便稱為碰撞
6	溢位(Overflow)	若資料轉換到桶子時，桶子的空間已滿，稱為溢位

序	相關名詞	功用說明
7	叢集(Cluster)	若資料轉換的位址都集中在某區段，就表示發生叢集現象。發生此現象將更容易發生碰撞
8	負載密度(Loading Density)	指雜湊表之使用率。表示實際存放紀錄筆數n與桶子容量b*槽s之比例，稱之負載密度α。也就是$\alpha=n/bs$，α越高，碰撞機率也越高

範│例│練│習

假設雜湊表示由10個桶子所組成，每個桶子都有3個槽。鍵值有二位數字，第一位是由0~9組成，第二位是由數字1~3所組成的。

1. 試想出一個雜湊函數，將所有鍵值{81、3、51、61、11、21、62、1、2}均分配到雜湊表當中。
2. 計算其負載密度。
3. 求雜湊搜尋的平均比較次數。

答

1. 雜湊函數：即將所有鍵值放入雜湊表的規則，我們可以將鍵值第一碼的數字對應到桶子的編號(0~9)，第二碼對應到槽的編號(1~3)。如此就可以將所有鍵值放入雜湊表當中。

桶子	1	2	3
1	11		
2	21		
3			
4			
5	51		
6	61	62	
7			
8	81		
9			
0	1	2	3

2. 負載密度

　　我們知道目前鍵值 n 共有 9 個，桶子 b 共有 10 個，每個桶子 s 有 3 個槽。

　　　　α=n/bs=9/(10*3)=0.3。

3. 搜尋比較次數

次序	資料	搜尋比較次數
1	81	1
2	3	3
3	51	1
4	61	1
5	11	1
6	21	1
7	62	2
8	1	1
9	2	2
	合計	13

平均比較次數=搜尋比較次數合計/資料數=13/9=1.4

11-3-2　雜湊函數

　　雜湊函數(Hash Function)是一種數學函數F(x)，可以將資料的鍵值轉換成位址，這些位址也相對應到表格上，也就是F(key)=address。設計雜湊函數時必須要考慮到函數是否簡單且便於計算，並且產生碰撞的頻率較低，同時也要考慮叢集現象較少；一般來說，常見的設計方法有除法(Division)、中間平方法(Mid-square)、摺疊法(Folding)以及位數分析法(Digit Analysis)等。

（一）除法(Division)

　　除法是最常用的方法之一。此方法將資料(K)除以一個數(I)後，求取它的餘數來當作資料(K)的儲存的位址，因此將此方式稱為除法。資料(K)運用除法所得到的位址是介於0~I-1之間，也就是F(K) = K mod I。例如，有10個桶子，編號為0~9，每個桶子有2個槽，當資料為1~20時，我們便可以將資料除以10求餘數，而餘數就是該資料要放的桶子編號。

資料	1	2	3	4	5	6	7	8	9	10
除以10的餘數（桶子編號）	1	2	3	4	5	6	7	8	9	0
資料	11	12	13	14	15	16	17	18	19	20
除以10的餘數（桶子編號）	1	2	3	4	5	6	7	8	9	0

　　使用除法來當作雜湊函數，除數的選擇建議使用質數，以增加所求餘數的多樣性，因為除法的作法是求取餘數，因此在設計時盡量讓資料除以某數後能有不同的餘數，以增加其差異性來提升雜湊函數的效果，否則若餘數都是0或固定的數，容易發生所謂的碰撞或叢集現象。建議桶子的個數盡量等於此質數，且桶子的數量盡量超過20，例如23、29、31、37、41、43、47等等。

 範|例|練|習

　　假設雜湊表示由7個桶子所組成，請使用除法設計雜湊函數將鍵值{3、51、61、11、21、62、1}存放在雜湊表。

 答

　　雜湊函數：將資料除以7求餘數，該餘數即為該資料之存放位址。

桶子編號（位址）	資料	說明
0	21	21 mod 7=0
1	1	1 mod 7=1
2	51	51 mod 7=2
3	3	3 mod 7=3
4	11	11 mod 7=4
5	61	61 mod 7=5
6	62	62 mod 7=6

 隨|堂|練|習

　　假設雜湊表示由7個桶子所組成，請使用除法設計雜湊函數將鍵值{394、176、263、20、320}存放在雜湊表。

（二）中間平方法(Mid-square)

中間平方法也就是平方後取中間值法，此方法是直接將資料的鍵值作平方後，然後取出中間某些位數的數字來對應雜湊表的位址，以當作資料儲存的位址，因此將此方法稱為中間平方法。例如資料13要放入雜湊表內，我們可以求13的平方等於169，取中間碼來對應雜湊表的位址後放入。下表為資料平方後，取平方值之中間1碼數字。

資料	10	11	12	13	14	15	16	17	18	19
平方	100	121	144	169	196	225	256	289	324	361
位址	0	2	4	6	9	2	5	8	2	6

範|例|練|習

假設雜湊表示由10個桶子所組成，請使用中間平方法(Mid-square)設計雜湊函數將鍵值{3、51、61、11、21、62、1}存放在雜湊表。

答

雜湊函數：將資料作平方，平方後之結果第二碼當做該資料之存放位址。若平方後只有一碼，則該碼即視為該資料之存放位址。

桶子編號	資料	說明
0		
1	1	1*1=1，取1
2	11	11*11=121，取2
3		
4	21	21*21=441，取4
5		
6	51	51*51=2601，取6
7	61	61*61=3721，取7
8	62	62*62=3844，取8
9	3	3*3=9，取9

📁 隨│堂│練│習

假設雜湊表示由10個桶子所組成，請使用中間平方法設計雜湊函數將鍵值{394、176、263、20、320}存放在雜湊表（提示：平方後取平方值第3碼）。

（三）折疊法(Folding)

此法是將資料的鍵值折疊成數段，然後將各段所形成的數字相加，以對應雜湊表的位址，因此稱為折疊法。當資料的鍵值位數很多時，才比較適合使用。

折疊需分成多少段數，可根據雜湊表的空間大小、存放記憶體位址的範圍而決定；例如，要存放到記憶體位址為100~9999，則可將有9碼的鍵值3個數字一折，然後再行相加；假設鍵值為123456789，則可拆成123、456、789，再將此三個數字相加成1368。若數字太大超過雜湊表對應的位址，則可配合MOD將數字作調整以對應到雜湊表的位址。每段折疊的方法並不一定要相同，可根據需求設計規劃；例如，2位數、3位數、4位數混合折疊。如前面提及的鍵值123456789，亦可被折成12、345、6789，然後再相加成7146等。策略上應採取運算簡單、碰撞頻率低以及叢集現象少為目的。

相加的方法其實有很多，較常用的有如下兩種：

1. **位移折疊(Shift Folding)**：即是將鍵值折成數段相同之長度（最後一段可以不同長度），然後直接將各段的資料相加。例如鍵值98765432，則可拆成987、654、32，再將此三個數字相加成1673。

2. **邊界折疊(Folding at the Boundaries)**：即是將鍵值折成數段相同之長度（最後一段可以不同長度），然後將奇數段或偶數段的資料反轉後相加。例如將前面例子分成123、456、789後，將奇數段反轉成321、987，再與456相加成1764。

📁 範│例│練│習

1. 假設雜湊表位址範圍為100~999，若有資料為14526737698，請使用位移折疊法(Shift Folding)來尋找資料的位址（若超過999則將最高位碼刪除）。
2. 上述資料請使用邊界折疊法來尋找資料的位址（將第1段與第3段反轉後相加）。

答

1. 因為雜湊表位址範圍只有三碼，因此將資料每三碼折疊一摺，結果如下：
   145、267、376、98。
   然後將此段資料相加得 145+267+376+98=886。

2. 由第一題知，折疊結果為 145、267、376、98，我們將第 1 段與第 3 段反轉後相加，可得 541+267+673+98=1579，去掉最高千位數，位址為 579。

隨|堂|練|習

1. 假設雜湊表位址範圍為100~999，若有資料為26457637981，請使用位移折疊法來尋找資料的位址（若超過999則將最高位碼刪除）。

2. 上述資料請使用邊界折疊法來尋找資料的位址（將第1段與第3段反轉後相加）。

（四）數字分析法(Digit Analysis)

數字分析法或稱位數分析法是運用觀察或統計的方式來檢查資料鍵值的每一個位數，分析各位數的數字裡是否有分布較均勻的數字（也就是1~9的數字都有）；若是，就把這些位數的數字組合成一個數值以對應雜湊表的位址，因此我們將此方式稱為數字分析法。

例如，有一串數字104503、104729、104802、104130、104406，從這5個數字可以看出，每一數字的前3碼的數字都一樣，若要當成各鍵值的位址是相當不適合的方式。然而，其百位數字及個位數字的分布較為多樣，較適合當成鍵值的位址；因此，運用如此觀察、統計及分析方式，便可以決定各鍵值採用的放置位址。若找到的組合位數太多，但雜湊表空間較小，可再配合取餘數的除法來處理。

資料鍵值	104503	104729	104802	104130	104406
位址	53	79	82	10	46

範|例|練|習

假設雜湊表示由100個桶子所組成，請使用數字分析法設計雜湊函數，將資料結構課程表現優異的同學的學號資料{10123006、10123018、10123042、10123021、10123049、10123003、10123036}存放在雜湊表。

答

由數字分析法可看出 7 筆資料的前 6 碼都是由 101230 所組成，且第 7 碼及第 8 碼之分布較多樣，第 7 碼有 0、1、4、2、3，第 8 碼有 6、8、2、1、9、3 等；由於，雜湊表示由 100 個桶子所組成，因此，我們可以將第 7 碼與第 8 碼組合起來當作是各資料的存放位址。

各資料之存放位址如下：

資料	存放位址
10123006	6
10123018	18
10123042	42
10123021	21
10123049	49
10123003	3
10123036	36

11-3-3 碰撞或溢位處理

碰撞(Collision)指當不同筆資料運用雜湊函數轉換後，卻分派到相同位置時；此時，第二筆以後的資料鍵值即發生碰撞。通常，我們可以檢查該位址的桶子(Bucket)是否還有足夠的或多餘的空間—槽(Slot)可以存放資料；若是，則可將資料的鍵值直接放入槽內。當發生碰撞後（轉換的位址都相同），該位址又沒有多餘的槽可以存放資料的鍵值，造成空間不足無法擺放鍵值時，稱此桶子發生溢位(Overflow)。此時，我們必須準備一套方式來解決鍵值存放的問題。常用的解決方式分可為兩種：開放位址法(Open Addressing)、鏈結法(Chaining)。開放位址法包括線性探測法(Linear Probing)、平方探測法(Quadratic Probing)、重雜湊法(Rehashing)等。在雜湊表中，若桶子內的槽只有一個，當發生碰撞時，溢位將會同時發生。

（一）線性探測法(Linear Probing)

線性探測法是指在某個位址發生碰撞或溢位時，可以依據線性方式再往下一個位址進行探測，直到找到可存放資料的位址為止，故又稱線性開放定址(Linear Open Addressing)。

若雜湊函數使用除法，線性探測公式可表示： $(f(x) + i) \bmod B$ ；

其中，i為碰撞次數。$f(x)$為雜湊函數。

例如，依據雜湊函數所找到的位址為索引值5，卻已經有資料存放；則可尋找下一個位置，即索引6的位址，若還是有資料存放，再往下一個索引位址來尋找，直到找到可以存放資料的位置為止。當往下一個位址探測時，有時候會發生該位址前面尚有空間，而後方已無空間的窘境；所以，建議將雜湊位址視為環狀的空間，以解決上述問題。當然，若最後發現雜湊表太小而不夠存放資料時，此時就必須增加雜湊表的空間。雖然線性探測法具備直觀且容易使用的特性，但也因該特性而可能產生資料分布過於集中的問題，並且於雜湊表空間快滿的情形下資料平均搜尋時間也可能增加。

線性探測法的演算法如下：

```
演算法名稱：Linear_Probing (ht[], key, p)
輸入：ht[], key, p
輸出：m
Begin
    var add←(key mod p)
    While ht[add] <>null do
        add←((add +1) mod p)
    end While
    ht[add]←key
end
```

範|例|練|習

假設雜湊表示由11個桶子所組成,請使用除法設計雜湊函數將鍵值{81、3、51、61、11、21、62、1、2}存放在雜湊表。若發生碰撞,請使用線性探測法解決碰撞問題。

雜湊函數:將資料除以 11 求餘數,該餘數即為該資料之存放位址。

其中資料 62,使用雜湊函數-除法所找到的位址與資料 51 相同,都是位址 7,產生碰撞。因此,資料 51 先行放入位址 7 後,資料 62 則使用線性探測法移至位址 8。

桶子編號(位址)	資料	說明
0	11	11 mod 11=0
1	1	1 mod 11=1
2	2	2 mod 11=2
3	3	3 mod 11=3
4	81	81 mod 11=4
5		
6	61	61 mod 11=6
7	51	51 mod 11=7;**資料62 mod 11=7與資料51分派到相同位置,產生碰撞**
8	**62**	因資料**62 mod 11=7**,產生碰撞,使用線性探測法移至位址**8**
9		
10	21	10 mod 11=10

隨|堂|練|習

假設雜湊表示由13個桶子所組成,請使用除法設計雜湊函數將鍵值{63, 31, 23, 58, 9, 49, 82}存放在雜湊表。若發生碰撞,請使用線性探測法(Linear Probing)解決碰撞問題。

（二）平方探測法(Quadratic Probing)

平方探測法指當資料鍵值發生碰撞或溢位時，運用探測值加減一個常數平方的跳躍方式（尋找方式為正負兩邊各一次），以探測下一個位址是否具有空間可以存放資料鍵值，此方式稱為平方探測法。採用此方法可減少叢聚現象、降低探測次數。公式如下：

$$(f(x) \pm i^2) \mod B$$

其中，$f(x)$為雜湊函數，x為資料鍵值，i為探測次數，且$1 \leq i \leq (B-1)/2$，基本上每探測失敗一次，下一次尋找方式為正負兩邊各一次，即 $\pm i^2$。另外，B建議為$4j+3$型的質數，即$B = 3, 7, 11, ..., 43,...$。其實此公式是將線性探測公式$(f(x) + i) \mod B$改成 $\pm i^2$。

舉例說明，假設原本雜湊函數是$f(k)=k \mod i$，現在有一個數13，要放入雜湊表內（長度7），則運用雜湊函數得到位置為6（即$13 \mod 7 = 6$）；假設位址6已滿，則之後探測依序為：（第一次尋找時，假設位址6已滿：$f(key)=f(13)=6$）

第二次尋找：$(6+1^2) \mod 7=0$。

第三次尋找：$(6-1^2) \mod 7=5$。

第四次尋找：$(6+2^2) \mod 7=3$。

第五次尋找：$(6-2^2) \mod 7=2$。

第N次尋找：$(f(key) \pm ((B-1)/2)^2) \mod B$。

範|例|練|習

假設雜湊表示由7個桶子所組成，請使用除法設計雜湊函數，將鍵值{81、3、51、61、21、62、11}存放在雜湊表。若發生碰撞，請使用平方探測法(Quadratic Probing)解決碰撞問題。

答

雜湊函數：將資料除以 7 求餘數，該餘數即為該資料之存放位址。

因資料依序存取，其中資料 11，使用雜湊函數-除法所找到的位址與較先處理之資料 81 相同，都是位址 4；因此，資料 81 先行放入位址 4 後，資料 11 使用平方探測法移至位址 1。

11 mod 7=4 碰撞（與資料 81 的位址相同）

$(4+1^2)$ mod 7=5 碰撞（與資料 61 的位址相同）

$(4-1^2)$ mod 7=3 碰撞（與資料 3 的位址相同）

$(4+2^2)$ mod 7=1 可存放位置。

桶子編號（位址）	資料	說明
0	21	21 mod 7=0
1	**11**	**11 mod 7=4，與資料81的位址相同，都是位址4，產生碰撞；採平方探測法移至位址1**
2	51	51 mod 7=2
3	3	3 mod 7=2
4	81	81 mod 7=4
5	61	61 mod 7=5
6	62	62 mod 7=6

 隨｜堂｜練｜習

假設雜湊表示由11個桶子所組成，請使用除法設計雜湊函數將鍵值 {63, 31, 23, 58, 9, 49, 82} 存放在雜湊表。若發生碰撞，請使用平方探測法(Quadratic Probing)解決碰撞問題。

（三）重雜湊法(Rehashing)

重雜湊法透過設計多個雜湊函數，當資料鍵值遇到碰撞或溢位時，可使用另一個雜湊函數進行探測；如此，可持續更換雜湊函數，反覆探測到可用位址為止。理論上，重雜湊法的探測次數應該相較於線性探測法的探測次數較少。

換句話說，重雜湊法的做法是先準備好數個雜湊函數，先使用第一個雜湊函數來探測位址以存放資料鍵值；萬一發生碰撞或溢位，便使用第二個或第三個雜湊函數等，用以進行碰撞後的探測，直到探測到可存放的空間為止。

範│例│練│習

請使用重雜湊法，來存放下列數列資料A[]={63, 31, 23, 58, 9, 49, 82}，其中，表格大小m=13，雜湊函數如下：

$f_1(x)=x \bmod m$。

$f_2(x)= f_1(x)*x \bmod m$。

$f_3(x)= f_2(x)*x \bmod m$。

……

$f_n(x)= f_{n-1}(x)*x \bmod m$。

答

$f_1(63)=63 \bmod 13=11$

$f_1(31)=31 \bmod 13=5$

$f_1(23)=23 \bmod 13=10$

$f_1(58)=58 \bmod 13=6$

$f_1(9)=9 \bmod 13=9$

$f_1(49)=49 \bmod 13=10$，發生碰撞，使用第二個雜湊函數 $f_2(x)= f_1(x)*x \bmod m$

$f_2(49)= f_1(49)*49 \bmod 13=10*49 \bmod 13=490 \bmod 13=9$，又發生碰撞，使用第二個雜湊函數 $f_3(x)= f_2(x)*x \bmod m$

$f_3(49)= f_2(49)*49 \bmod 13=9*49 \bmod 13=12$

$f_1(82)=82 \bmod 13=4$

0	1	2	3	4	5	6	7	8	9	10	11	12
				82	31	58			9	23	63	49

 隨│堂│練│習

請使用重雜湊法(Rehashing)，來存放下列數列資料A[]={63, 31, 23, 58, 9, 49, 82}，其中，表格大小m=13，雜湊函數如下：

$f_0(x)=x \bmod m$。

$f_i(x)= f_{i-1}(x)*x+i \bmod m$，其中i=1~n。

（四）鏈結法(Chaining)

鏈結法(Chaining)是當資料鍵值發生碰撞時，將發生碰撞之資料鍵值放到溢位資料區(Overflow Data Area)，並運用鏈結串列的方式將資料用指標鏈結起來。

範│例│練│習

請使用鏈結法，來存放下列數列資料A[]={63, 31, 23, 58, 9, 49, 82}，其中，表格大小m=11，雜湊函數如下：

f(x)=x mod m。

答

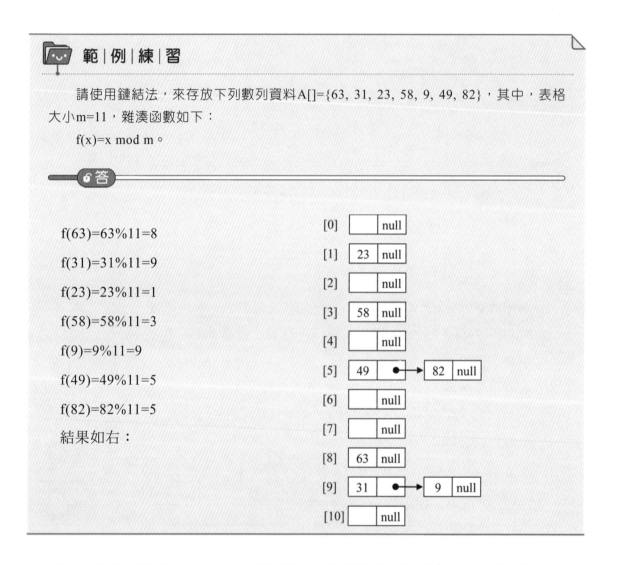

$f(63)=63\%11=8$

$f(31)=31\%11=9$

$f(23)=23\%11=1$

$f(58)=58\%11=3$

$f(9)=9\%11=9$

$f(49)=49\%11=5$

$f(82)=82\%11=5$

結果如右：

隨│堂│練│習

請使用鏈結法，來存放下列數列資料A[]={81、3、51、61、21、62、11}，其中，表格大小m=7，雜湊函數如下：

f(x)=x mod m。

程式實作演練

程式實作演練雙數題
請參照 QR Code

Java 範例包含兩部分，單數題範例以實體文本方式呈現，強化基礎程式實作能力；雙數題範例存放於雲端，供進階延伸學習參考。（全書適用）

範例 1

　　Search_11_1.java 程 式 透 過 一 個 整 數 類 型 陣 列 存 放 值 （ 即 a1={12,22,36,55,77,99,100,111}），並設計一循序搜尋（也稱為線性搜尋法）的方法 searchLinear(int[] array, int key)。此選擇排序演算法（即searchLinear()），採用單層 for迴圈，從陣列元素第一筆到最後一筆資料，逐一尋找，直到找到目標值為止。當找到資料key回應該陣列元素index值，若找不到資料key則回應-1。

Search_11_1.java

```java
public class Search_11_1 {
    public static int searchLinear(int[] array, int key){ //循序搜尋，也稱為線性搜尋法
        for(int i=0; i<array.length; i++){ //從陣列元素第一筆到最後一筆資料，
            if(array[i] == key){ //逐一尋找，直到找到目標值為止。
                return i;    //找到資料 key 回應 index 值
            }
        }
        return -1;    //找不到資料 key 回應-1
    }

    public static void main(String a[]){
        int[] a1= {12,22,36,55,77,99,100,111}; //被搜尋之陣列元素
        int key = 100; //欲尋找之資料 key
        System.out.println(key+" is found at index: "+ searchLinear(a1, key));
    }
}
```

　　程式的執行結果，如下：

```
100 is found at index: 6
```

1. 給予如下三個碰撞處理機制(Collision Handling Mechanisms)，請先分別描述其原理，再比較其異同。

   (1) 線性探測法(Linear Probing)
   (2) 二次式探測法(Quadratic Probing)
   (3) 串連法(Chaining)

2. 請使用Java程式設計一個內插搜尋(Interpolation Search)方法(Java Method)，該方法為static int interpolation(int arr[], int lo, int hi, int key)；其中arr[]為一個陣列int arr[] ={12,22,36,55,77,99,100,111}，數列起始索引為lo，終止索引為hi，目標值為key。程式運作過程會輸入key值（如key=100），藉由呼叫所設計之內插搜尋方法，若搜尋結果找不到key，則輸出"The element is not found!"；若搜尋結果找到key，則輸出" The element found at index: 6"。

3. 一筆已排序之資料，如：1 7 14 20 23 32 40 48 56 57 73 89 100
   請採用二分搜尋法(Binary Search)用來搜尋key值48，並詳細說明搜尋步驟。

CHAPTER 12

新興程式語言與資料結構

DATA STRUCTURE
THEORY AND PRACTICE

12-1 ● 程式語言與資料結構

　　我們知道一個完善的資料結構，應具備較低的時間複雜度以及較少的空間複雜度，妥善應用資源，並適用於大多類別的程式語言。資訊科技產品的研發過程中，是否使用適切的資料結構於程式設計與開發，將影響產品的性能表現。特定類型的資料型態以及資料結構應可適合於特定應用，因此，許多資料結構甚至是為了解決特定問題而設計出來的。

　　擅長處理統計問題、資料分析、資訊視覺化的R語言，擁有多元、完整的資料型態與特定的資料結構，除了向量(Vector)、陣列(Array)、矩陣(Matrix)等運算外，也發展出其獨特的資料結構類型。例如，因素向量(Factor)、資料框(Data Frame)、序列(List)等，藉以提升其資料處理的效能。

　　甲骨文公司(Oracle)所收購的昇陽電腦(Sun Microsystems)於西元1995年發表了Java程式語言，Java是一種具有跨平臺兼容的物件導向程式語言(Object-oriented Programming; OOP)，廣泛應用於各領域的資訊系統。不論是網頁伺服器應用、行動通訊應用軟體開發、遊戲機、電動汽車、一直到科學實驗使用的超級電腦等，Java總是無所不在，截至目前為止依然是最流行的主流程式語言之一。Java程式語言除了可以運用其程式語法設計出各式的資料結構外，也另外提供了集合框架(Collections Framework)，便捷了各種資料結構的設計發展。例如，集合庫介面(Collection Interface)提供Set、List、Queue等，可讓程式開發者使用。

　　以下我們分別介紹Java以及R兩種程式語言的特有資料處理機制以及其資料結構，並列舉一些程式實作案例以供學習參考。

12-2 ● Java 語言與資料結構

　　Java程式語言提供了完善的架構可發展各種資料結構的設計與應用，將其稱之為集合框架(Collections Framework)架構。在此架構之下，其中一個集合庫介面(Collection Interface)建構在Collection API(java.util.Collection)，其提供了許多元件(Elements)讓開發者設計使用；例如：Set、List、Queue等，而這些資料結構皆可存放資料，因此也被視為容器(Container)。此外，基於java.util套件，另有命名為Collections的類別庫，Collections的類別庫有別於java.util.Collection介面(Interface)，此類別庫提供一系列的靜態方法(Static Method)讓我們針對集合介面的物件以及一些非集合介面（如Map類別的集合物件）進行相關應用設計。我們將先簡介 Java的集合框架與架構，然後再分別介紹各集合類別的用法與資料結構的關係。

12-2-1　Java 的集合框架

根據甲骨文(Oracle)公司的技術文件網站(Java Documentation)的描述，集合框架(Collections Framework)之下的集合庫介面(Collection Interface)主要包含：Set、List、Queue、Deque等介面(Interfaces)，各有其特色。

Set資料結構內部不允許有重複的資料或物件存在，其常見的實作(Implementation)主要有LinkedHashSet、HashSet、TreeSet等。有別於Set，List資料結構具有個索引編號，且允許重複的資料或物件存在，List常見的實作有ArrayList、LinkedList、Stack等。Queue資料結構會在其容器(Container)之底部加入資料，而從其頭取出並移除資料，也就是我們所介紹過的先入先出(First-In-First-Out, FIFO)。Queue常見的實作有LinkedList、ArrayBlockingQueue、PriorityQueue等。Java的Deque是java.util.Queue介面之下的子類別(Sub-class)，其實就是雙向佇列(Double-ended Queue, Dequeue)的縮寫。Deque資料結構可以在其容器，也就是佇列中的頭部（佇列的最左邊），或者在其底部（佇列的最右邊）的位置，進行資料元素的新增或移除。Deque界面常見的實作包括LinkedList、ArrayDeque等。

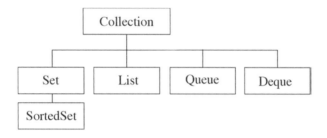

12-2-2　Set 的實作與應用

Set介面在實作上具有所有存入容器的資料元素內容都不可重複的特色，也就是，只要是在 Set 類型的集合物件中，其中的每一個元素都不相同，具備唯一性。因此，Set存取值時不允許空值(Null)、不允許重複值，且不保證資料元素存入時之順序的一致性。實作Set介面所衍生的類別包含：HashSet、LinkedHashSet、TreeSet。

HashSet本身藉由雜湊表(Hash Table)進行實作，讀取速度快，然而並不保證所存放資料元素的順序。因此，當在Set集合中增加新資料元素時，必須先判斷所新增的資料元素是否已經存在該集合中；當確認不存在時，再執行添加的程序。以下為HashSet實作程式Ex_HashSet.java的程式碼，程式中創造一個HashSet物件，取名為

student_ID，依序存入學號資料ID0001、ID0002、ID0003、…等；使用size()方法計算student_ID容器中的元素數量，並使用contains()方法來判斷元素ID0004是否存在student_ID容器中，若存在則返回值為true。然而，其中ID0002、ID0004兩筆資料的添加，將會造成資料的重複，所以並不會被存入student_ID的容器中，而且容器中所儲存的資料元素不保證與存入時之順序一致。

　　<實作程式Ex_HashSet.java的程式碼>

```java
import java.util.HashSet; //匯入 HashSet
public class Ex_HashSet {
    public static void main(String[] args) {
        HashSet<String> student_ID = new HashSet<String>();
        student_ID.add("ID0001");
        student_ID.add("ID0002");
        student_ID.add("ID0003");
        student_ID.add("ID0004");
        student_ID.add("ID0002");    //重複的資料元素不會被加入
        student_ID.add("ID0005");
        student_ID.add("ID0004");    //重複的資料元素不會被加入
        System.out.println(student_ID.size());
        System.out.println(student_ID.contains("ID0004"));
        System.out.println(student_ID);
    }
}
```

　　將上述程式執行結果，如下：

```
5
true
[ID0005, ID0003, ID0004, ID0001, ID0002]
```

　　LinkedHashSet 的實作是採用雜湊表和雙向鏈結串列的概念，因此可以按照資料元素加入的順序進行處理，使得輸出的資料元素順序與加入的順序保持一致。以下為 LinkedHashSet 實作程式 Ex_LinkedHashSet.java 的程式碼，程式中創造一個 LinkedHashSet 物件，取名為 student_ID，依序存入學號資料 ID0001、

ID0002、ID0003、…等;使用 size()方法計算 student_ID 容器中的元素數量,並使用 contains()方法來判斷元素 ID0004 是否存在 student_ID 容器中,若存在則返回值為 true。然而,其中 ID0002 以及 ID0004 兩筆資料的添加造成資料的重複,所以並不會被存入 student_ID 的容器中,而且 LinkedHashSet 容器中所儲存的資料元素會與存入時的順序一致。

<實作程式Ex_LinkedHashSet.java的程式碼>

```java
import java.util.LinkedHashSet;
public class Ex_LinkedHashSet {
    public static void main(String args[]) {
        LinkedHashSet<String> student_ID = new LinkedHashSet<String>();
        student_ID.add("ID0001");
        student_ID.add("ID0002");
        student_ID.add("ID0003");
        student_ID.add("ID0004");
        student_ID.add("ID0002");    //重複的資料元素不會被加入
        student_ID.add("ID0005");
        student_ID.add("ID0004");    //重複的資料元素不會被加入
        System.out.println(student_ID.size());
        System.out.println(student_ID.contains("ID0004"));
        System.out.println(student_ID);
    }
}
```

將上述程式執行結果,如下:

```
5
true
[ID0001, ID0002, ID0003, ID0004, ID0005]
```

TreeSet藉由實作SortedSet介面的類別,運用紅黑樹的資料結構來對加入的資料元素進行自然排序(升冪排序),並保持資料元素內容不得重複。

以下為LinkedHashSet實作程式Ex_TreeSet.java的程式碼,程式中創造一個TreeSet物件,取名為student_ID,依序存入學號資料ID0001、ID0002、ID0003、…

等；使用size()方法計算student_ID容器中的元素數量，並使用contains()方法來判斷元素ID0004是否存在student_ID容器中，若存在則返回值為true。然而，其中ID0002以及ID0004兩筆資料的添加造成資料的重複，所以並不會被存入student_ID的容器中，而且TreeSet容器中所儲存的資料元素採用自然排序，若為數值則由小排到大，若為字串則依字元順序排列。

<實作程式Ex_TreeSet.java的程式碼>

```java
import java.util.TreeSet;
public class Ex_TreeSet {
    public static void main(String[] args) {
        TreeSet<String> student_ID = new TreeSet<>();
            student_ID.add("ID0001");
            student_ID.add("ID0002");
            student_ID.add("ID0003");
            student_ID.add("ID0004");
            student_ID.add("ID0002");   //重複的資料元素不會被加入
            student_ID.add("ID0005");
            student_ID.add("ID0004");   //重複的資料元素不會被加入
            System.out.println(student_ID.size());
            System.out.println(student_ID.contains("ID0004"));
            System.out.println(student_ID); //資料元素自然排序輸出
            TreeSet<String> student_ID_New = new TreeSet<>();
            student_ID_New.add("ID0006");
            student_ID_New.addAll(student_ID);   //將 student_ID 所有資料元素
加入
            System.out.println("The New TreeSet: " + student_ID_New); //自然排
序輸出
            student_ID_New.add("ID0007");
            student_ID_New.add("ID0000");
            System.out.println("The New TreeSet: " + student_ID_New); //自然排
序輸出
    }
}
```

將上述程式執行結果，如下：

5
true
[ID0001, ID0002, ID0003, ID0004, ID0005]
The New TreeSet: [ID0001, ID0002, ID0003, ID0004, ID0005, ID0006]
The New TreeSet: [ID0000, ID0001, ID0002, ID0003, ID0004, ID0005, ID0006, ID0007]

12-2-3　List 的實作與應用

List是一個Interface，所建置的物件容器內可以有重複的資料元素，其具備有次序的特性，允許依照資料元素的索引位置檢索資料元素。List與Array的資料存取特性很相似，最大差異在於Array的使用需要預先宣告陣列儲存空間的大小(Size)，而List的空間可以動態、彈性調整，並不需要預先宣告其儲存空間的大小。List常見的實作類別有ArrayList、LinkedList等。

ArrayList與LinkedList皆具備List的主要特性，差別在於ArrayList是依照索引(Index)順序儲存資料元素，如同陣列的處理方式；因此，若欲讀取特定的Index元素時，非常方便快速。相反的，LinkedList讀取特定的資料元素時，必須先尋找下一節點(Node)的位置，並參考該節點的鏈結欄位的鏈結值以切換到下一個節點位置；由於LinkedList必須採用一個節點接著一個節點的方式去讀取，所以在讀取特定位置的資料元素時，一般會比ArrayList的效率低。當要新增（或刪除）資料元素時，若將新增的資料元素插入ArrayList的一特定位置，或將某一資料元素從ArrayList的一特定位置移除，則ArrayList會影響到被插入（或被刪除）的Index後的每一筆資料元素的索引值。然而，LinkedList僅須修改所新增（或刪除）的資料元素的前一個節點的鏈結欄位的鏈結值指向，再由所新增的節點的鏈結欄位的鏈結值指向後續的節點位置（或將被刪除節點的前一個節點的鏈結欄位的鏈結值指向被刪除節點之後續的節點位置），所以只影響二個節點的指向，僅需修改二個鏈結欄位的鏈結值指向，即可完成。因此，當需要頻繁新增（或刪除）資料元素時，採用LinkedList來處理會比使用ArrayList的效率更好。

以下為ArrayList實作程式Ex_ArrayList.java的程式碼，程式中創造一個ArrayList物件，取名為student_ID，依序存入學號資料ID0001、ID0002、ID0003、…等。使用size()方法計算student_ID容器中的元素數量，並使用contains()方法來判斷元素

ID0004是否存在student_ID容器中，若存在則返回值為true。其中ID0002以及ID0004兩筆資料的添加造成資料的重複，然而ArrayList允許資料元素重複，所以會將這兩筆資料存入student_ID_New的容器中，而且ArrayList容器中所儲存的資料元素依照加入順序儲存與輸出。

<實作程式Ex_ArrayList.java的程式碼>

```java
import java.util.ArrayList;
public class Ex_ArrayList {
    public static void main(String[] args) {
        ArrayList<String> student_ID = new ArrayList<>();
        student_ID.add("ID0001");
        student_ID.add("ID0002");
        student_ID.add("ID0003");
        student_ID.add("ID0004");
        student_ID.add("ID0002");    //重複的資料元素會被加入
        student_ID.add("ID0005");
        student_ID.add("ID0004");    //重複的資料元素會被加入
        System.out.println(student_ID.size());
        System.out.println(student_ID.contains("ID0004"));
        System.out.println(student_ID); //資料元素依加入順序輸出
        ArrayList<String> student_ID_New = new ArrayList<>();
        student_ID_New.add("ID0006");
        student_ID_New.addAll(student_ID);    //將 student_ID 所有資料元素
加入
        System.out.println("The New ArrayList: " + student_ID_New); //資料
元素依加入順序輸出
        student_ID_New.add("ID0007");
        student_ID_New.add("ID0000");
        System.out.println("The New ArrayList: " + student_ID_New); //資料
元素依加入順序輸出
    }
}
```

將上述程式執行結果，如下：

```
7
true
[ID0001, ID0002, ID0003, ID0004, ID0002, ID0005, ID0004]
The New ArrayList: [ID0006, ID0001, ID0002, ID0003, ID0004, ID0002, ID0005,
ID0004]
The New ArrayList: [ID0006, ID0001, ID0002, ID0003, ID0004, ID0002, ID0005,
ID0004, ID0007, ID0000]
```

LinkedList並非採線性儲存資料元素，也就是說儲存在記憶體中的位置是不連續的，藉由在每一個資料元素節點上的鏈結欄位儲存指向上一個節點及下一個節點的位址，使之具有可在不連續的記憶體空間中串接節點，以保有資料元素的連續性。除此之外，LinkedList允許資料元素重複且可以是null，也不需定義串列長度，可以隨時新增、修改、刪除儲存資料元素的節點。於是，Java環境下的LinkedList同時實作List與Deque介面，而構成雙鏈接串列(Doubly Linked List)，因此LinkedList中的每一個節點都有指向前一個及下一個節點的記憶體位址（即指標）。

以下為LinkedList實作程式Ex_LinkedList.java的程式碼，程式中創造一個LinkedList物件，取名為student_ID，依序存入學號資料ID0001、ID0002、ID0003、…等。使用size()方法計算student_ID容器中的元素數量，並使用contains()方法來判斷元素ID0004是否存在student_ID容器中，若存在則返回值為true。其中ID0002以及ID0004兩筆資料的添加造成資料的重複，然而LinkedList允許資料元素重複，所以會將這兩筆資料存入student_ID_New的容器中，而且LinkedList容器中所儲存的資料元素依照加入順序儲存與輸出。隨即，採用remove()方法，分別移除第0個節點（資料元素ID0006）以及第4個節點（資料元素ID0002），最後再次輸出student_ID_New的資料元素。

<實作程式Ex_LinkedList.java的程式碼>

```java
import java.util.LinkedList;
public class Ex_LinkedList {
    public static void main(String[] args) {
        LinkedList<String> student_ID = new LinkedList();
                            student_ID.add("ID0001");
```

```
                    student_ID.add("ID0002");
                                          student_ID.add("ID0003");
                                          student_ID.add("ID0004");
                                          student_ID.add("ID0002");     //重複的資料元素
會被加入
                                          student_ID.add("ID0005");
                                          student_ID.add("ID0004");     //重複的資料元素
會被加入
          System.out.println(student_ID.size());
          System.out.println(student_ID.contains("ID0004"));
          System.out.println(student_ID); //資料元素依加入順序輸出
          LinkedList<String> student_ID_New = new LinkedList<>();
          student_ID_New.add("ID0006");
          student_ID_New.addAll(student_ID);     //將 student_ID 所有資料元素加入
          System.out.println("The New LinkedList: " + student_ID_New); //資料元素
依加入順序輸出
          student_ID_New.add("ID0007");
          student_ID_New.add("ID0000");
          System.out.println("The New LinkedList: " + student_ID_New); //資料元素
依加入順序輸出
          student_ID_New.remove(0);     //remove()   刪除第 0 個元素 ID0006，會遞
補
          student_ID_New.remove(4);     //remove()   刪除第 4 個元素 ID0002。會遞
補
          System.out.println("The New LinkedList: " + student_ID_New); //資料元素
依加入順序輸出
      }
}
```

將上述程式執行結果，如下：

```
7
true
```

[ID0001, ID0002, ID0003, ID0004, ID0002, ID0005, ID0004]

The New LinkedList: [ID0006, ID0001, ID0002, ID0003, ID0004, ID0002, ID0005, ID0004]

The New LinkedList: [ID0006, ID0001, ID0002, ID0003, ID0004, ID0002, ID0005, ID0004, ID0007, ID0000]

The New LinkedList: [ID0001, ID0002, ID0003, ID0004, ID0005, ID0004, ID0007, ID0000]

12-2-4　Queue 的實作與應用

　　Queue處理資料元素具有先進先出(First-in-first-out; FIFO)的特性，在Java環境下Queue繼承自Collection，並採用LinkedList實現了Queue，因此擁有Collection的add()、remove()以及element()等方法。除了上述Collection的方法，Queue本身具有offer()、poll()以及peek()等方法；其中add()以及offer()會從Queue實作的尾端(Tail)插入新的資料元素，若新增資料元素失敗offer()回傳false，而add()則拋出例外(Exception)。remove()或poll()會從Queue實作的頭部(Head)取出並刪除資料元素，若取出失敗poll()回傳null，而remove()則拋出例外。peek()及element()皆由Queue的佇列頭部取出但不移除該資料元素，若取出失敗，peek()回傳null，element()則拋出例外。通常null不應該被新增到Queue實作的容器中，因為當poll()及peek()找不到標的資料元素時會返回null值而造成混淆。

　　以下為Queue實作程式Ex_Queue.java的程式碼。因為，Queue繼承Collection，並採用LinkedList實現，所以必須匯入(Import)類別java.util.LinkedList以及java.util.Queue等。程式中創造一個Queue物件，取名為student_ID，使用add()及offer()從Queue的尾端插入新的資料元素，依序存入學號資料ID0001、ID0002、ID0003、…等，並使用System.out.println(student_ID.offer("ID0004"))將offer()執行結果的狀態回傳（結果為true）。使用size()方法計算student_ID容器中的元素數量，並使用contains()方法來判斷元素ID0004是否存在student_ID容器中，若存在則返回值為true。其中ID0002以及ID0004兩筆資料的添加造成資料的重複，然而Queue允許資料元素重複，所以會將這兩筆資料存入student_ID以及student_ID_New的容器中。而且Queue容器中所儲存的資料元素依照加入順序儲存與輸出。隨即，採用student_ID_New.remove()以及student_ID_New.poll()方法，分別取出並刪除Queue容器student_ID_New的頭部資料元素ID0006以及ID0001。再來使用student_ID_New.peek()讀取頭部的資料元素，並再次呈現student_ID_New的資料元素。

<實作程式Ex_Queue.java的程式碼>

```java
import java.util.LinkedList;
import java.util.Queue;
public class Ex_Queue {
    public static void main(String[] args) {
    Queue<String> student_ID = new LinkedList<>();
    student_ID.add("ID0001");
    student_ID.add("ID0002");
    student_ID.add("ID0003");
    student_ID.add("ID0004");
    student_ID.add("ID0002");    //重複的資料元素會被加入
    student_ID.offer("ID0005"); //從 Queue 的尾端插入新的資料元素
    System.out.println(student_ID.offer("ID0004")); //從 Queue 的尾端插入新的資
料元素，回傳值
    System.out.println(student_ID.size());
    System.out.println(student_ID.contains("ID0004"));
    System.out.println(student_ID); //資料元素依加入順序輸出
    Queue<String> student_ID_New = new LinkedList<>();
    student_ID_New.add("ID0006");
    student_ID_New.addAll(student_ID);    //將 student_ID 所有資料元素加入
    System.out.println("The New Queue: " + student_ID_New); //資料元素依加入順
序輸出
    student_ID_New.add("ID0007");
    student_ID_New.offer("ID0000"); //從 Queue 的尾端插入新的資料元素
    System.out.println("The New Queue: " + student_ID_New); //資料元素依加入順
序輸出
    student_ID_New.remove();    //remove()  取出並刪除頭部的資料元素 ID0006
    student_ID_New.poll();    //poll()  取出並刪除頭部的資料元素 ID0001
    System.out.println("The New Queue: " + student_ID_New); //資料元素依加入順
序輸出
    student_ID_New.peek();    //peek()取出但不刪除頭部的資料元素
    System.out.println("The New Queue: " + student_ID_New); //資料元素依加入順序
輸出
    }
}
```

將上述程式執行結果，如下：

```
true
7
true
[ID0001, ID0002, ID0003, ID0004, ID0002, ID0005, ID0004]
The New Queue: [ID0006, ID0001, ID0002, ID0003, ID0004, ID0002, ID0005,
ID0004]
The New Queue: [ID0006, ID0001, ID0002, ID0003, ID0004, ID0002, ID0005,
ID0004, ID0007, ID0000]
The New Queue: [ID0002, ID0003, ID0004, ID0002, ID0005, ID0004, ID0007,
ID0000]
The New Queue: [ID0002, ID0003, ID0004, ID0002, ID0005, ID0004, ID0007,
ID0000]
```

12-2-5　Deque 的實作與應用

　　Java環境下的Deque（讀音是deck）指的是Dequeue，也就是在前面章節介紹過的雙向佇列(Double-ended Queue)。在雙向佇列中，只要資料元素位於佇列的頭部或是位於佇列的尾部的位置，就有機會被取出或移除；若有須要新增資料元素，當然也是可以選擇從佇列的頭部、尾部的位置添加。由於雙向佇列繼承了Queue介面，因此具備Queue先進先出(FIFO)的基本特性，又因為雙向佇列可以從佇列的頭部、尾部進行資料元素的新增與移除，所以也可以實現先進後出(FILO) 或後進先出(LIFO)的堆疊(Stack)功能。

　　若欲使用Java集合框架的Deque介面的功能，使用前必須導入java.util.Deque配件。Deque介面規範了雙向佇列中兩個端點（即頭部、尾部）的資料元素的操作方法，包括：新增資料元素、取出並移除資料元素、讀取資料元素等各類方法，整理如下面表格。其中每一種方法都存在兩種回應形式中的一種，第一種回應形式在操作失敗時拋出例外(Exception)，另一種形式則是返回一個狀態值（如null 或false，取決於操作情形）。

操作方法	Deque頭部（第一筆資料元素）		Deque尾部（最後一筆資料元素）	
	拋出例外(Exception)	返回狀態值	拋出例外(Exception)	返回狀態值
新增元素	addFirst()	offerFirst()	addLast()	offerLast()
取出並移除元素	removeFirst()	pollFirst()	removeLast()	pollLast()
讀取元素	getFirst()	peekFirst()	getLast()	peekLast()

上述方法，若採用Queue與Deque的處理方法來對比，其實Queue的add()應該等效於Deque的addLast()，Queue的offer()應該等效於Deque的offerLast()，Queue的remove()應該等效於Deque的removeLast()，Queue的poll()應該等效於Deque的pollLast()等等，以此類推。同樣的概念，堆疊(Stack)亦具備與雙向佇列(Deque)等效的方法，將其整理成下列表格。

堆疊(Stack)方法	雙向佇列(Deque)等效方法
push()	addFirst()
pop()	removeFirst()
peek()	peekFirst()

Deque 界面可以被不同類別的集合實作，例如LinkedList、ArrayDeque類別等，其中LinkedList則是雙向連結串列，而ArrayDeque（即 Array Double-Ended Queue，發音為ArrayDeck）是一種可擴增資料元素，允許我們從ArrayDeque容器兩側新增、刪除、讀取資料元素。

以下為Deque實作程式Ex_Deque1.java的程式碼。因為，Deque繼承Collection，並採用ArrayDeque實現，所以必須匯入(Import)類別java.util.ArrayDeque以及java.util.Deque;等。程式中創造一個Deque物件，取名為student_ID，使用add()及offer()從Deque的尾端插入新的資料元素，依序存入學號資料ID0001、ID0002、ID0003、…等，並使用System.out.println(student_ID.offer("ID0004"))將offer()執行結果的狀態回傳（結果為true）。使用size()方法計算student_ID容器中的元素數量，並使用contains()方法來判斷元素ID0004是否存在student_ID容器中，若存在則返回值為true。其中ID0002以及ID0004兩筆資料的添加造成資料的重複，然而Deque允許資料元素重複，所以會將這兩筆資料存入student_ID以及student_ID_New的容器中。而且Deque容器中所儲存的資料元素依照加入順序儲存與輸出。隨即，採用student_ID_New.pollFirst()以及student_ID_New.removeLast()等方法，分別從Deque容器的尾端，移除資料元素。再來使用student_ID_New.addLast("ID0005")，從Deque容器的尾端插入新的資料元素，並使用student_ID_New.offerFirst("ID0000")，從Deque的頭端插入新的資料元素，並再次呈現student_ID_New容器內的所有資料元素。

<實作程式Ex_Deque1.java的程式碼>

```
import java.util.ArrayDeque;
import java.util.Deque;
```

```java
public class Ex_Deque1 {
    public static void main(String[] args) {
        Deque<String> student_ID = new ArrayDeque<>();
        student_ID.add("ID0001");
        student_ID.add("ID0002");
        student_ID.add("ID0003");
        student_ID.add("ID0004");
        student_ID.add("ID0002");    //重複的資料元素會被加入
        student_ID.offer("ID0005"); //從 Queue 的尾端插入新的資料元素
        System.out.println(student_ID.offer("ID0004")); //從 Queue 的尾端插入新的
資料元素，回傳值
        System.out.println(student_ID.size());
        System.out.println(student_ID.contains("ID0004"));
        System.out.println(student_ID); //資料元素依加入順序輸出
        Deque<String> student_ID_New = new ArrayDeque<>();
        student_ID_New.add("ID0006");
        student_ID_New.addAll(student_ID);    //將 student_ID 所有資料元素加入
        System.out.println("The New Deque: " + student_ID_New); //資料元素依加入
順序輸出
        student_ID_New.pollFirst();    //從 Deque 的頭端，移除資料元素
        student_ID_New.pollLast();    //從 Deque 的尾端，移除資料元素
        student_ID_New.pollLast();    //從 Deque 的尾端，移除資料元素
        student_ID_New.removeLast();    //從 Deque 的尾端，移除資料元素
        student_ID_New.addLast("ID0005");//從 Deque 的尾端插入新的資料元素
        student_ID_New.offerFirst("ID0000"); //從 Deque 的頭端插入新的資料元素
        System.out.println("The New Deque: " + student_ID_New); //資料元素依加入
順序輸出
    }
}
```

將上述程式執行結果，如下：

```
true
7
true
[ID0001, ID0002, ID0003, ID0004, ID0002, ID0005, ID0004]
The New Deque: [ID0006, ID0001, ID0002, ID0003, ID0004, ID0002, ID0005,
ID0004]
The New Deque: [ID0000, ID0001, ID0002, ID0003, ID0004, ID0005]
```

以下為Deque實作程式Ex_Deque2.java的程式碼。因為，Deque繼承Collection，並採用LinkedList實現，所以必須匯入(Import)類別java.util.LinkedList以及java.util.Deque;等。程式中創造一個Deque物件，取名為stack，分別使用push()和pop()、addFirst()和removeFirst()，以及offerFirst()和pollFirst()三組方法，模擬堆疊(Stack)的運作方式。

<實作程式Ex_Deque2.java的程式碼>

```java
import java.util.Deque;
import java.util.LinkedList;
public class Ex_Deque2 {
    public static void main(String[] args)    {
        Deque<String> stack = new LinkedList<String>();
        System.out.println("Deque as a stack using push() and pop() methods:");
        stack.push("Apple"); // 將"Apple"堆入 stack
        stack.push("Boy"); // 將"Boy"堆入 stack
        stack.push("Cat"); // 將"Cat"堆入 stack
        stack.push("Dog"); // 將"Dog"堆入 stack
        System.out.println("The stack contains: " + stack);
        System.out.println("Pop element for the stack:" + stack.pop());
        System.out.println("Pop element for the stack:" + stack.pop());
        System.out.println("Pop element for the stack:" + stack.pop());
        System.out.println("Pop element for the stack:" + stack.pop());
        System.out.println("The stack contains: " + stack);
```

```
        System.out.println();
        System.out.println("Deque as a stack using addFirst() and removeFirst()
methods:");
        stack.addFirst("Apple"); // 將"Apple"堆入 stack
        stack.addFirst("Boy"); // 將"Boy"堆入 stack
        stack.addFirst("Cat"); // 將"Cat"堆入 stack
        stack.addFirst("Dog"); // 將"Dog"堆入 stack
        System.out.println("The stack contains: " + stack);
        System.out.println("Pop element for the stack:" + stack.removeFirst());
        System.out.println("Pop element for the stack:" + stack.removeFirst());
        System.out.println("Pop element for the stack:" + stack.removeFirst());
        System.out.println("Pop element for the stack:" + stack.removeFirst());
        System.out.println("The stack contains: " + stack);
        System.out.println();
        System.out.println("Deque as a stack using offerFirst() and pollFirst()
methods:");
        stack.offerFirst("Apple"); // 將"Apple"堆入 stack
        stack.offerFirst("Boy"); // 將"Boy"堆入 stack
        stack.offerFirst("Cat"); // 將"Cat"堆入 stack
        stack.offerFirst("Dog"); // 將"Dog"堆入 stack
        System.out.println("The stack contains: " + stack);
        System.out.println("Pop element for the stack:" + stack.pollFirst());
        System.out.println("Pop element for the stack:" + stack.pollFirst());
        System.out.println("Pop element for the stack:" + stack.pollFirst());
        System.out.println("Pop element for the stack:" + stack.pollFirst());
        System.out.println("The stack contains: " + stack);
    }
}
```

將上述程式執行結果，如下：

```
Deque as a stack using push() and pop() methods:
The stack contains: [Dog, Cat, Boy, Apple]
Pop element for the stack:Dog
```

Pop element for the stack:Cat

Pop element for the stack:Boy

Pop element for the stack:Apple

The stack contains: []

Deque as a stack using addFirst() and removeFirst() methods:

The stack contains: [Dog, Cat, Boy, Apple]

Pop element for the stack:Dog

Pop element for the stack:Cat

Pop element for the stack:Boy

Pop element for the stack:Apple

The stack contains: []

Deque as a stack using offerFirst() and pollFirst() methods:

The stack contains: [Dog, Cat, Boy, Apple]

Pop element for the stack:Dog

Pop element for the stack:Cat

Pop element for the stack:Boy

Pop element for the stack:Apple

　The stack contains: []

12-3 ● R 語言與資料結構

若採用資料維度的面向來探討R語言的主要資料結構，可分成：

一維度：向量(Vector)、因素向量(Factor)

二維度：矩陣(Matrix)、資料框(Data Frame)

多維度：陣列(Array)、序列(List)

12-3-1　R 語言與向量

向量(Vector)是一維資料的儲存及呈現方式，當定義同一向量，該向量中所有元素的資料型態必須相同，如下述color向量，所有元素(Element)皆為文字型態，若將不同資料型態的資料放進同一個向量，資料型態會被自動轉成相同的。採用c()函數可以定義向量，例如：

```
color<-c('red','green','blue','yellow','white')
```

　　上列程式表示定義red、green、blue、yellow、white為color向量中的元素(Element)，各元素在向量中具有固定順序，red為color向量中的第1個元素、green為第2個元素、blue為第3個元素，以此類推，若要將color向量的第4個元素取出，可使用下列方式：

```
color[4]
```

　　若要同時取出多個元素，例如，取出第2與第4個元素，可使用下列方式：

```
color[c(2,3,4)]
```

　　向量中的元素可以被重新指定更新值，例如，將第三個元素值設定為'pink'，可使用下列方式：

```
color[3]<-'pink'
color[c(2,3,4)]
```

　　在R語言程式可以便捷地產生向量函數，若要產生1~15連續向量，中間相隔2，可使用seq()函數來串連具有順序關係的首字及最後一字。

```
seq(from=1,to=15,by=2)
```

　　將上述指令執行結果，彙整如下圖：

```
R Console                                          [_][□][×]

> color<-c('red','green','blue','yellow','white')
> color[4]
[1] "yellow"
> color[c(2,3,4)]
[1] "green"  "blue"   "yellow"
> color[3]<-'pink'
> color[c(2,3,4)]
[1] "green"  "pink"   "yellow"
> seq(from=1,to=15,by=2)
[1]  1  3  5  7  9 11 13 15
> |
```

🦷12-3-2　R語言與因素向量

　　針對文字型態的向量R 語言具有一種特定的資料結構稱為因素向量(Factor)，該資料結構是具備層級(Levels)概念的向量，已定義的向量資料可以使用factor()函數將該向量轉換成因素向量。因素向量輸出時，會將其層級的資訊一併輸出，若在轉換因素向量時透過參數ordered與levels，亦可調整因素向量輸出的排列方式。當因素向量轉換時，利用ordered=TRUE，但沒有指定levels參數，R語言會預設使用字母順序排序。相反地，若指定ordered=TRUE，同時指定levels參數，R語言則會根據levels參數排序。

　　下述指令示範因素向量與ordered以及levels參數對於資料處理的效果；其中定義向量color包含red、green、blue、yellow以及white等顏色，再經由colorFactor <- factor(color)將color轉換成因素向量colorFactor；然後，透過ordered=TRUE之參數設定，以及levels=c("yellow", "white", "red", "green", "blue")之設定，分別呈現其執行結果。

```
color<-c('red','green','blue','yellow','white')
color
colorFactor <- factor(color)
colorFactor
colorFactor <- factor(color, ordered = TRUE)
colorFactor

colorFactor <- factor(color, ordered = TRUE, levels = c("yellow", "white", "red",
"green", "blue"))
colorFactor
```

　　將上述指令執行結果，彙整如下圖：

📖12-3-3　R語言與矩陣

　　矩陣(Matrix)是二維的資料物件，具有列(Row)與行(Column)兩個維度，矩陣的元素可以支持多種資料型態（如：numeric, character, logical, complex, raw或NA等）。矩陣運算是元素對元素的向量化運算，矩陣函數matrix()的使用方式如下，其中前3個參數固定是data、nrow以及ncol，可以不設定參數值，其餘參數則須設定參數值：

　　　　matrix(data=NA, nrow=1, ncol=1, byrow=FALSE, dimnames=NULL)

　　其中各參數，包括：

data=所帶入之資料向量或列表(List)

nrow=列數

ncol=行數

byrow=設定為逐列填入或逐行填入，預設值FALSE表示逐行填入

dimnames=列、行的名稱字串向量所組成之串列，即list(vrow, vcol)

　　下列範例，第一個指令為建立3列*4行矩陣，採預設逐行填入；第三個指令為建立3列*4行矩陣，採逐列填入(byrow=TRUE)；第五個指令為建立3列*4行矩陣，採逐行填入，並於建立矩陣時用dimnames參數，創立列名與行名的索引標示。

```
a <- matrix(c(1:12), nrow=3, ncol=4)
a
a <- matrix(c(1:12), nrow=3, ncol=4, byrow=TRUE)
a
a <- matrix(c(1:12), 3,4, dimnames=list(c("R1","R2","R3"),c("C1","C2","C3","C4")))
a
```

將上述指令執行結果，彙整如下圖：

```
R R Console                                                    _ □ ✕

> a <- matrix(c(1:12), nrow=3, ncol=4)
> a
     [,1] [,2] [,3] [,4]
[1,]    1    4    7   10
[2,]    2    5    8   11
[3,]    3    6    9   12
> a <- matrix(c(1:12), nrow=3, ncol=4, byrow=TRUE)
> a
     [,1] [,2] [,3] [,4]
[1,]    1    2    3    4
[2,]    5    6    7    8
[3,]    9   10   11   12
> a <- matrix(c(1:12), 3,4, dimnames=list(c("R1","R2","R3"),c("C1","C2","C3","C4")))
> a
   C1 C2 C3 C4
R1  1  4  7 10
R2  2  5  8 11
R3  3  6  9 12
> |
```

📖 12-3-4　R 語言與資料框

R語言的資料框(Data Frame)是二維資料格式，由一系列的欄位(Column)和列(Row)所組成，形式上與矩陣非常類似；不過資料框的每一個行(Column)可以儲存不同資料型態的資料，其資料呈現方式與Excel試算表的表格非常類似，可以採用data.frame ()函數來建立資料框。每個欄位都有名稱，若沒有設定欄位名稱，則R將自動指派欄位名稱(V1~Vn)。例如，設計一資料框Student，包含欄位名稱ID、Name、Score、Pass，其中ID和Score為數值型態，Name為文字型態，Pass為布林型態。程式敘述如下：

```
Student <- data.frame(ID=c(1,2,3,4,5,6),
                Name=c("李白","李大白","李小白","白居易","白居不易","Johnson"),
                Score=c(85,96,70,72,90,49),
                Pass=c(TRUE, TRUE, TRUE, TRUE, TRUE,FALSE)
                   )
   Student
```

將上述指令執行結果，彙整如下圖：

```
R Console                                                         ─ □ ✕
> Student <- data.frame(ID=c(1,2,3,4,5,6),
+                       Name=c("李白","李大白","李小白","白居易","白居不易","Johnson"),
+                       Score=c(85,96,70,72,90,49),
+                       Pass=c(TRUE, TRUE, TRUE, TRUE, TRUE,FALSE)
+                       )
> Student
  ID     Name Score  Pass
1  1     李白    85  TRUE
2  2   李大白    96  TRUE
3  3   李小白    70  TRUE
4  4   白居易    72  TRUE
5  5 白居不易    90  TRUE
6  6  Johnson    49 FALSE
> |
```

12-3-5　R 語言與陣列

陣列(Array)可建構多維度的向量變數，如同向量的特性，所有陣列元素的資料型態必須一致。R語言可利用 rbind()、cbind()與 array() 函數建立陣列，在資料元素的取用陣列與向量相似度皆可透過指標、名稱方式選取陣列的元素。也就是說，R語言要創建一個二維陣列可先產生數個向量後，再經由rbind()或cbind()整合成一個二維陣列。

例如，先分別產生向量x, y, z；再來，分別使用rbind()以列(Row)的方式合併，或是使用cbind()以行(Column)的方式合併，以構成一個二維陣列，命名為array1；然後，即可透過指標的方式選取陣列的元素。程式敘述如下：

```
x <- c(1, 2, 3, 4)
y <- c(5, 6, 7, 8)
z <- c(9, 10, 11, 12)
array1 <- rbind(x, y, z)    # rbind()採用列(row)的方式合併
array1
array1 <- cbind(x, y, z)    # cbind()採用行(column)的方式合併
array1
array1[,1]    # 選取第一行(column) 的元素
array1[1,]    # 選取第一列(row) 的元素
array1[2,2:3]    # 選取第二列，第二到三行的元素
```

將上述指令執行結果，彙整如下圖：

```
R Console                                                    — □ ✕

> x <- c(1, 2, 3, 4)
> y <- c(5, 6, 7, 8)
> z <- c(9, 10, 11, 12)
> array1 <- rbind(x, y, z)   # rbind()採用列(row)的方式合併
> array1
  [,1] [,2] [,3] [,4]
x    1    2    3    4
y    5    6    7    8
z    9   10   11   12
> array1 <- cbind(x, y, z)   # cbind()採用行(column)的方式合併
> array1
     x y  z
[1,] 1 5  9
[2,] 2 6 10
[3,] 3 7 11
[4,] 4 8 12
> array1[,1]   # 選取第一行(column) 的元素
[1] 1 2 3 4
> array1[1,]   # 選取第一列(row) 的元素
x y z
1 5 9
> array1[2,2:3]   # 選取第二列，第二到三行的元素
 y  z
 6 10
> |
```

我們也可採用array()函數建立陣列，使用向量儲存數值後，即可透過所宣告的陣列維度與樣式來存入對應之向量值，亦可藉由指標選取陣列的元素。

以下程式範例，首先創造data向量，內含數值1~12，再透過array(data, c(3,4))產生3×4的二維陣列，並將data向量的值填入此陣列。進一步，更新data向量，內含數值1~24，再透過array(data, dim = c(3, 4, 2), dimnames = …)產生有標示欄位名稱的3×4×2之三維陣列array.3D，並將data向量值填入此陣列。最後，使用array.3D[2, 2, 2] 指令，讀取array.3D中，第二列、第二行、第二頁的元素值。程式敘述如下：

```
data <- c(1:12)    #創造 data 向量，內含數值 1~12
data
array(data, c(3,4))    # c(3,4)表示產生  3 x 4  二維陣列，data 向量的值填入此陣列

data <- 1:24 #創造 data 向量，內含數值 1~24
data
array.3D <- array(data, dim = c(3, 4, 2),
```

```
                    dimnames = list(c("x1", "x2", "x3"),
                                    c("y1", "y2", "y3", "y4"),
                                    c("z1", "z2")))
array.3D      # 呈現上方所創建的 3 x 4 x 2  三維陣列 array.3D 之所有向量值
array.3D[2, 2, 2]   # 取出 array.3D 中，第二列，第二行，第二頁的元素
```

將上述指令執行結果，彙整如下圖：

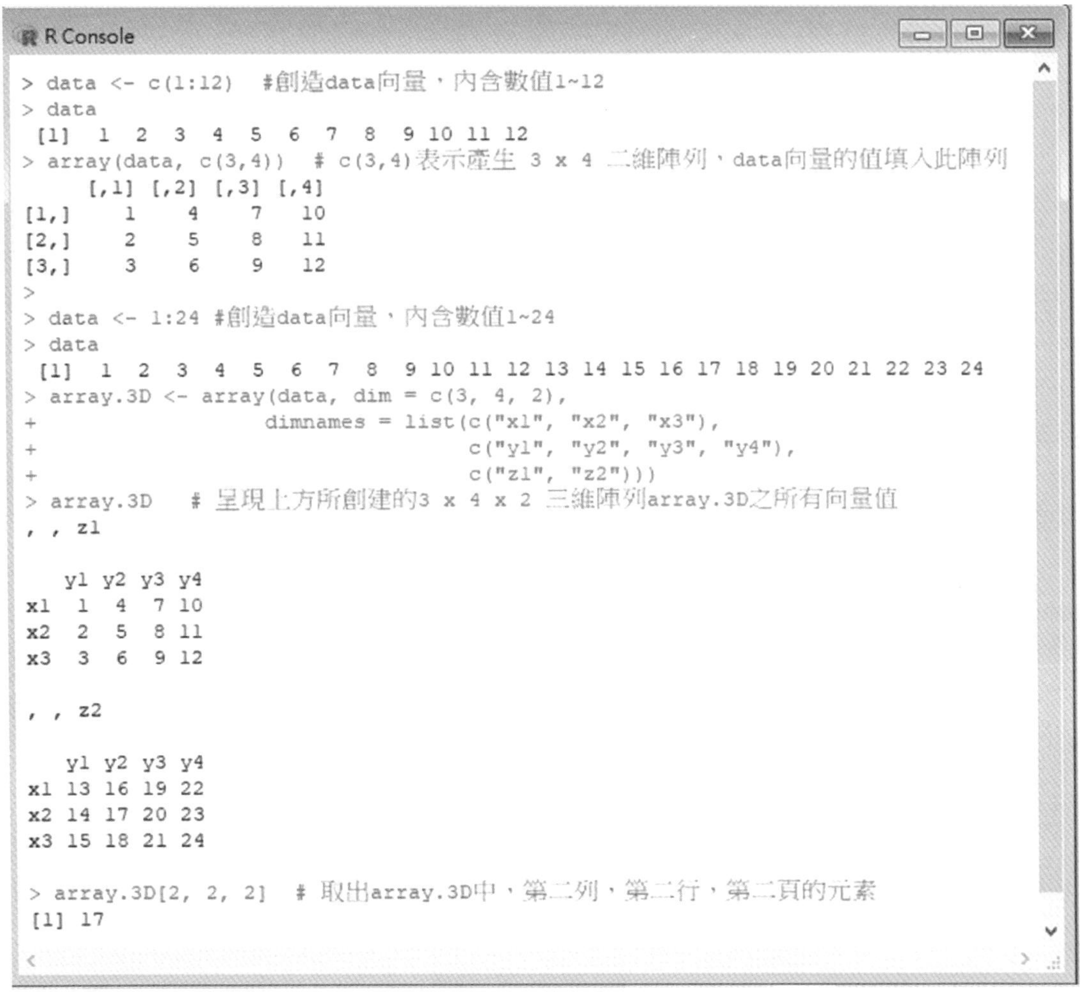

```
R Console                                                          □ ▢ ✕

> data <- c(1:12)    #創造data向量，內含數值1~12
> data
 [1]  1  2  3  4  5  6  7  8  9 10 11 12
> array(data, c(3,4))   # c(3,4)表示產生 3 x 4 二維陣列，data向量的值填入此陣列
     [,1] [,2] [,3] [,4]
[1,]    1    4    7   10
[2,]    2    5    8   11
[3,]    3    6    9   12
>
> data <- 1:24 #創造data向量，內含數值1~24
> data
 [1]  1  2  3  4  5  6  7  8  9 10 11 12 13 14 15 16 17 18 19 20 21 22 23 24
> array.3D <- array(data, dim = c(3, 4, 2),
+                 dimnames = list(c("x1", "x2", "x3"),
+                                 c("y1", "y2", "y3", "y4"),
+                                 c("z1", "z2")))
> array.3D    # 呈現上方所創建的3 x 4 x 2 三維陣列array.3D之所有向量值
, , z1

   y1 y2 y3 y4
x1  1  4  7 10
x2  2  5  8 11
x3  3  6  9 12

, , z2

   y1 y2 y3 y4
x1 13 16 19 22
x2 14 17 20 23
x3 15 18 21 24

> array.3D[2, 2, 2]   # 取出array.3D中，第二列，第二行，第二頁的元素
[1] 17
```

📙12-3-6　R語言與序列

　　序列(List)為R語言環境中最廣義的物件，可將上述所有物件型態都包含至同一個序列物件內。前面所介紹的向量(Vector)、因素向量(Factor)、矩陣(Matrix)以及陣列(Array)等，都只能儲存單一種資料型態的元素，應用上較不具彈性。在R語言中，序列(List)的元素可分屬不同資料型態，可包括數值、文字、向量和因素向量等，甚至可使用矩陣、資料框等。使用list()函數可以建立序列，建立完成的序列可使用序列名稱，配合$符號以及欄位名稱，進行選定的資料擷取。如同向量，可使用索引值來擷取資料，但若要取得值，必須使用雙中括號[[ ]]；若僅使用單中括號[ ]，回傳的資料則會以序列(List)型態，而非序列中的值。

　　以下程式範例，首先創造Student、Pass向量，分別為文字、布林(Boolean)的資料型態；再透過list()函數建立一個序列，命名為Student.list，該序列內部有向量Student、Pass，以及該序列內部定義之Score、School以及Language等資料；完成序列Student.list之建立後，檢視序列Student.list之資料結構內容，並透過Student.list$Student 試圖檢視Student.list內部的Student之資料；然而，因未定義該名稱於序列Student.list中，所以無法識別，而以NULL呈現。改用Student.list[[1]] 以觀察序列Student.list內部的第一個資料之內容，即向量Student的內容。程式敘述如下：

```
Student = c("李白","李大白","李小白","白居易","白居不易","Johnson")
Pass = c(TRUE, TRUE, TRUE, TRUE, TRUE,FALSE)
Student.list <- list(Student,

                                Score=c(85,96,70,72,90,49),
                                School = "MIT",
                                Pass,
                                Language = c("中文", "English")
                     )  # 建立序列，命名為 Student.list，內
容有向量 Student、
                                # Pass，以及 Student.list 內部定義之
Score、School、
                                # 以及 Language 等資料
Student.list   # 檢視序列 Student.list 之資料結構
Student.list$Student # 印出 Student.list 內部的 Student，無法識別以 NULL 呈現
Student.list[[1]]   # 印出序列 Student.list 內部的第一個資料之內容
```

將上述指令執行結果，彙整如下圖：

```
R Console                                                              ☐ ☐ ☒

> Student = c("李白","李大白","李小白","白居易","白居不易","Johnson")
> Pass = c(TRUE, TRUE, TRUE, TRUE, TRUE,FALSE)
> Student.list <- list(Student,
+                                   Score=c(85,96,70,72,90,49),
+                                   School = "MIT",
+                                   Pass,
+                                   Language = c("中文", "English")
+                                 ) # 建立序列，命名為Student.list，內容有向量Student、
>                                   # Pass，以及Student.list內部定義之Score、School、
>                                   # 以及Language等資料
> Student.list  # 印出序列Student.list之資料結構
[[1]]
[1] "李白"      "李大白"   "李小白"   "白居易"   "白居不易" "Johnson"

$Score
[1] 85 96 70 72 90 49

$School
[1] "MIT"

[[4]]
[1]  TRUE  TRUE  TRUE  TRUE  TRUE FALSE

$Language
[1] "中文"     "English"

> Student.list$Student # 印出Student.list內部的Student，無法識別以NULL呈現
NULL
> Student.list[[1]]  # 印出序列Student.list內部的第一個資料之內容
[1] "李白"      "李大白"   "李小白"   "白居易"   "白居不易" "Johnson"
> |
```

　　進一步，採用names()函數將可以修改或定義序列Student.list的元素名稱，分別定義序列Student.list第一個元素名稱為Student.Name、第二個元素名稱為Student.Score、第四個元素名稱為Student.Pass。然後，重新檢視序列Student.list的資料結構內容，可以發現所有元素皆有所定義之名稱。此時，即可採用元素名稱檢視序列Student.list之各元素的資料；例如，Student.list$Student.Name表示檢視序列Student.list之Student.Name的所有資料，而Student.list$Student.Name[[2]] 表示檢視Student.list之Student.Name的第二筆資料。將程式敘述如下：

```
names(Student.list)[1] <- "Student.Name"     # 以 names()函數修改第一個元素名稱
names(Student.list)[2] <- "Student.Score"     #修改第二個元素名稱為 Student.Score
names(Student.list)[4] <- "Student.Pass"      #修改第四個元素名稱為 Student.Pass
Student.list  # 檢視序列 Student.list 之資料結構
Student.list$Student.Name     # 檢視序列 Student.list 之 Student.Name 的資料
```

Student.list$Student.Name[[2]]　　# 檢視 Student.list 之 Student.Name 的第二筆資料

Student.list$Student.Score

Student.list$Student.Score[[2]]　　# 檢視 Student.list 之 Student.Score 的第二筆資料

Student.list$Student.Pass　　# 檢視 Student.list 之 Student.Pass 的資料

Student.list$Language[[1]]　　# 檢視 Student.list 之 Language 的第一筆資料

Student.list$School　　# 檢視 Student.list 之 School 的資料

將上述指令執行結果，彙整如下圖：

🗂 12-3-7　R 語言與 tidyverse

R語言除了上述基本資料結構外，亦提供多樣的處理機制以彈性設計出所需的資料結構。例如，R語言的套件(Package) tidyverse提供一個資料儲存與資料呈現的基本架構，強調資料檔案（如外部檔案或外部匯入之資料）必須符合整潔資料(Tidy

Data)、具方便操作的特性。可根據需求將所載入(Import)的整潔資料轉換(Transform)成各種應用形式,將資料可視化(Visualize),並建構模型(Model)以利資料分析或應用,所處理過的資料可以再進一步進行形式轉換、可視化處理、再次建立新模型等,以提供適切且易於理解的資訊供溝通使用(Wickham, u et al., 2019),如下圖所示。所謂整潔資料須使得所載入的資料其每一個變數各自形成一欄(Row),每一個列(Row)皆可以提供做為觀測使用的特徵。構成整潔資料的關鍵考量因素包含:一個檔案只用一張資料表、一張資料表中的一個欄位(Column)應只有一個變數且須有清楚的變數名稱、若整體資料須包含不同資料表,則不同資料表之間須要有索引或指標以進行關聯(Tierney, & Cook, 2018; Wang, Cook, & Hyndman, 2020)。

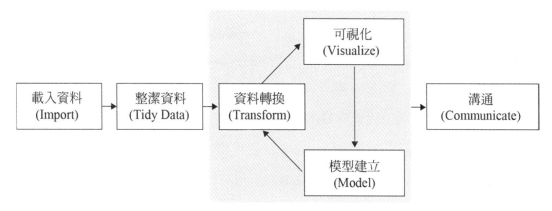

容易理解 (Understand)

作業 Ⅲ

1. 何謂Java程式語言的集合框架(Collections Framework)？具有哪些特色？

2. Java程式語言的Collection Interface之Set介面具有哪些特色？

3. 請以Java程式語言的Collection Interface之Set介面，設計一容器用於儲存各個國家的名稱，並確保該容器內部不會有重複的國家名稱？

4. Java程式語言的Collection Interface之List介面具有哪些特色？

5. 請以Java程式語言的Collection Interface之List介面，設計一容器用於儲存各種水果名稱，並確保該容器內部的水果名稱可依照加入順序儲存與輸出？

6. 試說明在Java環境下，繼承自Collection Interface的Queue與Deque的差異？

7. 請以Java程式語言的Collection Interface之Deque，設計一堆疊結構(Stack)，並具備push、pop的機制，用於存取各種水果名稱。

8. 試舉例說明R 語言中的因素向量(Factor)之資料結構特性。

9. 試說明R語言的資料框(Data Frame)之資料結構特性，並舉例說明其應用。

10. 試舉例說明R 語言中的序列(List)之資料結構特性，並舉例說明其應用。

11. 何謂整潔資料(Tidy Data)？

< 參考文獻 REFERENCES ‖‖ >

CHAPTER 01

1. Bachman, C. W. (1969). Data structure diagrams. ACM SIGMIS Database: The DATABASE for Advances in Information Systems, 1(2), 4-10.

2. Chen, P. P. S. (1976). The entity-relationship model—toward a unified view of data. ACM transactions on database systems (TODS), 1(1), 9-36.

3. Wickham, H., Averick, M., Bryan, J., Chang, W., McGowan, L. D. A., François, R., ... & Yutani, H. (2019). Welcome to the Tidyverse. Journal of open source software, 4(43), 1686.

4. Wang, E., Cook, D., & Hyndman, R. J. (2020). A new tidy data structure to support exploration and modeling of temporal data. Journal of Computational and graphical Statistics, 29(3), 466-478.

5. Tierney, N. J., & Cook, D. H. (2018). Expanding tidy data principles to facilitate missing data exploration, visualization and assessment of imputations. arXiv preprint arXiv:1809.02264.

6. Alterio, M., & McDrury, J. (2003). Learning through storytelling in higher education: Using reflection and experience to improve learning. Routledge.

7. Gordon, C. J., & Braun, C. (1983). Using story schema as an aid to reading and writing. The Reading Teacher, 116-121.

8. Idol, L. (1987). Group story mapping: A comprehension strategy for both skilled and unskilled readers. Journal of learning disabilities, 20(4), 196-205.

9. Idol, L., & Croll, V. J. (1987). Story-mapping training as a means of improving reading comprehension. Learning Disability Quarterly, 10(3), 214-229.

10. Kalaivania, R., & Sivakumar, R. (2017). A survey on context-aware ubiquitous learning systems. International Journal of Control Theory and Applications, 10, 15.

11. Lantz, J. L., Myers, J., & Wilson, R. (2019). Digital Storytelling and Young Children: Transforming Learning Through Creative Use of Technology. In Handbook of Research on Integrating Digital Technology With Literacy Pedagogies (pp. 212-231). IGI Global.

12. Livo, N. J., & Rietz, S. A. (1986). Storytelling: Process and practice. Littleton, Colo.: Libraries Unlimited.

13. Morrow, L. M. (1985). Retelling stories: A strategy for improving young children's comprehension, concept of story structure, and oral language complexity. The Elementary School Journal, 85(5), 647-661.

14. Morrow, L. M. (1986). Effects of structural guidance in story retelling on children's dictation of original stories. Journal of Reading Behavior, 18(2), 135-152.

15. Peck, J. (1989). Using storytelling to promote language and literacy development. The Reading Teacher, 43(2), 138.

16. Rabkin, E. S. (1977). Spatial form and plot. Critical Inquiry, 4(2), 253-270.

Rumelhart, D. E. (1980). On evaluating story grammars. Cognitive Science, 4(3), 313-316.

17. Spierling, U., Grasbon, D., Braun, N., & Iurgel, I. (2002). Setting the scene: playing digital director in interactive storytelling and creation. Computers & Graphics, 26(1), 31-44.

18. Sidekli, S. (2013). Story map: How to improve writing skills. Educational Research and Reviews, 8(7), 289-296.

19. Yearta, L., Helf, S., & Harris, L. (2018). Stories Matter: Sharing Our Voices with Digital Storytelling. Texas Journal of Literacy Education, 6(1), 14-22.

20. Hu, C. C., Yang, Y. F., & Chen, N. S. (2022). Human–robot interface design–the 'Robot with a Tablet'or 'Robot only', which one is better?. Behaviour & Information Technology, 1-14.

21. Hu, C. C. (2022, July). The Development of Robot-based Storytelling Platform for Designing STEAM Learning Systems. In 2022 IEEE International Conference on Consumer Electronics-Taiwan (pp. 437-438). IEEE.

CHAPTER 02

1. Knuth, D. E. (1963). Computer-drawn flowcharts. Communications of the ACM, 6(9), 555-563.

2. Little, J. D., Murty, K. G., Sweeney, D. W., & Karel, C. (1963). An algorithm for the traveling salesman problem. Operations research, 11(6), 972-989.

CHAPTER 08

Bayer, R., & McCreight, E. (2002). Organization and maintenance of large ordered indexes. In Software pioneers (pp. 245-262). Springer, Berlin, Heidelberg.

CHAPTER 12

1. Wickham, H., Averick, M., Bryan, J., Chang, W., McGowan, L. D. A., François, R., ... & Yutani, H. (2019). Welcome to the Tidyverse. Journal of open source software, 4(43), 1686.

2. Wang, E., Cook, D., & Hyndman, R. J. (2020). A new tidy data structure to support exploration and modeling of temporal data. Journal of Computational and graphical Statistics, 29(3), 466-478.

3. Tierney, N. J., & Cook, D. H. (2018). Expanding tidy data principles to facilitate missing data exploration, visualization and assessment of imputations. arXiv preprint arXiv:1809.02264.

4. https://docs.oracle.com/javase/8/docs/technotes/guides/collections/overview.html

國家圖書館出版品預行編目資料

資料結構：理論與實作/陳木中, 胡志堅編著. -- 初版. --
新北市：新文京開發出版股份有限公司, 2023.06
面； 公分

ISBN 978-986-430-919-1（平裝）

1.CST：資料結構

312.73 112005236

資料結構：理論與實作 （書號：**C203**）

編著者	陳木中　胡志堅
出版者	新文京開發出版股份有限公司
地址	新北市中和區中山路二段 362 號 9 樓
電話	(02) 2244-8188（代表號）
FAX	(02) 2244-8189
郵撥	1958730-2
初版	西元 2023 年 06 月 01 日

建議售價：550 元
法律顧問：蕭雄淋律師
ISBN 978-986-430-919-1

New Wun Ching Developmental Publishing Co., Ltd.

New Age · New Choice · The Best Selected Educational Publications — NEW WCDP

新文京開發出版股份有限公司

新世紀 · 新視野 · 新文京 ─ 精選教科書 · 考試用書 · 專業參考書